1000

PROCÉDÉS INDUSTRIELS

FORMULES, RECETTES

1000 PROCÉDÉS INDUSTRIELS

FORMULES, RECETTES

DICTIONNAIRE UNIVERSEL

DE

SECRETS D'UNE APPLICATION SURE ET FACILE

PRÉSENTANT EN OUTRE

Les procédés de conservation de toutes les substances alimentaires

QUATRIÈME ÉDITION

CONTENANT 2,300 PROCÉDÉS

PAR LE DOCTEUR

ADOLPHE-BENESTOR LUNEL

Membre de l'Académie impériale des Sciences de Caen

Membre honoraire et Secrétaire perpétuel de la Société des Sciences industrielles

LAURÉAT DE PLUSIEURS ACADÉMIES ET SOCIÉTÉS SAVANTES

PRIX : 10 FRANCS

PARIS

L'AUTEUR, RUE MAZARINE, 41

1864

AVERTISSEMENT

Les nombreux procédés, formules, recettes, qui figurent dans cette nouvelle édition, ne sont pas l'œuvre d'un seul homme. C'est aux savants Dumas, Thénard, Liebig, Pelouse, Payen, Chevallier père et fils, Sainte-Preuve, etc., que nous les avons empruntés en partie, de même qu'aux diverses publications usuelles rédigées par des ingénieurs ou écrivains technologistes. Présenter dans un cadre restreint, et sous la forme la plus simple, la plus favorable aux recherchés, c'est-à-dire la forme alphabétique, une foule de procédés utiles, susceptibles même de devenir le point de départ d'une fortune particulière ; mettre à la portée des familles des notions d'économie domestique prévenant toute incertitude, toute perte de temps pour des choses dont on a journellement besoin ; fournir enfin à chacun un guide sûr et fidèle dans ses recherches, tels sont, en peu de mots, les avantages qui doivent recommander notre livre à l'attention de toutes les classes de la société.

Mais notre travail n'aurait eu d'autre mérite que celui d'une compilation, si nous n'avions pris le soin d'étudier la composition des substances qui entrent dans les formules que nous présentons. Quelquefois ces substances étaient incompatibles, et nous avons dû leur en substituer d'autres qui permissent d'obtenir le résultat cherché. Dans un grand nombre de cas, les formules étaient incomplètes, les doses n'étaient point indiquées, la température des liquides employés manquait, etc., etc. Nous avons suppléé à toutes ces omissions, et c'est en ce sens que nous croyons ne point avoir écrit pour répéter littéralement ce que les autres ont dit.

La première édition de ce Dictionnaire ne contenait que 64 colonnes de Procédés ; la seconde, déjà augmentée, en présentait 250 ; celle-ci a plus de 400 colonnes et contient plus de 2,000 Formules. Nous ne restons donc point indifférent, comme on le voit, au succès de notre livre, que nous améliorons sans cesse.

Nous prévenons les Souscripteurs à notre Dictionnaire, que nous nous associerons volontiers aux travaux des personnes qui veulent modifier tel ou tel des procédés présentés dans cet ouvrage, afin d'en faire la base d'une exploitation lucrative, de même qu'aux recherches scientifiques qui ont pour but de nouvelles découvertes.

Docteur B. LUNEL,

41, Rue Mazarine, à Paris.

DICTIONNAIRE UNIVERSEL

DE

SECRETS, RECETTES ET FORMULES

A

1

ABEILLES. MOYEN DE LES CHANGER DE RUCHES.

Le chloroforme stupéfiant les abeilles, on peut, à l'aide de ce précieux agent, les changer de ruches, lors de la récolte du miel. Il suffit pour cela de diriger dans la ruche, à l'aide d'un appareil quelconque, des vapeurs de chloroforme ; le liquide se volatilise et se mêle ainsi à l'air respiré par les abeilles.

2

ABRICOTS (LIQUEUR D').

Abricots. 30
Vin blanc. . . . . 4 litres.

Mettez sur le feu dans une bassine, et laissez bouillir pendant dix minutes : quand l'ébullition commence, ajoutez :

Sucre blanc concassé. . . . 1 kilog.
Esprit de vin à 33°. . . . . 1 litre
Cannelle . . . . 10 gr.

On retire la bassine du feu, on couvre bien le mélange, on laisse infuser cinq jours, enfin on passe, on filtre et l'on met en bouteilles.

3

ABRICOTS (CONSERVATION DES).

Couper les fruits en deux, enlever les noyaux dont on extrait les amandes que l'on monde de leur pellicule en les faisant blanchir à l'eau bouillante ; on les place avec les fruits dans des bouteilles qu'on remplit de sirop de sucre à 20 degrés ; on bouche et l'on donne 4 minutes seulement d'ébullition au bain-marie.

4

ABSINTHE (LIQUEUR).

Essence d'absinthe	4	gramm.
Essence d'anis	3	—
Essence de badiane. . . .	3	—
Essence de fenouil	1	—
Eau de roses	16	—

Faites dissoudre dans :

Esprit de vin rectifié à 40°   10 gramm.

Ajoutez :

Esprit 3/6 de Montpellier. 2,500 gramm.
Eau de fontaine. . . . . . 1,000 —

Filtrer et mettre en bouteilles.

Observation. La teinte verte peut être donnée avec quelques gouttes de décoction de safranum.

5

ABSINTHE SUISSE (LIQUEUR).

En allemand Vermouth.

Sucre blanc . . . . 2,500 gramm.

Faites fondre sur le feu dans :

   Eau. . . . .   5 lit. 1 4

Ajoutez :

   Alcool à 33° . . . .   5 lit. 1/2

Puis :

   Essence d'absinthe . . . .   2 gramm.
      —   d'anis   3   —
      —   de badiane. . . .   1   —
      —   de fenouil . . . .   6 gouttes.

Filtrer après un mois.

6

ACAJOU (MOYEN DE DONNER LA COULEUR D'ACAJOU A DIVERS BOIS).

Commencer par frotter le bois avec de l'acide azotique étendu d'eau : « ensuite on y applique, à l'aide d'une petite brosse douce ou d'un pinceau, une ou deux couches d'une dissolution qu'on aura préparée avec 50 gr. de sang-dragon et 15 gr. de carbonate de soude dans un litre d'alcool, et qui aura été filtrée. Quand cette première teinture est sèche, on y applique par dessus, et de la même manière, une autre composition faite avec 50 gr. de laque plate, qui aura été dissoute dans un litre d'alcool et dans laquelle on aura ensuite fait fondre 8 gr. de carbonate de soude. Cette seconde couche de teinture étant bien sèche, on polit le bois alternativement avec la pierre ponce et un morceau de hêtre bouilli dans l'huile de lin. »

7

ACIER (PROCÉDÉ POUR DAMASSER L').

Pour damasser une lame, par exemple, il faut, après l'avoir forgée, la laisser refroidir lentement, afin que le carbone s'y répartisse inégalement ; puis avant de la tremper, on plonge cette lame dans un acide capable de dissoudre le fer à la surface ; le carbone mis à nu, forme des veines plus ou moins grises, selon qu'il est plus ou moins abondant.

8

PROCÉDÉ POUR GRAVER SUR ACIER.

« Chauffez légèrement la lame et couvrez-la avec une couche de cire. Flambez-la à la flamme d'une chandelle afin de la noircir et de mieux voir le travail. Tracez dessus le nom que vous voulez graver et passez dessus avec la barbe d'une plume de l'acide azotique mêlé de deux tiers d'eau. Ayez soin que le liquide recouvre d'une certaine épaisseur la gravure et qu'il ne puisse attaquer le tranchant de la lame. Au bout de trois minutes, l'opération sera terminée. »

9

PROCÉDÉ POUR CONVERTIR L'ACIER EN FER ET POUR CARBONISER CE FER AFIN DE LE CONVERTIR EN ACIER.

Pour décarboniser l'acier, on le place dans une caisse en fonte de fer recouverte en tous sens d'une couche d'oxyde de limaille de fer épaisse de 15 à 25 millimètres. Il est essentiel qu'aucune portion de fer ne reste à découvert dans la caisse. Cette caisse ainsi disposée est fermée, on en lute les joints, et on la met dans un fourneau, où on la tient chauffée au rouge pendant trois à douze jours, suivant l'épaisseur de l'acier et selon la profondeur à laquelle on veut le décarboniser. Neuf jours environ suffisent pour des planches de moyenne grandeur et de l'épaisseur d'environ 16 millimètres.

Pour carboniser le nouveau fer, on le place dans la même caisse, enveloppé en tous sens d'une couche de 15 à 25 millimètres d'épaisseur, formée de parties égales de poussière d'os calcinés et de charbon animal en poudre formé par la carbonisation des os et surtout du vieux cuir. On ferme la boîte, on la lute, et on l'expose au fourneau, où on l'entretient chauffée au rouge cerise, ou plutôt couleur de sang, pendant trois heures.

Ce délai expiré, on sort l'acier de la boîte, et on le plonge verticalement dans l'eau, le bord le premier, en l'enfonçant graduellement et doucement jusqu'à la profondeur de 10 à 12 centimètres; on l'y laisse refroidir. Cette opération a la propriété de durcir l'acier, sans qu'on ait à craindre qu'il se tourmente ou se fende. Pour le rendre un peu moins vif, on éclaircit le dessous de la pierre à l'huile, ou toute autre substance propre à cette opération, puis on chauffe la planche jusqu'à ce que la surface éclaircie soit arrivée jusqu'à la couleur paille. On retire alors cette planche du feu, on la fait refroidir dans l'eau, on en dépolit la surface, et elle se trouve achevée.

C'est par ces moyens qu'on décarbonise et recarbonise les coins d'acier destinés à la gravure des monnaies. Le fer exempt de grains et de gerçures, ou pailles, peut être employé au lieu d'acier décarbonisé.

10

MOYEN DE RECONNAITRE SI UNE MASSE D'ACIER EST IDENTIQUE DANS TOUTES SES PARTIES.

On prend la masse d'acier que l'on veut travailler : on polit une, ou ce qui vaut mieux, toutes ses surfaces. On verse ensuite sur les surfaces polies de l'*acide nitrique* ou de l'eau-forte, étendue de moitié de son poids d'eau, et on laisse réagir pendant plus ou moins longtemps, selon que l'on est plus ou moins pressé. On examine ensuite quelle a été l'action de l'acide ; on voit que l'acier, de poli qu'il était, est devenu terne et offre des taches qui sont dues à du charbon mêlé de carbure de fer. Ce sont ces taches qui font connaître la valeur de l'acier. En effet, si les taches que l'acide a fait ainsi paraître sont également réparties, c'est une preuve que l'acier est identique dans toutes ses parties. Si les taches sont répandues inégalement, elles démontrent le contraire; on peut en conclure que l'acier n'est pas

homogène et qu'il ne doit pas être employé à fabriquer les instruments délicats, qui exigent la répartition la plus égale de carbone dans toute la masse, et pour la beauté du travail et pour la qualité des instruments.

11

ACIER (TREMPE DE L').

Observation. Le but de la trempe est de durcir l'acier au moyen d'un refroidissement subit qui opère une sorte de cristallisation par retrait. L'acier chauffé jusqu'au rouge est plongé dans un liquide (communément de l'eau froide) ; le refroidissement doit être prompt, car l'acier refroidi avec lenteur n'est guère plus dur que le fer ordinaire, et n'acquiert pas plus de propriétés qu'il n'en avait auparavant.

Comme, dans les divers usages, on a besoin d'un acier plus ou moins dur, plus ou moins élastique, il est nécessaire de modifier les propriétés de ce métal. Les burins, les forets, les ciseaux, tous les instruments qui doivent entamer la pierre, le fer ou l'acier, ont besoin d'une trempe plus forte que celle que demandent les sabres, les couteaux, les ciseaux, les outils des ouvriers en bois, etc., et toutes les qualités de l'acier doivent ressortir. On y parvient de deux manières : en faisant varier la température et le degré de conductibilité du milieu réfrigérant, ou en changeant le degré de chaude du métal. La première de ces méthodes est préférable à la seconde, qui, demandant une grande habileté, n'est pas toujours suivie d'un bon résultat, car rien n'est plus difficile que de déterminer avec exactitude les différents degrés de chaleur auxquels l'acier doit être chauffé, ne connaissant aucun moyen de mesurer l'élévation de la température. Une chaude trop faible reste sans effet ou en produit peu ; une trop forte aigrit le métal et le rend cassant. On fait bien de le chauffer toujours au degré de chaleur approprié à sa nature, sauf à en augmenter la dureté par la substance qui sert à la trempe, et la ténacité par l'intensité du recuit.

Tous les liquides peuvent servir à tremper l'acier. Le plus en usage, comme nous l'avons dit, est l'eau froide. Si on se sert de réfrigérant dont la température soit basse, on doit chauffer l'acier moins fortement.

Le mercure trempe plus fortement que l'eau, mais il aigrit l'acier.

Pour obtenir un degré de trempe faible, on peut agiter l'acier dans un air froid et humide, ou l'exposer à un courant d'air.

Tous les acides trempent plus fortement que l'eau. On se sert de l'acide nitrique (acide azotique) pour la trempe des burins, mais il faut les laver tout de suite à l'eau pure.

L'acier, pour être trempé, doit être chauffé avec rapidité au milieu de charbons incandescents, sains et de bonne qualité, en donnant un vent faible, afin que le métal ne puisse s'oxyder ni se couvrir d'une croûte ferreuse ; les parties épaisses doivent subir une température plus forte que les parties minces.

Une erreur commune à presque tous les ouvriers des campagnes est de chauffer brusquement l'acier qu'ils veulent obtenir dur, tandis, au contraire, que c'est en chauffant doucement que l'on obtient le plus grand degré de dureté.

(*Journal des Connaissances utiles*).

12

NOUVEAU PROCÉDÉ DE TREMPE DE L'ACIER.

Prussiate de potasse . . .	125	gramm.
Sel de tartre.	125	—
Savon vert	250	—
Axonge	250	—

Pilez le prussiate de potasse et le sel de tartre, mêlez-les au savon, versez sur le mélange l'axonge fondue, et triturez jusqu'à refroidissement. On chauffe la pointe d'acier au rouge blanc, on la plonge dans la pâte, puis on la chauffe au rouge-cerise clair et on la trempe dans un bain de prussiate ou simplement dans l'eau (*Legrip*).

13

COMPOSITION POUR RETREMPER L'ACIER.

Huile de poisson bien pure	500 gramm.
Arcanson	1,000 —

Mélangez à froid dans un vase en fer, puis placez sur un feu doux. Lorsque la combinaison des deux substances est opérée, ajoutez :

Suif (fondu à part). . . . . 250 gramm.

On plonge dans ce mélange les outils d'acier auxquels on veut rendre leur trempe, mais il faut préalablement les chauffer jusqu'au rouge brun ; on les chauffe de nouveau de la même manière, quand on les a retirés du mélange, et il ne reste plus alors qu'à les tremper dans l'eau froide.

14

AFFINAGE DE L'ARGENT.

Lorsque le métal est en fusion, on jette sur la matière incandescente, du salpêtre qui se combine avec le cuivre ; l'argent fin reste au fond du creuset, et le mélange du salpêtre et du cuivre surnage à la surface du bain.

15

AFFINAGE DE LA FONTE.

Il consiste à chauffer fortement la fonte au contact de l'air ; le carbone et les matières étrangères s'oxydent bientôt. Le but de cette opération est de convertir la fonte en fer ductile et malléable.

16

AFFINAGE DE L'OR.

Méthode dite du *départ*.

On fait dissoudre le métal dans l'acide nitrique. Il se forme du nitrate d'argent et de cuivre soluble, et l'or reste à l'état métallique. Cette méthode n'est plus employée, attendu que l'acide nitrique entraîne toujours dans la dissolution une certaine quantité d'or. On substitue aujourd'hui l'acide sulfurique bouillant à l'acide nitrique et l'on sépare uniquement de l'or, l'argent et le cuivre qu'il contient.

17

AGATES (PROCÉDÉ POUR COLORER LES).

Il suffit de faire bouillir les agates dans de l'acide sulfurique. Aussitôt que la liqueur est en ébullition, quelques-unes des lames dont les agates sont formées deviennent noires, tandis que les autres conservent leur couleur naturelle ou passent à une blancheur éclatante. De là résultent ces contrastes qui ajoutent tant à la valeur de ces gemmes. Cet effet n'a lieu que sur les agates qui ont été usées à la roue du lapidaire; car il provient de l'action de l'acide sulfurique sur l'huile absorbée par la pierre durant l'opération de la taille; néanmoins, on peut garantir la réussite de ce procédé, en faisant bouillir les agates dans l'huile avant de les soumettre à l'action de l'acide.

18

AGLOSSE (DESTRUCTION DE L').

La femelle de *l'aglosse cuivrée* dépose ses œufs dans la couverture en cuir des livres reliés, et chaque œuf donne naissance à une très petite chenille qui détruit les livres et devient le fléau des bibliothèques: il faut donc manier et battre souvent les livres pour s'opposer aux dégâts de cette chenille.

L'aglosse de la graisse ne dépose ses œufs que dans la graisse gâtée, le lard rance, le vieux beurre. Il suffirait de saler ces substances pour éviter la présence de l'aglosse dans les aliments : on pense qu'introduite dans l'estomac avec les aliments, elle peut causer des accidents graves.

19

AIMANTS ARTIFICIELS.
Méthode ordinaire.

L'expérience démontre combien les aimants artificiels sont préférables aux aimants naturels : d'abord, à grosseur égale, ils sont beaucoup plus forts, c'est-à-dire qu'ils attirent un poids plus élevé. Mais l'avantage le plus précieux, c'est qu'ils communiquent aux aiguilles des boussoles, en les passant seulement dessus, dans la direction des pôles, une vertu directrice, d'une durée beaucoup plus longue que celle que peuvent procurer les pierres d'aimants naturelles.

La méthode commune pour faire l'aimant artificiel, consiste :

1° A choisir des lames de fleuret bien trempées, polies et égales en longueur, largeur et épaisseur ;

2° A les aimanter séparément sur le pôle d'une pierre d'aimant naturel, bien armée, ou sur celui d'un aimant artificiel;

3° A appliquer toutes ces lames les unes sur les autres, de manière que les pôles de même nom soient tous rangés du même côté ;

4° On assujettit ensuite toutes ces pièces avec des bandes de cuivre que l'on serre avec des vis. Ce faisceau de lames d'acier est l'aimant artificiel. On se contente quelquefois d'unir ensemble plusieurs lames de fleuret aimantées, chacune séparément, et auxquelles on conserve toute leur longueur. On les tient assujetties par des cercles de cuivre, en ayant soin que toutes leurs extrémités soient bien dans le même plan. C'est sur cette extrémité qu'on passe les lames d'acier et les aiguilles que l'on veut aimanter, et ces sortes d'aimants sont préférables à beaucoup d'aimants naturels. Ces aimants artificiels seront d'autant meilleurs qu'ils seront construits d'acier mieux trempé et bien poli ; qu'ils auront été passés sur le pôle d'un aimant naturel ou artificiel vigoureux ; qu'ils auront plus de longueur ; enfin qu'ils seront rassemblés en plus grand nombre.

20

PROCÉDÉ MITCHELL , dit *de la double touche.*

On prend douze lames d'acier aplati, de la longueur de 16 centimètres, sur une largeur de 14 millimètres. et d'une épaisseur telle qu'elles ne pèsent qu'environ 50 grammes. On les lime, on les polit, on les fait rougir à un feu modéré et on les trempe ; on fait ensuite une marque à l'une des extrémités avec un poinçon. Cette extrémité marquée sera destinée à devenir le pôle austral, et celle qui n'est pas marquée le pôle boréal. On observera qu'on est convenu, en fait de magnétisme, d'appeler *pôle austral* de l'aimant celui qui est plus près du sud, et *pôle boréal* celui qui est plus près du nord. Le méridien magnétique est le plan perpendiculaire à l'aimant, suivant la longueur de l'axe, qui passe en conséquence par les pôles.

Après cette préparation, on met six de ces barres sur une table, à la suite l'une de l'autre, de sorte qu'elles représentent une seule ligne droite, suivant la direction du méridien magnétique, et on les assujettit de manière que toutes les extrémités marquées avec le poinçon soient tournées vers le nord, et touchent à l'extrémité de la barre qui n'est pas marquée. On prend une pierre d'aimant armée que l'on couche sur une des barres, de manière que le pôle du nord soit tourné du côté de la barre qui est marquée, et qui doit devenir pôle austral, et que le pôle austral de la pierre soit tourné, au contraire, du côté de la barre non marquée, qui doit devenir pôle boréal. On passe ensuite et l'on repasse cet aimant tout le long de la ligne formée par les six bandes de fer, jusqu'à trois ou quatre fois. Il faut avoir grand soin de bien toucher toutes ces barres. Cela fait, on amène la pierre sur une des bandes qui sont au milieu, et après avoir ôté les deux barres qui sont aux extrémités, et transporté celles du milieu à un bout, on met les premières à la place de celles-ci ; puis on recommence à faire glisser la pierre, trois ou quatre fois, le long de la ligne, sans néanmoins aller jusqu'au bout, c'est-à-dire en laissant intactes les deux barres de l'extrémité qui se trouvaient auparavant au milieu, parce que non seulement elles ont reçu, lorsqu'elles étaient au centre, toute la vertu magnétique dont elles sont susceptibles, mais même qu'une seconde touche, que l'on ferait dans le temps qu'elles sont à l'extrémité, leur ferait perdre une partie de la vertu acquise. C'est par la même raison que les barres des extrémités reçoivent moins de vertu, et qu'on les déplace pour les mettre à leur tour dans le milieu.

Ces opérations achevées, on retourne les barres sens dessus dessous ; on retouche ce côté comme on avait touché l'autre, en épargnant les deux barres des extrémités, barres qui doivent être ensuite ramenées au milieu, pour être touchées en cette position ; c'est la raison pour laquelle Mitchell a nommé cette méthode la *double touche.*

Il s'agit maintenant d'aimanter les six autres barres. On les range sur une seule ligne comme les six premières. Celles-ci serviront d'aimant pour les autres : on les assemble de manière que trois d'entre elles soient adossées aux trois autres, et se touchent du côté non marqué par les extrémités qui doivent devenir des pôles de différents noms. Dans cette situation, les extrémités des barres déjà aimantées, qui doivent devenir des pôles du même nom, se trouvent de l'autre côté, c'est-à-dire du côté extérieur ; elles ne doivent pas se toucher de ce côté, mais être éloignées par le bas de 2 à 3 millimètres. Pour les empêcher de se toucher et les fixer à la distance que l'on vient de prescrire, on met entre elles un petit morceau de bois, ou toute autre matière, excepté du fer. Les six barres aimantées ayant été disposées comme il a été dit, on les coule trois ou quatre fois d'un bout à l'autre de la ligne formée par les six autres barres non aimantées, en allant et revenant sur cette ligne ; on ramène ensuite les barres des extrémités dans le milieu, de la manière ci-dessus indiquée, et on les retourne pour leur donner la seconde touche.

Lorsque les six premières barres ont été passées sur un aimant vigoureux, elles communiquent aux six dernières une vertu magnétique plus forte que celle dont elles jouissent elles-mêmes. Ce phénomène dépend apparemment de ce que l'attouchement du fer au fer est plus exact que celui de l'aimant au fer. Ainsi, pour rétablir dans les six premières barres une vertu égale, on doit les repasser sur les six dernières, selon la méthode indiquée. Ces deux demi-douzaines de barres peuvent ensuite servir à en aimanter d'autres demidouzaines, en répétant les opérations décrites, jusqu'à ce qu'on voie que les dernières ont acquis toute la vertu dont elles sont susceptibles, c'est-à-dire jusqu'à ce qu'elles n'acquièrent point de nouvelles forces par de nouveaux attouchements.

Les barres ainsi aimantées peuvent lever, par un de leurs pôles, 500 grammes de fer chacune, pourvu que ce fer soit d'une forme convenable. On est obligé, dans le cours de ces opérations, tantôt de désunir, tantôt de rassembler les barres de fer qui servent d'aimant, et celles qu'on veut aimanter ; mais comme les pôles de même nom qui sont de même côté, et qui se touchent, s'affaiblissent réciproquement, on aura soin de n'en jamais placer deux à la fois du même côté ; et par la même raison, on les mettra une à une de chaque côté, en les faisant toujours toucher dans toute leur longueur, ou en mettant leurs extrémités inférieures sur la ligne des barres qu'il est question d'aimanter, tandis qu'elles se toucheront par les extrémités supérieures. La même chose doit être observée en retirant les barres, c'est-à-dire qu'il faut les retirer une à une de chaque côté. On peut encore assembler les six barres en un faisceau, les prenant une à une à chaque fois, de chaque côté ; puis, en les transportant sur la ligne des barres, on les partagera en deux faisceaux, comme il a été dit, en prenant garde de les disjoindre par le bas, avant qu'ils soient posés sur la ligne, car alors ils s'affaibliraient.

Il faut observer que les barres magnétiques et les aiguilles doivent être trempées de toute dureté ; la trempe en paquet y paraît très propre et comme il arrive souvent que les barres se tournent et perdent leur rectitude à la trempe, on doit, pour éviter autant que possible cet inconvénient,

recommander à ceux qui les forgent de ne point les redresser à froid, mais de les faire chauffer chaque fois : celles qui ont été redressées à froid ne manquent pas de reprendre leur première courbure lorsqu'on les trempe.

<h2 style="text-align:center">21</h2>

PROCÉDÉ DE MITCHELL, *perfectionné par Coulomb.*

Il consiste à faire mouvoir sur la verge de fer ou d'acier que l'on veut aimanter, deux barreaux magnétiques ou aimants, inclinés de manière que chacun d'eux forme un angle de 15 à 20 degrés avec la verge qui reçoit le magnétisme. On les place sur le milieu de cette verge, on les tire en sens contraires l'un de l'autre, jusqu'à une petite distance de l'extrémité la plus voisine ; on recommence ensuite en partant toujours du point du milieu. Les barreaux aimantés doivent être disposés de telle sorte que leurs pôles contraires se correspondent.

<h2 style="text-align:center">22</h2>

AIRAIN (COMPOSITION DE L').

Cuivre jaune (formé de cuivre
et de zinc). . . . . 85 parties
Etain . . . . 15 —
Antimoine. . . . . . quelq. parcelles.

<h2 style="text-align:center">23</h2>

AIRAIN DE CORINTHE.

Alliage de cuivre, d'or et d'argent.

<h2 style="text-align:center">24</h2>

AIRAIN ou *métal de cloche actuel.*

Cuivre. . . . . 100 parties.
Etain . . . . 25 —

<h2 style="text-align:center">25</h2>

AUTRE.

Cuivre. . . . . 80 parties.
Etain . . . . 10 —
Zinc. . . . . 6 —
Plomb. . . . . 4 —

26

ALBATRE (NETTOYAGE DE L').

Pour enlever les taches de graisse, cire ou suif, frotter avec du talc en poudre.

27

AUTRE.

Pour faire disparaître la couleur jaunâtre, laver à l'eau de savon, puis à l'eau pure, enfin frotter avec un morceau de peau bien sèche.

28

ALCOOL (PROCÉDÉ POUR LE PURIFIER).

2 gr. de chlorure de chaux et 10 gr. de charbon animal pulvérisés, pour 1 litre d'alcool infecté ou coloré, suffisent pour le ramener à l'état naturel. On laisse reposer 30 heures, puis on décante. Nous avons employé souvent ce procédé avec succès sur de l'alcool qui avait servi à conserver des pièces d'anatomie, divers reptiles et autres objets d'histoire naturelle.

29

ALCOOL CAMPHRÉ (FORMULE DE L').

Camphre . . . . 32 gramm.
Alcool à 80° centésimaux . 220 —

Faites dissoudre et filtrez.

50

ALE ANGLAISE (RECETTES POUR LA PRÉPARATION DE L').

ALE ORDINAIRE.

Prenez : malt, 32 lit. 50; houblon, 1 kil.; sucre, 1 kil. 500 gr.; coriandre et piment, 1 kil. 500. Ajoutez assez d'eau pour remplir un baril ordinaire.

51

ALE BLANCHE.

Pale ale de Devonshire. — Moût de malt pâle, 123 litres; houblon, 2 poignées; extrait de grouts, de 3 à 4 kil.; levure de bière, 1,500 gr. Quand la fermentation est en pleine activité, on met la liqueur dans des cruchons de demi-litre, on bouche solidement et l'on entoure le bouchon d'un fil de fer. — On prépare les *grouts* en faisant infuser de 3 à 4 kil. de malt dans 7 lit. d'eau, qu'on tient couverte près du feu et que l'on agite fréquemment ; quand la fermentation s'est déclarée, on évapore la liqueur jusqu'à la consistance d'une bouillie épaisse.

32

ALE DE TABLE.

On prend 3 hectolit. de malt pâle, qu'on fait macérer à trois reprises, d'abord avec 4 barils d'eau, puis avec 3, puis avec encore autant ; après avoir concentré la liqueur avec 3 kil. de houblon, on la fait fermenter avec 8 kil. de levure, en ayant soin de refouler celle-ci dans la cuve à mesure qu'elle remonte. On obtient ainsi 8 barils d'ale environ.

33

ALFÉNIDE (DE CH. ALPHEN).

Cuivre. . . . . 591 parties.
Zinc. . . . . 302 —
Nickel. . . . . 97 —
Fer . . . . 10 —

Cet alliage imite parfaitement l'argent.

34

ALKERMÈS (LIQUEUR), dit *Alkermès de Florence.*

Premier mélange.

D'une part, prenez :

Cannelle. . . . . 60 gramm.
Girofle. . . . . 10 —
Vanille . . . . 10 —

Concassez séparément ces substances, puis mettez-les ensemble dans un vase de grès ou de terre, en ajoutant :

Alcool à 33° . . . . 4 lit.

Laissez infuser le mélange pendant trois jours et filtrez.

Deuxième mélange.

D'autre part , faites macérer pendant trois jours :

Cochenille. . . . . 20 gramm.
Alun cristallisé . . . . . 1 —

Dans :

Eau de roses . . . . 500 —

Décantez et filtrez le mélange.

Ajoutez :

Sirop de sucre. . . . . . 5 kilogr.

auquel vous mêlez le premier mélange (cannelle, girofle, vanille, etc.), puis le second, enfin 250 gr. de fleurs d'oranger. Après trois jours, pendant lesquels on agite la liqueur de temps en temps, on filtre et on met en bouteilles.

55

ALLIAGES.

ALLIAGE DE NEWTON (fusible à 100°).

Bismuth. . . . . 5 parties.
Plomb. . . . . 2 —
Etain . . . . 3 —

36

ALLIAGE DE BISMUTH.

Bismuth. . . . . 8 parties
Plomb. . . . . 5 —
Etain . . . . 3 —

Fondre dans un creuset.

Fusible à 90° centigr. pour sceller le fer dans la pierre, pour prendre les empreintes de médailles, faire des cloches, des bustes.

37

AUTRE.

Bismuth. . . . . 16 parties.
Etain . . . . 7 —
Plomb. . . . . 4 —

38

ALLIAGE FUSIBLE DE DARCET.

Bismuth. . . . . 8 parties.
Plomb. . . . . 5 —
Etain . . . . 3 —

Il fond à 80°. Si l'on ajoute 1/16 de mercure, il fond alors à 65°.

39

ALLIAGE POUR CLICHÉS DE GRAVURES SUR BOIS (fusible à 91° 6').

Bismuth. . . . . 5 parties.
Plomb. . . . . 3 —
Etain . . . . 2 —

40

ALLIAGE POUR CLICHÉS DE PLANCHES D'IMPRIMERIE A LA PERROTINE.

Bismuth. . . . . 1 partie.
Plomb. . . . . 1 —
Etain . . . . 1 —

41

AUTRE.

Bismuth. . . . . 10,5 part.
Plomb. . . . . 32,5 —
Etain . . . . 48 —
Antimoine. . . . . 9 —

42

ALLIAGE POUR FEUILLES A ENVELOPPER LE CHOCOLAT, LE SUCRE DE POMMES.

Etain. . . . . 82 parties
Plomb . . . . 64 —

43

ALLIAGE POUR LES VASES ET MESURES DE CAPACITÉ.

Etain. . . . . 82 parties.
Plomb . . . . 18 —

44

ALLIAGE POUR CUILLÈRES , FLAMBEAUX, ÉCRITOIRES, ETC.

Etain. . . . . 80 parties
Plomb . . . . 20 —

45

ALLIAGE POUR PLATS, VAISSELLE, ETC.

Etain . . . . 92 parties.
Plomb . . . . 3 —

Voyez *Métal argentin.*

46

ALLIAGE MÉTALLIQUE SOLIDE QUI SE FOND LORSQU'ON TRITURE ENSEMBLE LES SUBSTANCES QUI LE COMPOSENT.

Faire un amalgame (mélange d'un métal avec le mercure) de bismuth et un amalgame de plomb; si on les triture ensemble dans un mortier, ils forment un composé presque aussi liquide que le mercure.

47

ALLIAGES D'ALUMINIUM ET DE FER.

En faisant fondre de l'acier très carburé avec de l'alumine, on obtient un produit d'une cassure blanche, grenu, fragile, qui, à l'analyse, donne 6, 4 pour 100 d'alumine. En fondant 67 parties de ce produit avec 500 parties d'acier, on a obtenu un composé contenant environ 8 pour 100 d'alumine, qui paraît posséder tous les caractères du meilleur wootz de Bombay, et qui de même que celui-ci, quand sa surface est polie et lavée avec l'acide sulfurique dilué, présente l'aspect strié et ondulé qui rend les damas si remarquables, au point de faire soupçonner que ces armes sont fabriquées avec du wootz. L'alumine combinée à l'acier, même en petite quantité, lui communique beaucoup de dureté, de force et de corps, et par conséquent de densité, sans lui faire perdre de son homogénéité ou sans que sa propriété de recevoir un beau poli en soit nullement atteinte.

48

NOUVEL ALLIAGE PLASTIQUE.

Cet alliage, que l'on doit à M. Gersheim, adhère fortement au verre, à la porcelaine et aux autres métaux. On peut le modeler entre les doigts, et il finit par prendre une dureté supérieure à celle de l'alun, qui permet de l'employer à une foule d'usages.

Ayant fait dissoudre du sulfate de cuivre dans une quantité suffisante d'eau, vous le précipiterez par des rognures de zinc, et vous obtiendrez ainsi du cuivre pur et très divisé que vous laverez à plusieurs eaux.

Vous mélangerez 20, 30 ou 36 parties de métal en poudre dans de l'acide sulfurique concentré en quantité suffisante pour former une bouillie épaisse. Ajoutez-y ensuite 70 parties de mercure en agitant constamment le mélange dans un mortier de fonte ou de porcelaine. Plus la proportion de cuivre sera forte, plus l'alliage aura de dureté.

Quand l'amalgame sera parfaitement combiné au mercure, vous le laverez à l'eau bouillante, afin d'enlever jusqu'aux dernières traces d'acide sulfurique, et vous le laisserez refroidir.

Pour en faire usage comme mastic, chauffez-le jusqu'à 100 degrés centigrades (chaleur de l'eau bouillante), et broyez-le dans un mortier de fer que vous aurez chauffé jusqu'à 152 degrés. L'alliage prend alors la consistance de la cire et peut servir de ciment pour réunir des pièces métalliques, qui devront être préalablement décapées. Il est très adhésif et ne change pas.

49

ALLIAGE DE POTASSIUM ET DE BISMUTH (ALLIAGE PIROPHORIQUE).

Cet alliage s'obtient en calcinant pendant trois heures, dans un creuset bien fermé, un mélange intime composé de 30 grammes de tartre charbonné, 60 grammes de bismuth et 6 grammes de charbon; il fournit un produit qui, enfermé dans un vase clos, peut, lorsqu'on le met en contact avec de l'eau, s'enflammer et produire du feu et de petites fulminations. C'est une des préparations que Serullas avait conseillées pour allumer la poudre sous l'eau; il recommande de n'agir que sur des petites proportions de cet alliage et avec des précautions convenables.

50

ALLUMETTES CHIMIQUES.

Chromate de potasse. . .	8 parties.
Chlorate de potasse. . . .	16 —
Péroxyde de plomb. . . .	12 —
Sulfure rouge d'antimoin.	8 —
Verre pilé.	12 —
Gomme.	8 —
Eau	36 —

Faites dissoudre la gomme dans l'eau qui doit être froide; prenez moitié de la solution, ajoutez-y le chromate et le chlorate, et remuez jusqu'à ce que le mélange des diverses substances soit complet. Mélangez à part, dans la seconde moitié de la solution, le péroxyde de plomb, l'antimoine et le verre, puis réunissez les deux mélanges et brassez-les avec soin. Le brassage terminé, la pâte est prête à être employée. Les allumettes peuvent être en bois ou en cire, et munies préalablement de soufre ou de stéarine.

51

AUTRE.

Phosphore.	4 parties.
Chlorate de potasse	2 —
Gomme arabique	7 —
Gélatine.	2 —

52

AUTRE.

Allumettes chimiques qui n'éclatent pas.

Gomme arabique	16
Phosphore	9 —
Nitre.	14 —
Oxyde de manganèse . .	16 —

En substituant le *phosphore rouge* au phosphore ordinaire, les allumettes chimiques ne peuvent produire l'empoisonnement.

53

FABRICATION DES ALLUMETTES CHIMIQUES.

1° Les blocs de bois préparés à l'avance et ayant de sept à huit centimètres de haut sur 10 à 12 centimètres de longueur et 3 à 4 centimètres de largeur, forment un carré long dont la tranche, destinée à recevoir le phosphore, doit être sciée avec une scie très fine, pour obtenir une surface aussi unie que possible;

2° Ces bois maintenus à leur base dans un cadre disposé *ad hoc*, sont ensuite coupés au moyen d'un couteau, de manière à former ce que les fabricants appellent des allumettes en bouquet;

3° Chaque bloc ou bouquet contenant de 300 à 400 allumettes non séparées, est plongé dans du soufre fondu et chaud, après avoir été lui-même chauffé convenablement pour n'en prendre qu'un léger enduit d'un centimètre et demi environ;

4° Le côté opposé, c'est-à-dire celui par lequel les allumettes sont jointes ensemble, est peint au pinceau avec *un peu* de phosphore amorphe délayé dans de la colle de peau maintenue tiède pour la conserver liquide et produire un mélange semblable à une peinture ordinaire (d'une couche très-légère);

5° La pointe soufrée de l'allumette est plongée, toujours en paquet, dans une pâte composée ainsi qu'il suit :

2 parties de chlorate de potasse ;
1 partie charbon pulvérisé;
1 partie terre d'ombre.

Le tout broyé et délayé dans de la colle de peau tiède et liquide, en quantité suffisante pour faire une pâte ni trop claire ni trop épaisse. Huit à dix minutes suffisent pour bien opérer le mélange.

Pour enflammer cette allumette, il suffit, après l'avoir rompue vers les deux tiers de sa longueur, d'en rapprocher les deux extrémités et de les frotter légèrement l'une contre l'autre, en formant point d'appui des bouts des doigts.

Observations. — Pour empêcher que la pâte, en se refroidissant, ne s'épaississe trop, il suffit de mettre le vase qui la contient sur un autre vase rempli d'eau chaude, ce qui la maintiendra toujours tiède; ou encore on peut ajouter de temps en temps un peu de colle.

On peut modifier cette pâte, soit en remplaçant le charbon par de la fleur de

soufre : mais dans ce cas, l'allumette dé-
tonne légèrement en prenant feu ; soit en
remplaçant la terre d'ombre par de l'émeri,
mais la pâte est moins douce, etc., etc.

Nous avons préféré celle indiquée, et
faire l'opération de la manière suivante :

1° Soufrer les allumettes ;

2° Quand elles sont sèches, passer la
couche de phosphore sur le côté opposé ;

3° Enduire de pâte chimique le côté
soufré.

Il y a donc sur l'ancienne manière de
procéder, qui exige plus de deux heures de
cuisson (fort dangereuse à cause du phosphore qui s'enflamme souvent), économie
de temps, économie de combustible, plus
de crainte d'incendie, plus de danger d'explosion, plus de nécrose pour les ouvriers
employés, ni de danger d'empoisonnement, et les substances, à l'exception du
phosphore, dont il ne faut du reste qu'une
infime quantité, sont à si bon marché que
les allumettes, par l'économie réalisée sur le
combustible et sur le temps employé à la
préparation, doivent revenir certainement
aussi bon marché, pour ne pas dire *moins
cher* que les anciennes allumettes chimiques.

Une fois préparées elles sont très vite
sèches ; quelques heures suffisent ; mais il
convient mieux d'attendre vingt-quatre
heures pour s'en servir.

Ces allumettes ne donnent aucune
odeur.

(L. Bombes-Devilliers et L. Dalemagne).

Les inventeurs ont livré généreusement
au public le secret de leur composition, à
la seule condition de conserver à leurs allumettes la dénomination qui leur a été
donnée.

54

ALTISE ou tiquet, puce de terre (destruction de l').

Pour les semis de peu d'importance,
employer les infusions de tabac ou de mer-
curiale.

55

autre.

Fumure abondante des terres ensemen-
cées de crucifères (chou, colza, navette,
moutarde).

56

autre.

Extirper avec soin les mauvaises herbes
qui pourraient servir de refuge à cet insecte.

57

ALUCITE. (moyen de détruire l').

Battre les gerbes aussitôt la récolte.

58

autre.

Exposer les grains à une température de
60 à 55°, au moyen d'étuves ou de cylindres.

59

AMADOU des chirurgiens (préparation
de l').

On dépouille d'abord de son écorce
l'*Amadouvier* ou *Agaric de chêne*, puis on
le trempe dans l'eau froide et on le bat fortement, pendant qu'il est mouillé, avec un
maillet ou avec un morceau de bois pesant.
On le laisse sécher et l'on recommence à le
battre jusqu'à ce qu'il soit devenu mou et
souple comme un morceau d'étoffe demi-
usée.

60

amadou destiné à procurer du feu.

Après l'avoir assoupli de la manière ci-
dessus indiquée, on le rend plus inflam-
mable en le faisant bouillir quelques minutes dans une solution faible de sel de nitre
de chlorate de potasse ou d'azotate de
plomb ; après quoi on le fait sécher ; enfin
on recommence à le battre pour lui rendre
la souplesse qu'il a perdue par l'action des
matières salines.

61

AMALGAME D'ÉTAIN.

Étain.	3 parties.
Mercure	1 —

Faites fondre l'étain et ajoutez le mercure.

62

AMALGAME POUR MACHINE ÉLECTRIQUE.

Zinc	2 parties.
Mercure	5 —

Faites fondre le zinc dans un creuset, et ajoutez le mercure préalablement chauffé et porté au rouge.

63

AMANDINE FAGNER (SAVON COSMÉ-TIQUE).

Gomme	60 gramm.
Miel blanc	180 —

Mélangez dans un mortier et ajoutez :

Savon blanc de potasse et neutre	90 gramm.

Mêlez le tout et incorporez peu à peu :

Huile d'amandes.	1,000 gramm.
Jaune d'œuf	5 —
Lait de pistache à l'eau de rose.	125 —

Aromatiser avec essence d'amandes amères.

64

AMBRE (PROCÉDÉ POUR SOUDER ENSEM-BLE DEUX MORCEAUX D').

Humectez les surfaces qu'on veut unir avec une solution de potasse caustique, et pressez-les l'une contre l'autre. L'adhérence est telle qu'on n'aperçoit aucune trace de joint après l'opération.

65

AMORCES (COMPOSITION DES).

Chlorate de potasse . . .	100 parties.
Nitrate de potasse. . . .	55 —
Soufre	33 —

Bois de bourdaine râpé et passé au tamis de soie.	17 parties.
Lycopode.	19 —

66

ANANAS (CONSERVATION DES).

Pour conserver les ananas, on les choisit modérément mûrs : « Après les avoir bien essuyés et brossés, on les coupe par tranches dont on emplit les bouteilles jusqu'aux 2/3 de leur capacité. On verse alors par dessus du sirop à 26° froid, jusqu'à 3 centimètres environ au-dessous de la cordeline. Les bouteilles, parfaitement ficelées et bouchées, sont ensuite placées dans le bain-marie maintenu en ébullition pendant cinq minutes. On arrête alors le feu pour laisser refroidir le bain-marie : les bouteilles en sont retirées seulement après son entier refroidissement. »

67

ANANAS CONSERVÉS ENTIERS.

« Les ananas conservés entiers sont placés dans des boîtes en fer blanc remplies aux trois quarts avec du sirop à 25° froid, puis soudées de manière qu'elles soient parfaitement closes. Ces boîtes sont placées dans le bain-marie maintenu en ébullition pendant une heure et demie. Les boîtes de fer blanc, n'ayant rien à craindre du contact de l'air froid, peuvent être retirées du bain-marie encore chaud. »

68

ANIS (CRÈME D').

Graines d'anis entières .	100 gramm.
Eau-de-vie à 21°.	4 litres.

Faites infuser pendant 6 jours, et passez à travers un linge.

Ajoutez :

Sucre (dissous dans 2 litres d'eau).	3 kilog.

Laissez reposer quelques jours, c'est-à-dire jusqu'à ce que la liqueur soit claire, et filtrez à la chausse.

69

ANISETTE (LIQUEUR).

Pour cinq litres :

Sucre blanc	2,500 gramm.

Faites fondre sur le feu dans :

Eau	1 litre 3/4.

Ajoutez :

Essence d'anis	2 gramm.
— de badiane . . .	1 —
— de cannelle . . .	1 gout. 1/2
Néroli	1 —

Filtrez après un mois.

70

APPARTEMENTS NOUVELLEMENT PEINTS (PROCÉDÉ POUR ENLEVER L'ODEUR DES).

Acide sulfurique	120 gramm.

En verser 60 grammes dans deux vases que vous placerez dans chaque chambre à désinfecter.

71

ARBRE DE DIANE.

Amalgame d'argent, cristallisé en petites houppes brillantes et réunies sous forme de végétations, qu'on obtient en abandonnant, pendant quelques jours, du mercure dans une dissolution un peu concentrée d'azotate d'argent.

72

ARBRE DE SATURNE.

Dépôt de plomb métallique cristallisé, qui se produit sous forme de végétations, lorsqu'on abandonne une lame de zinc dans une solution d'acétate de plomb.

On voit souvent ces préparations exposées chez les pharmaciens.

73

PROCÉDÉ POUR DÉLIVRER LES ARBRES DE LA MOUSSE ET DES INSECTES.

En mars ou en novembre, lorsque les arbres sont mouillés par la pluie ou le brouillard, les saupoudrer avec :

Chaux vive	2 kilog.
Sel marin	25 —
Suie	25 —

74

ARÉOMÈTRE. *Voy.* PÈSE-LIQUEURS.

75

ARGENTERIE (NETTOYAGE DE L').

Blanc d'Espagne réduit en poudre. On le mouille, on l'applique sur les pièces à nettoyer et l'on frotte avec un linge.

76

AUTRE.

Faire bouillir l'argenterie dans un mélange de :

Eau	2,000 gramm.
Chlorure ammoniaque (sel ammoniac	20 —
Alun	20 —
Sel marin	20 —
Tartre	20 —
Sulfate d'ammoniaque . .	10 —

77

AUTRE.

Eau	2,000 gramm.
Sel marin	35 —
Alun	25 —
Savon	25 —

78

AUTRE.

Pour les couverts noircis par le contact des œufs, les frotter avec de la suie mouillée de vinaigre.

79

AUTRE.

Bioxalate de potasse (sel d'oseille	5 gramm.
Alun	5 —
Crême de tartre	5 —

Le tout pulvérisé et imbibé d'eau.

80

POUDRE POUR NETTOYER L'ARGENTERIE.

Blanc d'Espagne	20	—
Crême de tartre	20	—
Alun	10	—

Pulvériser et tamiser; ajouter un peu d'eau pour constituer une pâte au moment de l'employer.

81

PROCÉDÉ POUR ENLEVER A L'ARGENTERIE LA TEINTE QUE LUI FONT PRENDRE LES ŒUFS CUITS.

Il suffit de la frotter avec de la suie.

82

ARGENTURE. PROCÉDÉ POUR ARGENTER TOUTES SORTES DE SUBSTANCES.

On prépare les 2 solutions suivantes : 1° chaux caustique, 2 parties en poids ; sucre de raisin ou de miel, 5 parties ; acide racémique ou acide gallique, 2 parties ; eau distillée, 650 parties : on filtre et on conserve dans des bouteilles bien pleines et bien bouchées ; 2° azotate d'argent, 20 parties dissoutes dans 20 parties d'ammoniaque liquide et étendue de 650 parties d'eau distillée. Au moment d'opérer, on mêle avec soin les deux liquides en quantités égales et on filtre.

83

Pour argenter la soie, la laine, les cheveux, le lin, et autres matières fibreuses ou textiles, on les lave d'abord avec soin, puis on les immerge un instant dans une solution saturée d'acide gallique, et ensuite dans une solution de 20 parties d'azotate d'argent dans 1.000 parties d'eau distillée ; on recommence cette double immersion jusqu'à ce que l'étoffe ait une légère nuance d'argent ; on l'immerge alors dans la double solution composée, indiquée ci-dessus, jusqu'à ce qu'elle soit complétement argentée : on la fait ensuite bouillir dans une solution aqueuse de sel de tartre, et, après l'avoir lavée, on la fait sécher.

84

Pour les os, la corne, le cuir, le papier, etc., on peut remplacer les immersions par des applications au pinceau.

85

Pour le verre, le cristal, la porcelaine, on nettoie ces substances soigneusement avec de l'eau distillée ou de l'alcool et on les traite ensuite par la solution composée, versée dans des cuvettes plates en verre, en terre ou en gutta-percha : la précipitation de l'argent a lieu en quelques heures; on peut l'activer en élevant la température du liquide ou des objets. On lave ensuite dans l'eau distillée, et, après avoir fait sécher, on couvre le tout d'un vernis protecteur.

86

Pour les métaux, on les décape d'abord à l'acide azotique, on les frotte à la surface d'un mélange de cyanure de potassium et de poudre d'argent ; on les lave ensuite dans l'eau distillée et on les plonge alternativement dans les solutions n° 1 et n° 2, jusqu'à ce qu'ils soient bien argentés. Le fer a besoin d'être préalablement plongé dans une solution de sulfate de cuivre.

Ces diverses manipulations n'ont rien de difficile ni de coûteux ; un litre de liquide composé ne revient pas à 2 francs.

87

ARGENTURE AU POUCE.

Frotter les objets avec du chlorure d'argent récemment précipité et humecté d'un peu d'eau salée.

On rend la croûte d'argent plus adhérente en faisant rougir la pièce et en la brunissant.

88

ARTICHAUTS (CONSERVATION DES).

Après avoir coupé par quartier les artichauts, dont on ôte le foin, on les met dans l'eau fraîche, pour les empêcher de noircir. On les fait ensuite blanchir à l'eau bouillante, puis on les met en bouteilles auxquelles on donne 2 heures d'ébullition.

89

ARTIFICE (COMPOSITIONS EMPLOYÉES POUR LES FEUX D').

Pluies de feu.

On mélange dans un mortier 3 parties de charbon et **16** parties de pulvérin, c'est-à-dire de poudre de guerre pulvérisée et passée au tamis ; ensuite on remplit avec cette préparation des cartouches de diverses grandeurs.

90

Pluie de feu plus brillante.

Le mélange sera composé de la manière suivante: charbon, 5 parties; pulvérin, **16**; salpêtre, **8** ; soufre, **4**.

91

Jets de feu.

On fait un mélange de **1** partie d'antimoine, de 2 parties de charbon fin et de **16** parties de pulvérin.

92

Jets de feu plus brillants.

Limaille d'acier, **1** partie ; soufre, **1** ; pulvérin, **4**.

93

FEUX DE COULEURS.
Feu bleu.

Nitre, 5 parties ; soufre, **2**; antimoine, **1**.

94

Feu cramoisi.

Chlorate de potasse, **4** parties ; nitrate de strontiane, **70** parties ; charbon, 5 parties ; soufre, **12** parties.

95

Feu vert.

Nitrate de baryte, **63** parties; soufre, **11** ; chlorate de potasse, **24** ; charbon, 2 ; sulfure d'arsenic, 2.

96

Feu lilas.

Chromate de potasse, 8 parties ; soufre, **4** ; craie sèche, **3**; oxyde noir de cuivre, **1** partie.

97

Feu pourpre.

Chlorate de potasse, **42** parties ; nitre **23** ; soufre, **23**; oxyde noir de cuivre, **10**; sulfure de mercure, 3.

98

Feu blanc.

Nitre, **46** parties ; soufre, **23** ; poudre de guerre, 6 ; zinc en poudre, **18**.

99

Feu jaune.

Nitrate de soude sec, **75** parties ; soufre, **20**; charbon, 6.

100

Feu rouge.

Nitrate de strontiane sec, **72** parties ; soufre, **20**; poudre de guerre, 6 ; charbon, 2.

Ces diverses compositions se mettent également dans des cartouches plus ou moins grandes, suivant qu'on veut obtenir des jets plus ou moins considérables.

101

Etincelles.

On mélange intimement **2** parties de camphre avec **1** partie de pulvérin et **1** partie de salpêtre. Quand ces substances sont bien mélangées, on y ajoute **1** partie d'alcool, de manière à former une pâte très liquide dont on imbibe des pelotes de coton, qu'on roule ensuite dans du pulvérin très sec.

102

Etincelles plus brillantes.

Ajoutez aux trois premières substances 1 partie de zinc.

103

Etoiles.

On mélange les substances suivantes : antimoine, 1 partie ; cristal pilé, 2 parties ; pulvérin, 3 ; salpêtre, 8 ; soufre, 4. Ajoutez 1 partie d'alcool, pour former une pâte très ferme qu'on aplatit et qu'on découpe en petites rondelles : ces rondelles sont ensuite saupoudrées de pulvérin sec et on les laisse sécher à l'ombre.

104

Etoiles plus brillantes.

Ajoutez aux substances-ci-dessus 1 partie de gomme et 1 partie de zinc.

105

Feux de Bengale.

On mélange ensemble : antimoine, 1 partie ; pulvérin, 2 parties ; salpêtre, 4 parties. On passe ensuite à travers un gros tamis de crin, puis après avoir rempli des vases cylindriques, on saupoudre la superficie avec du pulvérin, et l'on recouvre le tout d'une feuille de papier percée de trous où l'on place des étoupilles, c'est-à-dire de petites mèches d'étoupe filée, qui doivent communiquer avec le pulvérin et auxquelles on met le feu.

106

Feu de Bengale rouge.

18 parties de soufre, 6 d'antimoine, 3 de noir de fumée, 20 de chlorate de potasse, 60 de nitrate de strontiane.

107

Feu de Bengale bleu.

18 parties de soufre, 12 d'antimoine, 25 de chlorate de potasse, 15 de cendres bleues anglaises.

108

Feux verts.

30 parties de soufre, 4 d'antimoine, 4 de noir de fumée, 16 de chlorate de potasse, 190 de nitrate de potasse.

109

Feux jaunes.

60 parties de nitrate de soude, 18 de soufre, 6 d'antimoine, 3 de noir de fumée.

110

ASPERGES (CONSERVATION DES).

Premier procédé.

On commence par en retrancher la partie dure et blanche, et par leur faire prendre un bouillon avec du sel ; ensuite, après les avoir trempées pendant un quart d'heure dans l'eau fraîche, on les laisse égoutter, et on les range dans un vase à peu près rempli d'eau et de vinaigre en égale proportion, avec du sel, quelques clous de girofle et un citron peu mûr coupé en tranches. On les recouvre de beurre ou de graisse fondue et on les conserve dans un endroit abrité de la chaleur et de l'humidité. Lorsqu'on veut les employer, on doit d'abord les laver dans de l'eau tiède et les passer ensuite à l'eau fraîche.

111

Deuxième procédé.

Après avoir retranché la partie dure et blanche, on lave soigneusement les asperges, on les éponge sur un linge pour les bien laisser sécher, et alors on les saupoudre l'une après l'autre avec un mélange de farine et de sel pulvérisé, le sel entrant pour un sixième dans le mélange. Cela fait, on lie les asperges en bottes, on saupoudre encore largement celles-ci, et on enveloppe chaque botte séparément dans une pâte faite avec de la farine bien pétrie et roulée en gâteau. Les bottes d'asperges, ainsi enveloppées dans toutes leurs parties et formant autant de rouleaux, sont mises dans des pots de grès ou des terrines ; on les recouvre d'une couche de graisse fondue et on les conserve dans un endroit sec.

112

Troisième procédé.

On coupe les asperges de longueur convenable pour qu'elles puissent entrer debout dans une bouteille à large ouverture, dans laquelle elles sont placées la pointe vers le fond ; on se sert pour les ranger d'un petit bâton de la longueur d'une baguette de tambour, pointu à son petit bout, qu'on introduit entre les asperges pour mieux les serrer les unes contre les autres ; à chaque fois le petit bâton est remplacé par une asperge, jusqu'au remplissage complet de la bouteille. — Les bouteilles remplies, mais non bouchées, sont placées dans un bain-marie, où elles doivent plonger jusqu'aux trois quarts de leur hauteur ; on chauffe ensuite doucement en faisant bouillir faiblement le bain pendant un quart-d'heure, de manière à échauffer le verre et à préparer les bouteilles à recevoir de l'eau bouillante tenue toute prête d'autre part ; on sale cette eau, comme pour blanchir les légumes, et l'on remplit sans les sortir de la chaudière. Quand les asperges sont suffisamment cuites, on bouche hermétiquement les bouteilles par le procédé suivant. Chaque bouteille, au sortir du bain, est reçue dans une petite casserole où l'on a versé un doigt d'eau bouillante, afin d'éviter un refroidissement trop brusque. Quand l'ébullition qui avait lieu dans l'intérieur de la bouteille a cessé, il en résulte un vide qu'on remplit avec de l'eau bouillante, de manière que l'eau arrive jusqu'au ras du col ; on place immédiatement le bouchon, en le faisant entrer de force dans le col. L'eau jaillit par l'issue qu'on aura eu soin de ménager sur le milieu du bouchon, et il sort ainsi de la bouteille jusqu'au plus petit globule d'air qui pourrait s'y trouver. — Si l'on opère sur un assez grand nombre de bouteilles, on doit avoir sous la main de l'eau salée bouillante pour en remettre dans la chaudière après qu'on en a retiré quelques bouteilles, de sorte que, jusqu'à la fin du bouchage, le bain ne diminue pas de hauteur.

113

AUTOGRAPHIE (procédé d').

Voir d'abord *Encre et Papier à autographier*.

Pour reporter sur la pierre, on mouille le verso du papier avec une éponge imbibée d'eau tiède, à l'effet de faire gonfler la partie restée sans écriture ; on applique la face écrite sur la pierre lithographique ; et après l'avoir couverte de papier mou, on passe le rouleau à plusieurs reprises ; les caractères s'imprègnent sur la pierre.

114

AZOTATE D'ARGENT cristallisé.
(*Nitrate d'argent, pierre infernale*).

On l'obtient en faisant dissoudre à chaud de l'argent pur dans de l'acide nitrique; on rapproche et l'on fait cristalliser.

B

115

BADIGEON (EXCELLENT).

Chaux éteinte	20 kilog.
Sciure de pierre mélangée d'ocre jaune	10 · —

Détremper le tout dans :

Eau	25 kilog.
Alun (dissous préalablement dans l'eau). . . .	500 grámm.

116

AUTRE.

Chaux hydraulique . . .	18 kilog.
Sciure de pierre ou ocre .	12 —
Eau	25 —

117

BADIGEON-BACHELIER.

Chaux vive	56 parties
Plâtre cuit	24 —
Céruse	20 —

« On éteint la chaux dans le moins d'eau possible, on la débarrasse du liquide au moyen d'un tamis peu serré, et on malaxe avec du fromage frais bien égoutté jusqu'à ce qu'elle forme une pâte molle. On ajoute ensuite à cette pâte, le plâtre et la céruse, et l'on broie le tout à la mollette, en ajoutant assez d'eau pour obtenir une bouillie un peu épaisse qu'on délaie au moment même de s'en servir et que l'on applique à la brosse comme la plupart des badigeons ordinaires. Le badigeon-Bachelier résiste parfaitement à l'eau, adhère parfaitement à la pierre sans s'écailler, bouche exactement tous les pores, et ne forme aucune épaisseur sur les angles. »

118

BAIN ACIDE.

Acide chlohydrique . . ,	300 gramm.

Versez dans le bain.

Employé dans les affections chroniques de la peau.

119

BAIN AROMATIQUE

Espèces aromatiques. . .	1,200 gramm.
Eau bouillante.	3 kilog.

Faites infuser pendant 12 heures, passez et versez dans le bain.

Employé contre les scrofules, le rachitisme, etc. Les constitutions faibles se trouvent souvent bien de ces bains.

120

BAIN ALCALIN.

Carbonate de soude du commerce	250 gramm.

Versez dans le bain.

(Même usage).

121

BAIN DE BARÈGES ARTIFICIEL OU SULFUREUX

Sulfure de potasse. . . .	100 gramm.

Faites dissoudre dans un litre d'eau, et versez dans une baignoire de *bois* ou de *zinc*.

Contre les maladies de peau.

122

BAIN GÉLATINEUX.

Colle de Flandre	1 kilog.
Eau chaude.	10 —

Faites dissoudre et mélangez.

Employé dans les mêmes cas que le bain émollient.

123

BAIN GÉLATINO-SULFUREUX.

Ajoutez au bain de barèges :

Colle de Flandre . . . . .   1 kilog.

124

BAIN DE PIEDS SINAPISÉ.

Farine de moutarde . . .   120 gramm.
Eau chaude (non bouill.).   1 kilog.

(Même proportion pour les bains de mains).

125

BAIN DE PIEDS ALCALIN.

Cendres végétales . . . .   250 gramm.
Eau chaude . . . .   3 kilog.
S.-carbonate de potasse.   30 gramm.

(Même proportion pour les bains de mains).

126

BAIN DE VAPEUR SIMPLE.

Voici un moyen très simple d'administrer cette espèce de bains. L'extrémité d'un tube recourbé étant plongée dans un vase clos rempli d'eau bouillante, on dirige l'autre extrémité dans le lit du malade.

127

MOYEN DE DÉSINFECTER LES BAINS DE BARÈGES.

Versez dans une baignoire contenant le bain sulfureux :

Sulfate de zinc pulvérisé   100 gramm.

Ce sel décompose le sulfure de potassium et il se forme un sulfure de zinc inodore.

128

BAIN SULFUREUX OU DE BARÈGES ARTIFICIEL SANS ODEUR.

Hydrosulfate de soude cristallisé . . . .   64 gramm.

Carbonate de soude cristallisé . . . .   60 gramm.
Chlorure de sodium crist.   64 —
Eau privée d'air. . . . .   320 —

Faites dissoudre les sels dans l'eau.
(*Anglada et Boudet*).

129

BAIN ÉLECTROCHIMIQUE DE PENNES.

Bromure de potassium. .   1 gramm.
Carbonate de chaux . . .   1 —
— de soude . . .   300 —
Phosphate de soude . . .   8 —
Sulfate de soude . . . . .   5 —
— d'alumine . .   1 —
— de fer. . . . .   3 —
Huile volatile de lavande   1 —
— de romarin   1 —
— de thym . .   1 —
Teinture de staphisaigre.   50 —

130

BAIN DE RASPAIL.

Ammoniaque saturé de camphre . . . .   200 gramm.
Sel de cuisine . . . . . .   1 kilog.

Pour un bain. Rhumatismes, courbatures.

131

BAIN DE MER ARTIFICIEL.

Sel marin . . . .   8 kilog.
Sulfate de soude cristall.   3,500 gramm.
Hydrochlorate de chaux.   700 —
— de magnésie.   2,090 —
Eau . . . .   300 litres

132

AUTRE.

Chlorure de sodium . . .   7,500 gramm.
Chlorure de magnésie . .   2,515 —
Chlorure de calcium . . .   515 —
Sulfate sodique . . . . .   2,525 —
Chlorure de potassium. .   60 —
Iodure de potassium. . .   15 centigr.
Bromure de potassium. .   15 —
Sel de sulfhydrate d'amm.   5 gouttes

Dissolvez dans environ 250 litres d'eau de pluie à 25° centés. (*Van den Corput.*)

133

AUTRE.

Soude de varechs raffinée.

Ce produit représente plus exactement la composition de l'eau de mer et est peu coûteux.

134

BALEINE ARTIFICIELLE (CORNE RA-MOLLIE ET RENDUE FLEXIBLE ET ÉLASTIQUE.

La corne est d'abord débarrassée des matières grasses, fendue, ouverte et aplatie par les moyens ordinaires ; on la plonge alors dans un bain composé de 5 parties de glycérine pour 100 parties d'eau. On peut aussi employer l'eau seule, qui, au bout de quelques jours, devient putride et ammoniacale ; il faut, dans ce cas, comme l'opération est plus longue, ajouter de l'eau de temps en temps, pour remplacer celle qui est perdue par l'évaporation. Après quelques jours d'immersion, la corne est placée pendant 24 ou 48 heures, dans un bain composé de 3 parties d'acide nitrique du commerce, 2 parties d'acide pyroligneux, 12 de tanin, 5 de crème de tartre, 9 de sulfate de zinc et 100 d'eau. Au bout de ce temps, la corne a acquis un degré de flexibilité et d'élasticité suffisant pour qu'elle puisse remplacer la baleine dans la fabrication des côtes de parapluie et de beaucoup d'autres objets. Au lieu d'opérer sur la corne, après qu'elle a été aplatie ou amincie, on peut la soumettre à un traitement analogue, après l'avoir seulement fondue ; on lui fait éprouver alors une pression subséquente et on la colore en noir avec un bain de campêche, de bois jaune, de sulfate de fer et d'acide nitrique.

(Vender-Meer.)

135

BALLON (AÉROSTAT).

Taffetas ou mousseline couvert d'un enduit *imperméable* et coupé en bandes étroites aux deux bouts et plus larges au milieu. On réunit ces bandes par des coutures qu'on aplatit et qu'on revêt d'une nouvelle couche d'enduit. Un filet recouvre la partie supérieure du ballon et vient s'attacher à un cercle de bois qui en forme l'équateur. C'est de là que partent les cordes destinées à soutenir la nacelle où se place l'aéronaute. Un ballon de 13 mètres de diamètre peut enlever 1,382 kilog.

136

GAZ DES BALLONS.

On l'obtient en versant de l'acide sulfurique sur de la grenaille de zinc ou de fer en présence de l'eau.

137

BANDOLINE POUR LUSTRER LES CHEVEUX.

Eau	220 gramm.
Gomme adraganté	6 —
Alcool à 36°	90 —
Essence de roses	10 gouttes

Laisser macérer 24 heures, passer dans un linge et mettre en flacons.

138

AUTRE.

Huile de ricin	3 parties
Spermaceti.	2 —

Faites fondre, passez et ajoutez :

Essence de bergamote . .	quelq. gouttes

139

AUTRE.

Huile d'amandes.	60 gramm.
Cire blanche.	8 —

Faites fondre et ajoutez :

Teinture de mastic. . . .	8 gramm.
Essence de bergamote . .	2 —

140

AUTRE.

Mucilage de coings. . . .	120 gramm.
Eau de Cologne.	4 —

141

BAROMÈTRES.

Il y en a trois sortes principales :

1° *Baromètre à cuvette.* — Il se compose d'un tube et d'une cuvette qui sont soudés. Pour remplir le baromètre, on commence par chiffrer graduellement le tube , puis on y verse successivement, jusqu'à fin d'opération, des quantités diverses de mercure que l'on fait chauffer jusqu'à l'ébullition pour en chasser l'air et les vapeurs qu'elles contiennent. On commence à compter les vingt-deux pouces à partir de la surface du mercure. Quand le mercure baisse dans le tube , il monte dans la cuvette ; quand, au contraire, il monte dans le tube, il baisse dans la cuvette. Dans ces deux cas l'ordre des degrés change ; pour y remédier, on est obligé de mettre à ce baromètre un fond mobile qui , à l'aide d'une vis placée en dessous , met toujours le mercure au même endroit. Ce baromètre a pris le nom de Bortin, l'auteur du perfectionnement qu'il a reçu.

142

2° *Baromètre à siphon.* — Il se compose d'un tube recourbé que l'on remplit de mercure comme le premier ; il est assujetti au même inconvénient que celui-ci : pour y remédier, on met une division mobile.

143

3° *Baromètre à cadran.* — Il se compose d'un baromètre à siphon dont la plus petite branche est très large. Sur le mercure est un flotteur attaché à une petite corde qui va s'enrouler autour d'un axe libre auquel est attachée une aiguille.

Le cadran se divise en plusieurs degrés. Quand le mercure baisse, le flotteur monte et l'axe tourne ; quand le mercure monte, le flotteur descend. Plus l'air est sec, plus il est pesant, et le mercure monte ; plus l'air est humide , plus il est léger, et le mercure descend.

144

PRESSION ATMOSPHÉRIQUE.

Bien que nous ignorions la hauteur totale de l'atmosphère , nous savons cependant que la pression qu'elle exerce sur sa base est exactement égale à la pression exercée par la colonne de mercure qui lui fait équilibre. Or, la pression exercée par la colonne de mercure sur l'unité de surface est égale à son poids , c'est-à-dire à son volume, multipliée par le poids de l'unité de son volume, ou à 1. 76. $\pi \, d$; π était le poids du centimètre cube d'eau $=$ 0 k. 001, et d la densité du mercure $=$ 13,598. De là , le calcul donne 1 k. 033 pour la pression atmosphérique, rapportée au centimètre carré. Mais cette pression n'a d'autre cause que la somme des poids de toutes les molécules composant une colonne d'air ayant pour base un centimètre et pour hauteur toute l'atmosphère. Cette colonne pèse donc exactement 1 k. 033. Une colonne d'air ayant pour base un décimètre pèsera, par conséquent , 1 k. 033 $+$ 100 $=$ 103 k. 3 ; et une colonne d'air ayant pour base un mètre pèsera 103 k. 3 $+$ 100 $=$ 10330 k. Enfin , en désignant par n la surface de la terre estimée en mètres carrés, on aura la pression de toute l'atmosphère sur le globe $=$ 1033 k. $+ n$. Si les couches d'air étaient à toutes les hauteurs d'une égale densité , il serait facile, avec les données barométriques d'évaluer la véritable hauteur de l'atmosphère ; car cette hauteur x et la hauteur 0 k. 76 de la colonne de mercure seraient entre elles en raison inverse des poids spécifiques de l'air et du mercure, et l'on aurait :

$$\frac{x}{76} = \frac{13,598 \quad \text{(poids spécif. du mercure)}.}{0,0012991 \quad \text{(poids spécifique de l'air, par rapport au mercure)}.}$$

$$\text{ou } x = \frac{76. \quad 13,5980}{0. \quad 0012991} =$$

795,510 centimètres $=$ 7,955 mètres, c'est-à-dire un peu moins de deux lieues. Mais ce nombre est loin de représenter la hauteur réelle de l'atmosphère ; car celle-ci n'est pas homogène , et la densité de l'air diminue avec la hauteur.

145

BARRES D'ACIER (MOYEN DE LES COUPER AVEC LE FER).

Ce moyen est fondé sur la propriété que

possède la chaleur de rendre un métal moins dur en le dilatant. Il est beaucoup d'ateliers où ce procédé serait d'une grande utilité.

On coupe dans une plaque de tôle de fer très forte, une rondelle de dix à douze centimètres de diamètre. Après l'avoir aplanie, on la fixe solidement à l'extrémité de l'arbre d'un tour. Alors, mettant la roue en mouvement, on présente, sur le tranchant de la rondelle, la bande d'acier ou la tringle que l'on veut couper. Comme, dans un instant donné, les points de contact que présente la rondelle se succèdent sans cesse, et qu'au contraire l'objet à couper présente toujours le même point, il s'ensuit que ce dernier s'échauffe à un haut degré, s'amollit et se laisse couper avec la plus grande facilité.

146

BASCULE ÉCONOMIQUE.

« Le cultivateur qui veut seulement se rendre compte du poids de ses bœufs, vaches, porcs, moutons, ou d'un lot de grains, de laine, d'engrais, etc., peut faire établir chez lui, par le charron du village, un appareil qui atteint parfaitement ce but. Un plancher en bois, d'une longueur de 2 mèt. 50 sur 1 mèt. de largeur, est entouré d'une galerie pleine, de 1 mèt. 50 de hauteur, dont le devant et le derrière peuvent s'abaisser pour livrer passage aux bestiaux. Ce plancher repose sur le sol et se relie par quatre chaînes à un fléau de balance suspendu à la charpente d'un hangar ou de toute autre façon. Ce fléau, qui peut être en fer ou se composer d'une simple pièce de bois, n'est long, du côté du plateau que de 30 à 50 centimèt. tandis que le côté opposé est d'une longueur décuple, c'est à dire qu'il se prolonge à 3 ou 5 mèt. à partir de l'axe en fer qui le traverse. Si le fléau est en fer, il peut être beaucoup plus court, mais toujours construit d'après ce principe que le prolongement, à partir de l'axe, doit avoir 10 fois la longueur de la portion du levier à laquelle se rattache le plancher. A l'extrémité du grand bras est

suspendu un bassin destiné à recevoir les poids. On charge ce bassin, qui peut être en bois ou avoir de 35 à 40 centimèt. en tous sens, avec quelques fontes, ou ferrailles, ou simplement avec des pierres, pour le mettre en équilibre avec le grand plateau, de manière à ce que l'addition du poids le plus léger soulève celui-ci. Lorsque tout est ainsi préparé, on fait entrer l'animal ou les animaux à peser, sur le grand plateau et on ferme la galerie. Puis on charge le petit plateau avec des poids. Dès que ce plateau commence à remuer, le poids est atteint. On multiplie par 10 le poids qui est dans le bassin et on a le poids exact du bétail. »

147

BATONS AROMATIQUES RUSSES.

Baume du Pérou	18 gramm.
Baume de la Mecque . . .	18 —
Baume de Tolu	72 —
Storax calamite	72 —
Benjoin en larmes	72 —
Poudre de cannelle	72 —
Poudre de cascarille . . .	72 —
Poudre de girofle.	18 —
Sucre	72 —
Vanille	36 —
Musc	1 —
Ambre gris	1 —
Succin	144 —
Laque carminée	18 —
Huile essentielle de rose.	quelq. gouttes

Pour embaumer les appartements.

148

BAUME DES TURCS.

On le prépare en mêlant ensemble et en faisant chauffer à une douce chaleur, pendant 3 jours, les substances suivantes : benjoin, 90 gr.; baume de tolu, 45 gr.; gomme ou baume storax, 30 gr.; aloès, 45 gr.; esprit-de-vin rectifié, 2 litres. Après cette opération, on laisse reposer le mélange pendant 5 ou 6 jours, on le filtre et on le met en réserve dans des bouteilles bien bouchées. Ce baume s'applique sur les plaies et les blessures récentes dont il hâte la guérison.

149

BENZINE. HUILE DE HOUILLE RECTIFIÉE.

Elle dissout très bien les résines, le camphre, la cire, les graisses, etc.; d'où son application au dégraissage des étoffes. Non rectifiée, l'huile de houille a une odeur insupportable. Bien rectifiée, son odeur est moins désagréable; elle marque 76°. *La Benzine Collas* est dans ce cas.

150

BÉTON. (EXCELLENT MOYEN DE CONSTRUIRE SOUS L'EAU ET. DANS LES FONDATIONS PROFONDES).

Voici la manière de construire un excellent béton :

« Sur un terrain bien uni et bien battu, on forme une bordure circulaire avec 12 parties de pouzzolane ou de briques concassées, on étend également 6 parties de sable bien grené et non terreux, on emplit ce bassin de 9 parties de chaux vive récemment tirée du four, et on y jette de l'eau. Dès que la chaux est éteinte, on mêle, comme à l'ordinaire, la pouzzolane; après quoi on ajoute 13 parties de recoupes de pierre et 3 de mâchefer, ou à leur défaut 14 parties de recoupes et de blocaille de pierres ou de cailloux dont la grosseur ne doit pas surpasser celle d'un œuf : à l'aide d'instruments appropriés appelés *broyons*, plusieurs hommes remuent ce mélange à force de bras pendant une heure environ, et cette opération terminée, on peut employer tout de suite ce mortier. Quand on a donné à la couche de béton une épaisseur convenable, il faut avoir soin de la battre et de la fouler avec dès maillets de fer destinés à cet usage, et d'en bien niveler la surface, afin que l'assise qu'elle doit recevoir trouve l'assiette dont elle a besoin. »

151

BÉTON ÉCONOMIQUE.

Il est composé du mélange suivant, susceptible de varier selon les localités :

Sable, gravier, cailloutis.	7 parties.
Terre argileuse, commune grasse et non cuite. . .	3 —
Chaux non délitée.	1 —

152

BÉTON DUR.

Il est ainsi composé :

Sable, gravier, cailloutis.	8 parties.
Terre ordinaire, cuite ou pilée	1 —
Cendre de houille pilée. .	1 —
Chaux grasse et hydraulique non délitée. . . .	1 1/2

Ces deux bétons s'emploient de la même manière. Au moyen d'une machine à broyer, mue par un cheval ou autrement, les matériaux sont intimement mélangés, et on les humecte de manière à les réduire en une pâte très consistante. Cette pâte ferme est versée dans un moule composé de parois mobiles maintenues par des crampons, et dont le vide a la forme du mur qu'il s'agit d'obtenir. Elle y est violemment tassée par le choc répété d'un corps dur, masse en bois ou en fer. Le moule étant plein, on le démonte et on le transporte plus loin, sans que la partie qu'on vient de mouler se déforme. A ce moment, elle est molle et peu adhérente; mais elle acquiert en quelques heures tant de dureté, qu'on peut, dès le lendemain, mouler un fragment nouveau sur un fragment moulé la veille; ce qui permet de construire, sans désemparer, une maison entière.

Le béton économique doit remplacer les constructions de pisé, de torchis et même de moellons; le béton dur remplacera la maçonnerie de pierres meulières, de briques et même de pierres de taille. Le premier procurera une économie de 50 p. 100, le second en procurera une plus grande encore.

153

BÉTON DURABLE.

Suivant Lemble, voici les proportions qu'on doit adopter pour obtenir un béton durable :

80 parties de cailloux.
40 parties de sable fin de rivière.
10 parties de chaux hydraulique.

On gâche le tout ensemble avec de l'eau, peu d'instants seulement avant de s'en servir.

Pour s'en servir, on l'étend par couches successives de 25 centimètres d'épaisseur. On a soin de laisser sécher chaque couche avant de la recouvrir d'une autre couche.

154

AUTRE MÉTHODE POUR FAIRE LE BÉTON.

1 partie de mortier hydraulique.
2 parties de cailloux.
2 parties de sable, de pierre ou de briques réduites en petits morceaux.

155

BEURRE (PROCÉDÉS DE CONSERVATION DU)

Mettre le beurre, au sortir de la baratte, dans de l'eau très fraîche, renouvelée tous les jours.

L'eau bouillie préalablement, puis refroidie, est la meilleure, parce qu'elle ne contient pas d'air.

156

AUTRE.

Eau bouillie saturée de bicarbonate de soude.

157

BEURRE SALÉ,

62 grammes de sel par kilogramme de beurre.

158

BEURRE DEMI-SEL.

15 à 20 grammes de sel par kilogramme.

159

PROCÉDÉ TWANLEY.

Sucre.	100 gramm.
Sel fin	200 —
Salpêtre	100 —

Employer 60 grammes de ce mélange par kilogramme de beurre. Débarrasser préalablement le beurre de son petit lait. On pétrit le tout avec soin et l'on met en baril. Le beurre se conserve ainsi frais pendant plusieurs années.

160

PROCÉDÉ BRÉON.

Placer le beurre dans un vase en fer-blanc, qu'on achève de remplir avec trois grammes d'acide tartrique ou acétique par litre d'eau.

Souder le vase et conserver dans un lieu frais.

AUTRE.

Même préparation pour le beurre, mais remplacer les 3 grammes d'acide tartrique ou acétique par :

Bicarbonate de soude. . .	6 gramm.
Acide tartrique.	6 —

Observation. — Lorsque le produit ne doit point voyager, les vases en ferblanc peuvent être remplacés par des vases de terre ou de verre bien lutés.

162

BEURRE RANCE.

Laver le beurre dans une dissolution de 25 à 30 grammes de chlorure de chaux par kilogramme.

163

AUTRE.

Idem dans une disssolution de 15 gr. de bicarbonate de soude par kilogramme.

Après l'une ou l'autre de ces opérations, bien pétrir et bien battre le beurre, le laisser séjourner deux heures dans une dissolution saline, puis le saler.

164

BEURRE DESTINÉ AUX TRANSPORTS.

Lorsque le beurre est destiné aux approvisionnements des marins, pour des voyages de long cours, un des meilleurs procédés pour le saler consiste dans l'emploi de deux parties de gros sel, avec une partie de sucre et une partie de salpêtre. Après avoir réduit ces substances en poudre fine, et les avoir bien mélangées, on prend 60 grammes du mélange pour 1 kilogr. de beurre, et on les incorpore dans la masse qu'on presse dans le vase préparé, et dont on égalise la surface au moyen d'un linge fin, propre et sec, coupé sur le diamètre intérieur du vase, et d'un second linge trempé dans du beurre fondu. Avec ce procédé, on n'emploie aucune espèce de saumure pour fermer tout passage à l'air, on coule du beurre fondu le long des joints de chaque douve, si l'on fait usage de tinettes ou de barils de bois.

165

PROCÉDÉ BÉLIN.

Le beurre frais doit être malaxé dans un linge en toile doublé d'une étoffe de laine, puis pressé fortement pour extraire l'eau du beurre et le petit lait; on l'enveloppe ensuite de papier albuminé. Pour cela on prend des blancs d'œufs qu'on bat à l'état de neige, et auxquels on ajoute pour chaque œuf, un gramme de sel marin et un demi-gramme de sel de nitre. Dans ce mélange, bien intime, on trempe les feuilles de papier, bien séchées auparavant, puis on dessèche encore fortement après le trempage, en se servant d'un fer à repasser. Le beurre, ainsi enveloppé de papier albuminé bien desséché, se conserve frais pendant des mois et même des années, pourvu qu'il soit placé dans des lieux bien secs et surtout bien aérés.

166

BEURRE DE CACAO (MODES D'EXTRACTION DU).

On fait bouillir dans de l'eau pure du cacao broyé; par ce moyen, cette huile, étant plus légère que ce liquide, vient nager à sa surface. Il est bon de faire observer que l'action prolongée de la chaleur la dispose à rancir.

167

AUTRE.

Il consiste à soumettre, entre deux plaques d'étain chauffées à l'eau bouillante, un fort sac de toile contenant du cacao torréfié et broyé, qu'on soumet à une forte pression graduée.

168

AUTRE.

En faisant agir de l'éther sulfurique sur la pâte de cacao, cette huile, ainsi obtenue, a une saveur désagréable. Par ce moyen on extrait de :

20 parties de Cacao Soconusco dépouillé de sa pellicule.	8 de beurre
20 cacao Maragnon. . . .	9 —
20 cacao Martinique . . .	10 —

Le beurre de cacao est regardé comme adoucissant et pectoral.

169

BIÈRES DOMESTIQUES.

25 litres de drèche sont laissés 2 à 3 heures dans de l'eau presque bouillante. On soutire le liquide, on verse une nouvelle eau sur la drèche. Après avoir tiré à clair, on ajoute 250 grammes de houblon aux deux décoctions réunies et l'on fait bouillir de manière à avoir 40 litres de bière. Lorsque le moût est cuit, on le met en cuve, après l'avoir passé dans un tamis de crin refroidi à 18°; on y ajoute 4 à 5 cuillerées de levûre. Aussitôt que la fermentation a cessé, on met en bouteilles.

170

AUTRE.

Prenez 10 kilogr. d'orge ou d'avoine, desséchée au four et moulue. Versez dessus 40 litres d'eau chaude (75°), laissez reposer 5 heures et tirez à clair. Versez ensuite 30 litres d'eau froide, laissez reposer 2 heures et tirez à clair. Ajoutez 12 kilogr. de mélasse délayée dans 60 litres d'eau tiède et 500 grammes de houblon. On brasse tant que le houblon surnage. On met ensuite la levûre, et, quand la fermentation est terminée, on entonne la bière (1) ; 15 jours après cette bière est potable.

171

BIÈRE A FROID.

Eau	1 hectolit.
Mélasse	2 kil. 500
Fleurs de houblon	100 gramm.
Racine de gentiane. . . .	50 —
Levûre de bière	50 —

Faire infuser le houblon et la gentiane dans 1 litre 1/2 d'eau, passer à travers une toile. Délayer la mélasse et la levûre chacune dans une partie d'eau, et verser toutes ces liqueurs dans un tonneau. Brasser et laisser fermenter. Bonne à boire après 6 à 8 jours. — Revient à un centime le litre.

172

BIÈRE ÉCONOMIQUE.

Houblon	150 gramm.
Mélasse des colonies . . .	3,000 —
Levûre de bière	150 —
Eau	100 à 120 lit.

On fait infuser le houblon pendant une demi-heure sur le feu dans de l'eau (10 litres environ) que l'on tient toujours presque bouillante ; on passe la liqueur à travers un linge ou un tamis, et on y délaye la mélasse. On recommence une nouvelle immersion de houblon dans une nouvelle quantité d'eau chaude pour l'épuiser complétement de ses principes solubles et aromatiques ; on coule encore la liqueur, et, après l'avoir réunie à la première, on l'introduit dans le tonneau, que l'on achève de remplir avec de l'eau, dans les dernières parties de laquelle on a soin de délayer de la levûre de bière.

La fermentation s'établit en trois ou quatre jours en été, et quinze à vingt jours en hiver. On peut activer la préparation

(1) La bonde ne doit être mise qu'au bout de trois jours.

de cette boisson en délayant la levûre dans l'infusion encore un peu tiède du houblon, l'introduisant dans le tonneau plein à moitié. On le remplit en y versant chaque jour un seau d'eau chauffée à 50°. Dans ce cas, la boisson est prête après cinq ou six jours.

173

AUTRE.

Mélasse	2 kil. 500
Houblon	250 gramm.
Essence de spruce. . . .	q. s.
Levûre.	250 gramm.

Prix de revient pour une feuillette de 120 litres. . . . . . . 5 fr. 25 c.

Soit, par litre, 4 centimes.

On fait bouillir toutes ces substances dans 120 litres d'eau, pendant une heure ; on passe au tamis après le refroidissement ; on mélange avec la levûre : la fermentation a lieu au bout de cinq à six jours. Le liquide s'éclaircit et peut être bu après ce délai. (*Muller de Bolbec.*)

174

BIÈRE DITE BOISSON DE MALT.

Malt	15 litres.
Houblon	500 gramm.
Racine de réglisse	750 —
Capsicum	15 —
Réglisse d'Espagne . . .	60 —
Mélasse.	2 kil. 500

La bière doit être déposée dans des tonneaux propres, toujours fermés. Lorsqu'elle est en bouteilles, il faut la boucher immédiatement.

175

BIÈRE DE CHIENDENT.

Mettre dans un baquet 4 kilogr. de chiendent haché, que l'on arrose avec de l'eau tiède en quantité suffisante pour qu'il soit toujours humide sans être noyé. Aussitôt qu'il a poussé et qu'il a fait paraître de petites tiges blanches d'un centimètre de long, on l'entonne dans une futaille avec 1 kilogr. de baies de genièvre concassées, 60 grammes de levûre de bière et

2 kilogr. de cassonade. On verse dessus 8 litres d'eau très chaude, mais non bouillante, et l'on agite le tout avec un bâton. Le lendemain, on ajoute 8 litres d'eau chaude et l'on agite encore la liqueur. Le troisième jour, on ajoute 8 litres d'eau chaude, en agitant de nouveau, puis on bouche le tonneau en laissant un fosset d'évent dans lequel on introduit quelques fétus de paille. On laisse reposer cinq à six jours; on soutire dans une autre futaille propre, et, deux jours après, on peut boire cette bière, qui est agréable au goût et très saine.

176

BIÈRE ANGLAISE.

Ale.	8 litres.
Gentiane.	125 gramm.
Zeste de citron	90 —
Cannelle	8 —

On fait macérer 8 jours et l'on filtre.

177

SPRUCE BEER ou *bière de sapinette.*

On met sur le feu une grande chaudière de la contenance de deux barriques environ (450 litres); on y jette autant de sommités sèches de sapin noir qu'on en peut prendre avec les deux mains; si elles sont fraîches, on en met un peu moins; dans les deux cas, elles doivent être coupées menu. Après une heure d'ébullition, on verse le liquide dans un cuvier où on le laisse un peu refroidir; on y met alors de la levûre et on laisse fermenter. On peut y ajouter un demi-kilogr. de sucre pour ôter le goût de la résine. Quand toute la fermentation a cessé, on entonne la liqueur et on la met en bouteilles.

On peut encore préparer cette bière de la manière suivante :

On a une chaudière que l'on remplit d'eau et de feuillages, accompagnés de leurs cônes et coupés seulement de manière qu'ils puissent entrer dans la chaudière, et que l'eau surnage par-dessus; on fait bouillir et réduire le tout; en même temps on grille un peu de froment, de seigle, d'orge ou de maïs, et on le jette dans la chaudière; on y met aussi une couple de petits pains de froment ou de seigle coupés par tranches. Lorsque la liqueur est réduite à moitié et qu'on voit l'écorce des branches quitter le bois, on les retire et on filtre au moyen d'un linge ou d'un drap mis sur un tonneau ; on y ajoute, par tonneau, 1 kil. 1/2 de sirop ou de mélasse. La liqueur fermente, et on enlève l'écume qui s'élève à la surface. Lorsque la fermentation a cessé, on met la liqueur en tonneau ou en bouteilles. On peut la boire 24 heures après. (*Belèze.*)

Boisson très saine qui mousse comme la bière.

178

BIÈRE RUSSE OU KIRVAS.

Voici la formule de cette boisson :

« Mettre dans plusieurs vases un mélange de farine de seigle, de farine d'avoine et de farine d'orge, dans la proportion de 10 kilogr. pour chacune de ces farines. On délaye peu à peu ce mélange avec de l'eau bouillante, et, quand il est transformé en bouillie claire, on place les pots dans un four un peu moins chauffé que pour la cuisson du pain, et on les y laisse pendant trois ou quatre heures, en ayant soin de remuer de temps en temps la bouillie qui doit prendre la consistance d'une crème. Alors on la verse dans un grand baquet ou cuvier, et on la délaye dans la quantité d'eau chaude nécessaire pour fournir les 150 bouteilles; on y ajoute ensuite 2 poignées de menthe sèche, autant de raisin sec et une forte poignée de levûre de bière pétrie avec un peu de farine blanche. Le cuvier doit être placé à découvert dans un endroit où la chaleur sera entretenue à une température de 20°. Au bout de 48 heures, lorsque la fermentation s'établit, on passe la liqueur à travers un tamis, dans un tonneau qu'on laisse en repos dans la cave pendant plusieurs jours. Ensuite on met la boisson en bouteilles, et huit jours après on peut en faire usage. »

179

CONSERVATION DE LA BIÈRE.

On garde la bière pendant plusieurs années en mettant un quart de litre d'esprit de vin à 33° dans chaque barrique.

Lorsque la bière vient à se gâter, on mêle de la levûre avec ce qui a servi à faire de la bière forte, et on laisse quelque temps ce mélange devant le feu. A défaut de levûre de bière, on peut se servir de miel, de levain ou de mélasse. Lorsque la levûre elle-même est vieille, il faut mêler de l'eau chaude et du sucre.

180

MOYEN D'EMPÊCHER LA BIÈRE DE S'AIGRIR.

A Augsbourg et dans les environs, où l'on fait de très bonne bière, les brasseurs ont l'habitude de placer dans la tonne un sachet de racine de benoîte (*caryophillata lutea*), autant pour donner à la liqueur un goût agréable que pour la préserver de toute aigreur (*Bibl. phys. écon.*).

181

MANIÈRE DE RENDRE A LA BIÈRE SA QUALITÉ PREMIÈRE.

On rétablit la bière qui est aigre en mettant dans le tonneau qui la contient 2 kilog. de bol d'Arménie bien broyé, qu'on laisse séjourner jusqu'à ce que la liqueur ait perdu son aigreur. On transvase ensuite dans un tonneau bien propre et l'on ajoute du vin de drèche avec quelques poignées de houblon (*Encycl. méthod.*).

182

LIQUEUR POUR CLARIFIER LA BIÈRE.

« Dans une chaudière en cuivre, on met 150 kilog. de tan que l'on fait bouillir pendant une heure avec environ 1,000 litres d'eau ; on ajoute ensuite 10 kilog. de sumac et 10 kilog. de noix de galle. On continue l'ébullition jusqu'à ce que la décoction soit complète ; alors on soutire la liqueur, et on la laisse refroidir ; enfin on l'amène à 2° de l'aréomètre de Baumé.

« Un litre de cette liqueur est propre à clarifier 100 litres de bière ; on a soin de bien agiter avec un bâton, puis on abandonne au repos ; au bout de vingt-quatre heures, la bière est limpide.

» Un demi-litre de cette liqueur suffirait, si elle marquait 4° Baumé. Dans tous les cas, on ne s'en sert qu'à froid. Pour faciliter l'expédition de cette substance tannique, on peut la faire évaporer à l'état d'extrait, la couler sur une table de marbre légèrement huilée, et la rouler ensuite en boules qu'on fait sécher à l'étuve.

» Soixante grammes de ces boules dissous dans l'eau chaude suffisent pour clarifier 100 litres de bière. »

183

BIJOUX (NETTOYAGE DES).

Brosser deux ou trois minutes avec une brosse douce chargée d'un peu de savon ; puis lorsqu'ils sont bien essuyés, passer à la mie de pain ou à une peau douce.

184

AUTRE.

Délayez du colcotar (rouge de Prusse) dans un peu d'eau ou d'alcool, et frottez les objets d'or avec une mousseline imbibée de cette pâte. Essuyer et passer la peau douce.

185

BISCUIT-VIANDE (MEAT-BISCUIT).

Cet aliment se prépare au Texas, d'après le procédé suivant, de M. Gail-Bordeu : les bœufs, dépouillés et dépecés, sont immédiatement mis dans des chaudières et soumis, avec une quantité d'eau suffisante pour recouvrir tous les morceaux, à une longue ébullition. Le liquide, décanté et débarrassé de la graisse surnageante, est évaporé en consistance sirupeuse. Alors on l'incorpore avec de la farine de froment, en proportion convenable pour former une pâte ferme qu'on étend sur le rouleau ; on perce de petits trous, et l'on découpe cette pâte dans les dimensions et les formes ordinaires des biscuits rectangulaires d'embarquement ; puis on fait cuire au four et dessécher ces biscuits ; ils sont alors emballés et livrés en cet état.

L'usage que l'on fait du *meat-biscuit*, particulièrement dans la marine américaine et dans les voyages sur terre, paraît avoir donné de bons résultats. Cet aliment est facile à transporter et à conserver. On peut le consommer, soit à l'état sec, soit, mieux encore, en y ajoutant, après l'avoir concassé, de 20 à 30 fois son poids d'eau, du sel et quelques condiments, puis en le soumettant à une ébullition de 25 à 30 minutes. (*Payen*).

186

BISHOP AMÉRICAIN.

Vin rouge	20 litres.
Sirop citrique	150 gramm.
Sirop simple	3 litres
Grange amère grillée. . .	1 —
Teinture de citron	100 gramm.

En gazéifiant à l'appareil, on obtient une excellente boisson.

187

BITTER HOLLANDAIS (LIQUEUR).

Gentiane.	15 gramm.
Orangette	15 —
Cannelle	4 —
Calamus	4 —
Racine d'aunée.	2 —
Coriandre	12 —

Le tout, réduit en poudre grossière, doit macérer pendant huit jours dans :

Genièvre.	2 litres

On ajoute :

Sucre.	90 gramm.

188

BLANC D'ESPAGNE.

Carbonate de chaux ou craie pulvérisée, puis réduite en pâte au moyen de l'eau.

189

BLANC DE HAMBOURG, DE HOLLANDE, DE VENISE.

Carbonate de plomb mélangé avec du sulfate de baryte.

190

BLANCHIMENT DES ÉTOFFES DE SOIE.

Le professeur Persoz résume ainsi le procédé le plus ordinairement employé :

Pour 40 pièces de 45 mètres.

1° Les passer deux fois dans un bain de savon alcalin, chauffé à 60 ou 65°, composé de 20 kilog.. de carbonate sodique cristallisé et de 4 kilog. de savon ;

2° Dégorger à l'eau chaude ;

3° Les passer deux fois dans un bain à 60 ou 65°, formé de 10 kilog. de cristaux de soude ;

4° Les dégorger à l'eau chaude ;

5° Les passer au soufroir durant 10 heures, en employant 10 kilog. de soufre, ou 250 gr. par pièce ;

6° Les dégorger à l'eau chaude ;

7° Les faire passer deux fois dans un bain à 60 ou 65°, contenant 7 kilog. de carbonate sodique cristallisé ;

8° Les faire passer deux fois dans un bain à 60 ou 65°, contenant 5 kilog. 5 de carbonate de soude cristallisé ;

9° Les dégorger à l'eau chaude ;

10° Les faire passer au soufre en employant 7 kilog. de soufre, soit 175 gr. par pièce ;

11° Les faire passer à l'eau tiède ;

12° Les faire passer dans un bain d'azur.

191

BLANCHIMENT DES TOILES.

1° Laisser tremper les toiles vingt-quatre heures dans de l'eau à 25 ou 30°, pour enlever les parties solubles ;

2° Dégorgez-les ensuite par un moyen mécanique quelconque dans une eau courante ;

3° On soumet enfin la toile à l'action d'une dissolution bouillante de soude caustique à 1° 1/2, qui dissout les matières grasses, résineuses et colorantes, le gluten et les savons insolubles. Cette opération, qui doit durer 14 à 18 heures, se répète deux ou trois fois après des rinçages successifs. On emploie le vingtième du poids des toiles en alcali pour leur blanchiment.

192

BLANCHIMENT DES LAINES.

1° Dans une chaudière d'environ 1,000 litres, on met de l'eau avec 70 à 80 litres d'urine putréfiée et 20 kilog. de cristaux de soude, et l'on fait chauffer à 50 ou 55°;

2° Introduire ensuite la laine, qu'on remue continuellement avec de petites fourchettes de bois ;

3° Après une demi-heure, on fait égoutter la laine, puis on lave à grande eau dans des paniers appropriés.

Si la laine doit rester en blanc, le soufrage (2 kilog. de soufre pour 100 de laine) l'amène au plus haut degré de blancheur.

193

BLANCHIMENT DES FRUITS.

« On fait toujours subir cette opération aux abricots, pêches, poires et prunes, qu'on veut conserver, afin de les dépouiller du principe âcre dû à l'eau de végétation et à la présence de l'acide malique qui les fait noircir à la longue ; en outre, le blanchiment supplée à un état parfait de maturité, lorsqu'on veut que les fruits gardent une certaine fermeté. Le blanchiment est surtout nécessaire pour les fruits préparés au jus et à l'eau-de-vie.

» On essuie d'abord les fruits avec un linge, une brosse de laine ou un blaireau, puis on pique les abricots, les pêches et les prunes jusqu'au noyau, afin que leur peau ne se crève pas et qu'ils puissent être pénétrés plus facilement par la liqueur conservatrice. A mesure que ce travail avance, les fruits sont jetés dans un baquet plein d'eau de puits la plus froide possible. Vient ensuite l'opération du blanchiment proprement dit : les fruits retirés de l'eau froide avec une écumoire et égouttés un instant sur un tamis, sont jetés dans une bassine en cuivre rouge non étamé et remplie d'eau pure, s'il s'agit de blanchir des prunes de mirabelle, des abricots. des pêches ou des poires ; si ce sont des prunes de reine-claude, l'eau est aiguisée d'un petit verre de vinaigre et d'une petite pincée de sel de cuisine, pour 7 à 8 litres d'eau, afin de conserver à ces fruits une belle nuance verte : les fruits, dans la bassine, ne doivent pas être entassés, mais baigner facilement dans le liquide. On place alors la bassine sur un feu vif. Pendant la cuisson, on remue continuellement avec l'écumoire afin que les fruits ne s'attachent pas au fond, et qu'ils soient soumis à une température plus égale. Le feu est ensuite modéré, et on continue la cuisson jusqu'à ce que les fruits soient sensiblement amollis. On ôte alors la bassine du feu et on se hâte d'en retirer les fruits qu'on jette aussitôt dans l'eau froide, afin de raffermir leur chair. Pour conserver leur couleur tendre aux abricots et aux pêches, on ajoute pour chaque décalitre d'eau froide, de 5 à 6 gr. d'alun pulvérisé.

» Afin d'éviter l'emploi lent et embarrassant de l'écumoire pour faire passer les fruits de l'eau bouillante dans l'eau froide, on peut placer dans la bassine même une grande passoire à anse de panier, ce qui permet de les immerger et de les manœuvrer en masse, sans les toucher et sans risquer de les endommager. »

194

BLANCHIMENT DES LÉGUMES.

» Les légumes sont épluchés, nettoyés, lavés et préparés de même que pour l'usage journalier; ils sont mis dans un filet, un panier ou tout autre vase à claire voie, et immergés ainsi dans l'eau bouillante ou soumis à l'action de la vapeur d'eau.

» Pour les plantes foliacées, l'eau bouillante doit être salée afin qu'elles conservent leur couleur verte.

» Tous les autres légumes en général, sont

blanchis dans l'eau ordinaire maintenue en ébullition jusqu'à ce qu'ils soient amollis, ou cuits à moitié, ou complétement, selon les espèces et les divers modes de conservation. »

195

BLANCHISSAGE A LA VAPEUR.

Pour blanchir ainsi, il suffit d'avoir un fourneau, une chaudière ordinaire et une cuve en bois. « Le fourneau est enfoncé en grande partie dans le sol, ce qui permet d'opérer plus commodément, et disposé de manière à brûler de la houille. La chaudière en cuivre a 1 m. 20 de diamètre à son bord supérieur, un peu moins que le cuvier qui, posé dessus, la recouvre entièrement et qui est bien solidement maçonné dans la partie supérieure du fourneau, de manière que la vapeur ne puisse s'échapper. La chaudière est percée dans sa partie moyenne d'un trou communiquant par un tuyau à un tube en cuivre ouvert par le haut et muni en bas d'un robinet. Ce tube sert à indiquer l'élévation de l'eau dans la chaudière : si l'eau déborde par le haut du tuyau, c'est que la chaudière est trop pleine ; si elle ne coule pas par le robinet lorsqu'il est ouvert, c'est qu'il n'y en a point assez, et alors on en ajoute en versant par l'orifice du tube. Le cuvier, cerclé en fer, a 0 m. 90 de hauteur, 1 m. 80 dans son diamètre supérieur, 1 m. 30 dans son diamètre inférieur. Il est fermé hermétiquement à l'aide d'un couvercle en bois qu'on charge quelquefois de pierres ; le fond qui repose sur la chaudière est percé de trous, comme une écumoire, pour laisser passage à la vapeur et lui permettre de pénétrer le linge. Afin que la vapeur circule mieux, on met des bâtons dans ces trous avant d'encuver le linge ; puis quand il a été arrangé entre ces bâtons, on les retire, et ce sont autant d'issues pour la vapeur. »

196

OPÉRATION PRÉALABLE.

« Avant d'exposer le linge à la vapeur, il faut l'imprégner d'une dissolution alcaline. Pour cela on dissout dans un baquet 1 kil. 1/2 ou 2 kil. de potasse dans 100 lit. d'eau pour 50 kil. de linge sec : on fait tremper six heures dans cette dissolution le linge de corps, de table et de lit. Après quoi on encuve, en ayant soin de mettre au fond les torchons, puis les serviettes, les nappes, les mouchoirs, les bas, les chemises, le linge fin et les draps ; on bouche tous les intervalles avec des chiffons. Pendant qu'on encuve, on met environ le quart d'eau de potasse dans la chaudière et on allume le feu. Il est bon que la vapeur commence à monter avant que l'eau contenue dans le linge soit égouttée dans la chaudière. Le feu doit être toujours égal et l'eau ne jamais bouillir. On prolonge l'opération jusqu'à ce que les cercles soient tellement chauds qu'on n'y puisse plus tenir la main : elle ne dure guère plus de deux heures. On découvre alors le cuvier et il ne reste plus qu'à mettre du savon sur les taches qui ont résisté. »

197

BLEUS (PRÉPARATION DES).

Voici un procédé précieux pour préparer un bleu qui ne s'altère pas à l'air.

Bois de campêche	120 gramm.
Eau	2 litres.

Ajoutez :

Alun	120 gramm.
Indigo soluble en poudre.	12 —

Laissez bouillir encore cinq minutes, puis filtrez.

198

BLEU EN LIQUEUR (DE SAXE OU DE COMPOSITION).

Indigo	100 gramm.
Acide sulfurique	400 —

Faites dissoudre au bain-marie et ajoutez :

Eau . . . . 1,200 gramm.

199

BLEU DE NEUWIED.

Cette couleur bleue fournit une belle peinture à l'intérieur des appartements. Voici son mode de préparation :

« On délite avec le plus grand soin 4 parties de chaux parfaitement cuite, et on y ajoute, en agitant toujours, 12 fois autant d'eau qu'on s'en est servi pour la déliter. On passe ce lait de chaux à travers un tamis fin de crin, on le reçoit dans une cuve et on y ajoute un peu d'eau. Alors on fait dissoudre 10 parties de couperose bleue ou vitriol de cuivre dans la quantité d'eau chaude nécessaire, et lorsque cette dissolution est complétement effectuée, on y ajoute de l'eau froide jusqu'à ce que la liqueur marque encore 6° Baumé, puis on abandonne le tout au repos pendant 24 heures. Au bout de ce temps on verse peu à peu en agitant continuellement le lait de chaux dans la dissolution vitriolique ; on laisse le précipité bleu se déposer au fond, on filtre un peu de la liqueur surnageante dans un verre à pied, et on y ajoute quelques gouttes de la dissolution de vitriol de cuivre. S'il se manifeste encore un précipité, cela indique qu'on peut encore ajouter de la dissolution cuivrique à la chaux, et on continue ainsi jusqu'à ce qu'un nouvel échantillon de la dissolution susdite ne se trouble plus. — Il faut principalement avoir soin de ne pas ajouter plus de dissolution de cuivre qu'il n'en faut pour saturer la chaux, parce qu'autrement la couleur perdrait de sa beauté ; et en général il vaut mieux laisser un peu de chaux non précipitée. Avec 8 kilogrammes de couperose bleue, on obtient 8 kilogrammes de couleur. »

200

BOIS (CONSERVATION DES).

« Pour préserver le plus longtemps possible des effets de la pourriture les bois blancs destinés à être enfoncés dans la terre, il convient d'abord de les carboniser à une profondeur de 4 ou 5 millim. sur toute la surface qui doit être plongée dans le sol et même à 30 centimètres au-dessus : ensuite il faut les enduire de 3 ou 4 couches de goudron bouillant. Ce moyen convient surtout pour les tuyaux de conduite en bois placés sous terre, pour les tuteurs des plantes et des arbres, pour les échalas, les perches à houblon, les palissades, les clôtures, les barrières, et en général pour tous les bois exposés à un excès d'humidité. »

201

AUTRES PROCÉDÉS.

Par un autre procédé peu coûteux et très efficace, le charbon sulfuré ayant été changé en charbon vitriolique est mis en contact avec le bois et attire l'humidité atmosphérique ; étant également exposé à l'influence de la pluie, le sulfate de fer contenu dans le charbon est dissous et pénètre lentement et graduellement dans le bois qui s'en imprègne et qui, pour ainsi dire, se minéralise.

202

AUTRE.

Sulfate de cuivre : 6 kilogr. par mètre cube.

On fait une solution, et l'on procède de la manière suivante :

On couche les pièces à conserver horizontalement sur le sol ; on fixe à une des extrémités une sorte de réservoir en forme de poche, et l'on met, au moyen d'un tube en caoutchouc, ce réservoir en communication avec le bassin qui renferme la liqueur préservatrice, et qui doit toujours être placé à une hauteur de 4 ou 5 mètres. La solution descend alors dans la poche, pénètre dans le bois, le parcourt dans toute sa longueur et y dépose le sulfate de cuivre qu'elle contient, tandis que sa partie aqueuse va sortir à l'extrémité opposée, en entraînant avec elle les matières séreuses emprisonnées dans les pores ligneux. On reconnaît que l'opération est terminée quand le liquide qui sort est parfaitement clair. (*D* Boucherie.)

203

AUTRE.

La dissolution de *pyrolignite de fer* a donné à M. Boucherie le même résultat que le sulfate de cuivre. Ces sels, en pénétrant dans les tissus végétaux, en chassent l'air, détruisent les larves d'insectes qui s'en nourrissent, et le désagrègent complétement, enfin empêchent la putréfaction d'une substance azotée qui accompagne le ligneux, et qui, en se décomposant, produit une sorte de fermentation qui active la destruction du bois.

204

PRÉSERVATIF CONTRE LA POURRITURE DES BOIS.

Trempez le bois pendant 8 jours dans une solution de sublimé corrosif, 100 gr. par hectolitre d'eau.

205

PROCÉDÉ POUR UTILISER IMMÉDIATEMENT LES BOIS DE CHARPENTE.

Enlever l'écorce jusqu'au bois, scier de suite, en planches ou en solives, et faire tremper 10 jours dans de l'eau de chaux.

206

PROCÉDÉ POUR RENDRE LES BOIS INCOMBUSTIBLES.

Sable siliceux, dissous dans une solution de potasse caustique.

Faire un enduit assez épais que l'on applique sur le bois. (*D* Fuchs.)

207

BOIS TEINT EN NOIR.

Noix de galle en poudre	300 gramm.	
Sulfate de fer	—	300 —
Bois de campêche. . . .	750	—

Faites une décoction et passez.

Tremper le bois qu'on veut teindre.

208

PROCÉDÉ PASCAL LEGROS.

Il consiste à utiliser le chlorure de manganèse, résidu des fabriques d'hydrochlorite de chaux, d'eau de javelle, etc., neutralisé, en y ajoutant du carbonate de chaux. On plonge le quart des pièces de bois, verticalement, dans le liquide, pendant 12 à 30 heures, et ce dernier s'élève à travers les fibres du bois par la capillarité. Le bois est inaltérable aux variations de la température. On peut ajouter à la solution de l'huile de résine ou de goudron, dissoute dans l'acide sulfurique étendu d'eau. Les proportions varient suivant les espèces de bois.

209

ENDUIT POUR LA CONSERVATION DES BOIS BLANCS.

Des motifs d'économie exigent souvent que l'on remplace, dans des constructions rurales surtout, le bois de chêne par des bois blancs de toute espèce : on peut, par un procédé fort simple, augmenter considérablement la durée de ces bois. Ce procédé consiste à donner à la porte ou autre pièce de menuiserie qui doit être exposée à l'action de l'air libre, une première couche de peinture grise et à l'huile, que l'on couvre, avant qu'elle soit sèche, d'une légère couche de sablon ou gré pilé et passé au tamis ; ensuite on donne sur ce sablon une nouvelle couche de la même peinture, en ayant soin d'appuyer fortement la brosse. La surface acquiert par ce moyen une dureté telle que l'air, le soleil et l'eau ne peuvent plus altérer le bois, du moins pendant une durée de vingt années au moins.

210

BOISERIES (NETTOYAGE DES).

Laver à l'eau seconde, et mieux à l'eau chlorurée. On passe ensuite une éponge imbibée d'eau fraîche.

211

BOISSONS ÉCONOMIQUES

Eau	1 hectol.
Pommes sèches.	4 kilogr.
Raisins secs	4 —
Genièvre.	4 hectogr.

Versez l'eau dans un tonneau, mettez-y les fruits après les avoir mêlés ; bouchez et laissez la fermentation s'opérer pendant cinq jours en été, dix jours en hiver.

La fermentation terminée, on tire 20 litres de liquide que l'on met par la bonde dans la barrique, afin de mélanger la boisson. Ensuite il faut tirer en bouteilles, car autrement le marc moisirait, deviendrait aigre et donnerait un mauvais goût à la préparation.

Excellente boisson.

212

AUTRE.

Miel	20 gramm.
Eau-de-vie.	20 —
Eau	4 litres.

Boisson précieuse pour soutenir les forces de nos braves campagnards.

213

AUTRE.

Vinaigre	1/2 litre
Vergeoise (sucre brut). .	4 kil. 500
Fleurs de violettes	60 gramm.
Fleurs de sureau.	40 —
Fleurs de houblon	60 —
Levûre de bière.	12 —
Eau	100 litres

« Faites bouillir pendant 5 minutes les fleurs dans 20 litres d'eau pris sur les 100 litres, et, après avoir passé cette infusion à travers un linge, on la verse dans le tonneau en y ajoutant le sucre, et on agite le mélange avec un bâton. Ensuite on verse successivement dans le tonneau les 80 litres d'eau, le vinaigre, la levûre de bière qu'on divise avec la main ; on agite encore fortement le mélange, et il ne reste plus qu'à boucher le tonneau et à attendre quelques jours pour commencer à faire usage de la boisson. » (*Barruel*)

214

AUTRE.

Genièvre.	15 gramm.
Coriandre	6 —
Fleurs de sureau.	6 —
Fleurs de violettes. . . .	6 —
Houblon	3 —
Mélasse	500 —
Vinaigre, environ	1/2 verre

Mettre le tout, avec 12 litres d'eau, dans une cruche ordinaire en grès, et laisser infuser pendant trois jours, en ayant soin d'agiter le mélange deux ou trois fois par jour. Au bout de ce temps, on tire à clair en passant le liquide à travers un linge ou une chausse ; on met en bouteilles et on bouche avec soin. On place les bouteilles à la cave en les couchant ; mais il faut avoir soin de les relever 2 ou 3 jours après. On peut boire 6 ou 8 jours au plus après la préparation, et l'on a alors une boisson qui, le plus souvent, mousse et pétille comme le cidre et la bière.

215

BOISSON FERMENTÉE ÉCONOMIQUE.

Pour un tonneau de 150 litres, prenez :

Pâte de pain blanc, au moment où le pain va être mis au four	2 kil. 250
Délayez avec eau	8 à 10 lit.
Et mélasse.	2 kil. 750

Versez dans la futaille qui doit contenir la boisson, et achevez de la remplir d'eau en agitant en même temps la liqueur ; ajoutez-y légèrement un bondon. On doit tenir ce tonneau dans un lieu qui ne soit pas trop frais, afin de favoriser la fermentation ; au bout de trois semaines, la liqueur est claire et bonne à boire.

216 A 223

Voici 8 recettes présentées par Girardin, de Rouen.

1°	Eau ordinaire	1 hectol.
	Racine de réglisse. . . .	1 kil. 250
	Crème de tartre	500 gramm.
	Eau-de-vie à 19°	5 litres

	Aromates quelconques (fleurs de sureau, écorce d'oranges, etc.) . . .	40 gramm.

	Eau	1 hectol.
	Sucre brut	3 kil. 750
	Crême de tartre	500 gramm.
	Eau-de-vie à 19°	10 litres
	Aromate quelconque . . .	40 gramm.

3°	Eau ordinaire	1 hectol.
	Sucre brut	3 kil. 750
	Vinaigre fort.	2 lit. 1/2
	Eau-de vie à 19°	5 litres
	Aromate quelconque. . .	40 gramm.

4°	Eau	1 hectol.
	Bière ordinaire.	5 litres
	Sucre brut.	750 gramm.
	Vinaigre.	1 litre 1/4
	Caramel	150 gramm.

5°	Eau	1 hectol.
	Sucre brut.	6 kil. 750
	Acide tartrique	160 gramm.
	Esprit 3/6	1 litre
	Fleurs de sureau. . . .	120 gramm.

6°	Eau	1 hectol.
	Pommes sèches.	3 kil. 125
	Esprit 3/6	104 gramm.
	Semence de fenouil. . .	25 —
	— coriandre . .	25 —
	Fleurs de houblon . . .	160 —

7°	Eau ordinaire	1 hectol.
	Mélasse	3 kil. 125
	Cassonnade brune. . . .	417 gramm.
	Coriandre concassée. . .	25 —
	Levûre de bière	50 —

8°	Eau ordinaire	1 hectol.
	Mélasse	2 kil. 500
	Fleurs de houblon . . .	100 —
	Racine de gentiane. . .	50 —
	Levûre de bière.	50 —

Observation. — Toutes ces boissons ont le même mode de préparation. On fait une forte infusion des racines et du houblon, des pommes sèches, dans 20 à 25 litres d'eau. D'un autre côté, on fait infuser dans 4 à 5 litres d'eau bouillante les fleurs de sureau ou l'aromate choisi ; on dissout la crême de tartre ou l'acide tartrique, la mélasse ou le sucre brut, dans une autre quantité de liquide ; on passe toutes ces liqueurs à travers un linge, on les met en tonneau ; on y ajoute l'esprit, le vinaigre et le caramel, ainsi que la levûre délayée dans un peu d'eau ; on brasse et on laisse reposer. Après 5 ou 6 jours, si la fermentation marche bien, à 10 à 15°, la boisson est faite. Après 8 à 10 jours de bouteilles, on obtient une liqueur mousseuse, agréable.

224

BOUCHONS (PROCÉDÉ POUR RENDRE INDÉFINIE LA DURÉE DES BOUCHONS DE LIÉGE.

On prend un bouchon, et avec l'arête d'une lime à bois ou d'une rape, on fait un trait de deux millimètres de profondeur, suivant le diamètre de la base inférieure, puis deux autres traits longitudinaux perpendiculaires à l'extrémité du premier. On prend ensuite 25 centimètres de ficelle forte et fine, deux fois tordue ; on la plie en deux, et à trois centimètres du pli on fait un double nœud ; on pose celui-ci sur le milieu de la base supérieure du bouchon, et l'on fait descendre le long des deux rainures latérales les deux ficelles qu'on tire fortement et qu'on réunit au milieu du trait de la base inférieure; on les arrête par un double nœud, on coupe les deux bouts qui dépassent.

Les bouchons ainsi préparés présentent les avantages suivants : ils sont munis d'un anneau flexible dans tous les sens : ils n'empêchent point le bouchage à la forte pression à l'aide d'une machine; ils ne sont plus entamés et gâtés par le tire-bouchon employé jusqu'à ce jour et dont l'usage devient inutile. On le remplace, en effet, avantageusement par l'anneau de ficelle, dans lequel on introduit un manche ou un morceau de bois quelconque. L'extraction de ces bouchons est bien plus facile qu'avec le tire-bouchon, qui exerçant surtout sa force au centre, produit une pression entre les parois latéraux du verre et du liége, et augmente la dilatation de celui-ci. En tirant, au contraire, avec l'anneau de ficelle, la force qui s'exerce latéralement tend à rapprocher les deux cordons, et produit ainsi, sur les côtés, un vide dans lequel l'air s'introduit, ce qui facilite beaucoup la sortie du bouchon. Enfin, il y a une grande économie, puisqu'il n'est plus nécessaire de se pourvoir de nouveaux bouchons ; les premiers servent indéfiniment, et, bien qu'employés plusieurs fois, ils sont toujours sains et bons pour le bouchage. (*A. Bacco.*)

225

BOUCHONS IMPERMÉABLES.

Pour rendre les bouchons imperméables à toute espèce de liquide, il faut les tremper trois fois dans le mélange suivant :

Cire vierge. . . . . . . 200 gramm.
Suif . . . . 50 —

On les place ensuite, par le gros bout, sur une plaque de métal, et on les fait sécher au four ou à l'étuve.

226

BOUGIES PHOSPHORIQUES.

« Introduisez dans un tube de verre d'environ 1 décimètre de long et de 3 à 4 millimètres de diamètre, fermé à l'une des extrémités, quelques décigrammes de phosphore préalablement desséché sur du papier brouillard : cela étant fait, mettez dans le tube une petite bougie, après avoir enlevé un peu de cire pour dégager davantage la mèche ; et avant que cette extrémité dépourvue de cire touche le phosphore, scellez hermétiquement l'extrémité ouverte du tube ; plongeant alors l'autre extrémité dans l'eau chaude, le phosphore fondra et s'attachera au coton de la bougie de cire. On trace, au moyen d'un diamant ou de la lime, une ligne à une extrémité du tube, et pour faire usage de ces bougies, le tube doit être rompu au point où la ligne est tracée : en retirant alors très promptement la bougie, elle prend feu et brûle rapidement. »

227

NETTOYAGE DES BOUGIES.

Lorsque les bougies ont été salies par les mouches ou par la fumée, on les nettoie avec une légère eau de savon qui enlève ces taches, et on les essuie soigneusement avec un linge blanc et sec. Elles reprennent alors leur éclat. On les mouille peu et l'on n'emploie que de l'eau froide.

228

BOUILLON (CONSERVATION DU).

Après avoir préparé le bouillon avec le plus grand soin et avec de la bonne viande de bœuf exempte de suif, on le verse dans une chaudière à fond plat et chauffée à la vapeur libre contenue par un double fond. Cela fait, on l'évapore lentement à une température de 43 à 50°, en ayant soin de l'agiter continuellement pour en accélérer l'opération. Quand le volume est réduit au point de marquer 6 ou 7° à l'aréomètre Baumé, on en remplit des boîtes cylindriques en ferblanc, ayant chacune un quart de litre de capacité et représentant le produit d'un kilogr. de viande. On soude une plaque également de ferblanc sur l'ouverture de chacune de ces boîtes, et on les place dans un bain-marie clos, ou on les chauffe jusqu'à 105° pendant une demiheure. Au bout de ce temps, on les retire et on les emmagasine pour l'usage. Le bouillon ainsi traité conserve toutes ses qualités pendant plusieurs mois. Quand on veut s'en servir, il suffit, pour obtenir un excellent potage, de l'étendre de dix à douze fois son volume d'eau et de le chauffer à 100°. (*Lignac.*)

229

BOULES DE NANCY.

Mélange de tartrate acide de potasse, de fer et d'alcool.

Préparation qui n'a nul avantage sur beaucoup d'autres plus simples et meilleures.

230

BOUSSOLE.

La boussole se compose d'une boîte ronde en cuivre, supportée par deux cercles concentriques tels que les points d'appui du premier sur le second soient sur une ligne perpendiculaire à la direction des points d'appui du second cercle sur la boîte carrée qui sert d'enveloppe. Du centre de la boîte intérieure s'élève un pivot qui supporte une aiguille plate d'acier aimanté, au-dessous de laquelle est la rose des vents, divisée en trente-deux parties égales. Cette rose, en carton ou en mica, doit tourner horizontalement, pour indiquer en mer le méridien magnétique.

231

BOUTEILLE DE LEYDE.

Recouvrez d'une lame d'étain la paroi extérieure d'un flacon de verre, remplissez l'intérieur de feuilles de cuivre, fermez le col du flacon par un bouchon que traverse une triple tige métallique communiquant avec le métal intérieur. La tige doit se terminer à l'extérieur par un crochet portant une boule.

232

BOUTEILLE DE FEU PHOSPHORIQUE.

Après s'être pourvu d'une mèche de soufre ordinaire, et en avoir introduit la pointe dans une bouteille contenant de l'oxide de phosphore, de manière qu'il y en adhère une très petite quantité, on frotte la mèche sur une bouteille ordinaire, elle prend alors feu à l'instant. Il faut avoir soin de ne pas se servir de la même mèche immédiatement ou tandis qu'elle est chaude, parce qu'elle enflammerait infailliblement l'oxide de phosphore dans la bouteille.

Le frottement sur la bouteille élève la température de l'oxide de phosphore, et cet oxide, en s'enflammant, met le feu au soufre dont la mèche est garnie.

233

PRÉPARATIONS DIVERSES DE BOUTEILLES DE FEU PHOSPHORIQUE.

On peut préparer les bouteilles de feu phosphorique ainsi qu'il suit : Après avoir choisi une petite fiole d'un verre très mince, on la chauffe peu à peu dans un bain de sable, et on y introduit alors quelques grains de phosphore ; puis on laisse la fiole sans la troubler pendant quelques minutes, et l'on continue de procéder ainsi jusqu'à ce qu'elle soit remplie.

234

AUTRE.

Un autre mode de préparation de cette bouteille phosphorique consiste à chauffer deux parties de phosphore et une partie de chaux placées par lits, pendant environ une demi-heure, dans une fiole négligemment bouchée ; il est encore, à cet égard, un moyen très simple, qui est le suivant : On introduit un peu de phosphore dans une petite fiole, qu'on chauffe dans un bain de sable ; et lorsque le phosphore est fondu, on fait tourner la fiole en rond, de manière que le phosphore puisse adhérer aux côtés de la fiole ; et alors on la ferme exactement avec un bouchon de liége.

235

AUTRE.

On peut encore, après avoir introduit dans la bouteille une certaine quantité de phosphore réduit en très petits morceaux, y verser de l'eau chauffée à 70° ou 80° centigrades ; le phosphore se fond et occupe la partie inférieure de la bouteille ; pendant que le phosphore est ainsi ramolli, on peut, après avoir ôté l'eau, l'étendre sur les parois de la bouteille, avec une baguette de verre. (*Vergnaud.*)

236

BRITANNIA (NOUVEAU MÉTAL).

Etain.	80 gramm.
Antimoine	20 —

Ce métal anglais se moule facilement, prend un beau poli et peut être argenté ou doré par la pile.

237

BRODERIES D'OR ET D'ARGENT (NET-TOYAGE DES).

On fait chauffer dans un poêlon bien net, de la mie de pain rassis ; on la répand toute chaude sur la broderie, on la frotte avec la paume de la main , et on l'étend de façon qu'il y en ait partout sur l'ouvrage ; on recouvre le tout de plusieurs linges, et, quand il est refroidi, on retourne le métier, on le bat à l'envers avec une baguette : il ne reste plus qu'à vergeter doucement la broderie. (*Saint-Aubin.*)

238

FIXATION DES DESSINS DE BRODERIE.

Prenez de l'arcanson bien sec, mettez-le en poudre très-fine ; mêlez-le à du bleu de tailleur ou à de la cendre bleue , également en poudre impalpable, dans la proportion de deux tiers de bleu contre un tiers de résine ; mêlez bien ces poudres, que vous renfermerez dans un nouet de toile à claire-voie, et poncez votre dessin, que vous aurez piqué d'avance, puis passez un fer chaud sur l'étoffe.

Les marchands de couleurs tiennent des tablettes de différentes nuances pour les tailleurs. Vous pourrez donc varier celles que vous désirerez fixer sur l'étoffe à broder.

239

MOYEN D'IMITER DES DESSINS DE BRODE-RIES SUR DES FEUILLES D'ARBRES.

On peut obtenir une grande variété de dessins avec les feuilles de toute espèce d'arbres ; mais, en général, l'effet en sera d'autant plus agréable que l'on choisira les feuilles les plus larges et celles dont la forme s'accordera le mieux avec la destination du sujet que l'on veut reproduire. Le goût, l'idée, la bizarrerie ou le caprice, permettent de varier à l'infini ces sortes de dessins qui, par leur originalité, sont souvent d'un très-bel effet.

On découpe, à l'aide de ciseaux, un dessin quelconque dans une feuille de papier, soit un chiffre ou tout autre sujet, conservant en plein tout ce qui doit offrir le même aspect sur la feuille d'arbre ; la feuille bien étendue, on y place le dessin ; puis, à l'aide d'une brosse rude , on frappe la feuille avec les soies de cette brosse , qui, s'introduisant entre toutes ses nervures , en chassent le tissu cellulaire ; toutes les nervures de la feuille étant à jour, on enlève son papier et l'on voit un dessin très-bien fait sur un réseau de fort belle dentelle.

240

BRONZAGES (PROCÉDÉS DE).

Pour les *Peintures* , on se sert d'or massif.

241

AUTRE.

Précipité de cuivre métallique.

242

POUR LES CANONS DE FUSIL.

Mélange de beurre d'antimoine et d'huile d'olive , qu'on passe sur le canon préalablement chauffé. On frotte ensuite à la cire, puis on vernit à la gomme laque.

243

AUTRE.

Acide azotique	5	parties
Éther nitrique	5	—
Alcool	10	—
Sulfate de cuivre.	20	—
Teinture de chlorure de fer	10	—
Eau	300	—

Faites une solution.

244

BRONZAGE DES FIGURES EN PLATRE.

Savon de cuivre — Décomposez une solution de savon par une autre de sulfate de cuivre. Soluble dans l'essence de térébenthine et les huiles grasses.

Sert au bronzage antique.

245

AUTRE.

Savon de fer. — Décomposez une solution de savon par une autre de sulfate de fer. Soluble comme la précédente.

Sert au bronzage florentin.

246

BRONZE DES STATUES.

Cuivre	90,10
Etain	9,80

247

BRONZE DES MÉDAILLES.

Cuivre	88 à 92
Etain	12 à 8

248

BRONZE DES CANONS.

Cuivre	90 à 91
Etain	9 à 10

249

AUTRE.

Cuivre	100 parties
Etain	11 —

Observation. — S'il entre plus d'étain, l'alliage devient plus dur, mais plus cassant.

250

BRONZE DES CLOCHES.

Cuivre	78 parties
Etain	22 —

251

BRONZE DES CYMBALES ET TAMTAMS.

Cuivre	80 parties
Etain	20 —

252

BRONZE DES TIMBRES DE PENDULES.

Cuivre	71 gramm.
Etain	27 —
Fer	2 —

253

BRONZE DES MIROIRS DE TÉLESCOPES.

Cuivre	66,7
Etain	33,3

254

BRONZAGE DES MÉDAILLES DE CUIVRE.

Verdet	2 parties.
Sel ammoniac	1 —

Dissoudre dans du vinaigre, faire bouillir et passer. Délayer avec de l'eau jusqu'à saveur métallique et précipité blanc.

On verse le liquide bouillant sur les médailles bien nettoyées et placées dans un vase en cuivre. Ce vase est mis sur le feu, et l'on tient le liquide bouillant jusqu'à bronzage complet.

Voyez *Médailles.*

255

NETTOYAGE DES BRONZES DORÉS.

Enlever les taches de bougies ou de graisse, à l'aide d'une petite quantité de soude ou de potasse caustique dissoute dans de l'eau, en lavant ces taches avec cette solution chaude. On laisse sécher les parties ainsi nettoyées, puis l'on passe sur la dorure un pinceau trempé dans 32 gr. d'acide azotique et 4 gr. de sulfate d'alumine, mélangés avec 125 gr. d'eau pure. On fait ensuite sécher les objets en les exposant devant le feu à une chaleur modérée.

256

MÉTHODE POUR OBTENIR LE BRONZE FLORENTIN.

On commence d'abord par préparer le cuivre de la manière suivante : si les pièces sont en cuivre rouge, il faut avoir soin de les passer à l'eau forte, puis on les met dans une eau de dérochage contenant du cuivre en solution, eau dans laquelle on a mis du fer ; dans ce cas, la pièce se recouvre d'une couche de cuivre rouge.

Lorsque les pièces ont été passées à l'eau forte, on les lave et on les fait sécher avec soin.

Lorsqu'elles sont sèches, on prépare la mixture suivante, on prend·

Carbure de fer dit mine de plomb.	68 gramm.
Sanguine broyée à l'eau.	64 —

On choisit ces produits les plus beaux qu'on puisse trouver ; on les broie ensemble sur un porphyre à l'aide d'une molette, en ayant soin d'y ajouter de temps en temps une petite quantité d'esprit-de-vin (de l'alcool à 36°) ; on continue de broyer jusqu'à ce que le tout soit amené à une pâte homogène, que l'on introduit et que l'on conserve dans un pot.

Lorsque l'on veut se servir de ce mélange, on le convertit à l'aide de l'esprit-de-vin en une bouillie un peu épaisse que l'on étend sur les pièces que l'on veut bronzer, en se servant de la brosse connue sous le nom de *blaireau*. Quand les pièces présentent des parties creuses, on fait pénétrer le mélange semi-liquide dans ces parties à l'aide d'un pinceau très-dur ; ensuite on passe le blaireau pour égaliser ces parties ; on laisse les pièces travailler pendant vingt-quatre heures, et l'on fait ensuite tomber l'excès de couleur avec un pinceau dur. La couleur qui tombe peut être recueillie, mêlée à l'esprit-de-vin, et être employée de nouveau.

Lorsque l'on a enlevé l'excès de matière colorante, on continue à brosser les pièces avec une brosse à lustrer, et qui soit rude, afin d'obtenir un brillant ressemblant au vernis. Si l'on veut obtenir une teinte plus foncée, on met une plus grande quantité· de mine de plomb ; on diminue la quantité de ce produit, qui est aussi connu sous le nom de *plombagine*, de carbure de fer, si l'on veut avoir une teinte plus claire.

(*Chevallier*.)

257

BROU DE NOIX (LIQUEUR)

Noix récentes. ·	30
Eau-de-vie à 20°	1 litre
Sucre blanc	1 kilog.
Macis	2 gr. 50
Cannelle.	2 — 50
Girofle	2 — 50

Ecraser les noix et laisser le tout macérer deux mois. Filtrer.

258

BRUCHES (DESTRUCTION DES).

« Ces insectes attaquent principalement les pois, les lentilles, les fèves : assez rares dans le nord de la France, ils exercent souvent de grands ravages dans les départements du centre et dans ceux du midi. Les femelles déposent leurs œufs dans les semences à demi-formées, en perçant avec un organe spécial (*oviducte*), la silique encore verte des plantes légumineuses. Plus tard, elles pondent directement dans la substance des graines emmagasinées. Peu après, de ces œufs sortent les larves qui pratiquent dans les semences des galeries si petites qu'il n'est guère possible de reconnaître la présence de l'insecte, que lorsque la substance intérieure de la graine a été en partie dévorée. Le seul moyen qu'on puisse employer pour détruire les bruches, consiste à chauffer dans un four à une température de 45 à 50 degrés les légumes qui contiennent les insectes, ou bien à plonger les graines dans l'eau bouillante immédiatement après qu'elles ont été récoltées. Mais les graines ainsi traitées sont impropres à germer, et ne peuvent être employées que pour l'alimentation de l'homme ou des animaux. On devra donc se garder d'échauder les graines réservées pour les semailles : d'ailleurs, les grains percés sont tout aussi bons que les grains entiers, pour cet usage ; ils n'ont rien perdu de leurs propriétés germinatives, la larve de l'insecte n'attaquant jamais que les cotylédons de la semence, et respectant toujours le germe qui demeure intact, bien que la graine soit percée de part en part. »

259

BUFFLETERIES (nettoyage des).

Pour nettoyer et blanchir les bufflete-ries, on commence par les laver avec soin avec de l'eau de son au moyen d'une éponge ; quand elles sont sèches, on les enduit d'une couche légère de blanc d'Espagne que l'on a fait dissoudre dans l'eau avec de la gomme, de la terre de pipe blanche et un peu d'azur : on se sert d'une petite éponge pour étendre ce mélange.

C

260

CACIS (liqueur).

On met dans un vase, pour les laisser infuser ensemble pendant 15 jours, 1 kilog. de baies de cacis, 2 gr. de girofle et de cannelle, 3 litres d'eau-de-vie et 750 gr. de sucre. Il faut avoir le soin de brasser ce mélange chaque jour pendant les 15 jours, au bout desquels, après avoir écrasé le cacis et passé le mélange à travers un linge avec expression, on filtre la liqueur, et, quand elle est bien claire, on la met en bouteilles. On peut n'ajouter le sucre qu'après avoir passé le liquide à clair.

261

AUTRE.

On fait infuser pendant un mois, dans 4 litres d'eau-de-vie, 1 kilog. de cacis bien mûr, 5 ou 6 feuilles de cacis, 4 ou 5 clous de girofle, 25 ou 30 amandes de noyaux de pêches ou d'abricots. Au bout de ce temps, on passe l'infusion, on y ajoute un sirop de sucre préparé avec 1 kilog. de sucre et une suffisante quantité d'eau, et on filtre la liqueur, si c'est nécessaire.

262

CADRANS DE PENDULE (nettoyage des).

Il faut les frotter d'abord avec un pinceau qu'on aura trempé dans un mélange pâteux d'eau et de crême de tartre en poudre, ensuite les laver avec de l'eau pure, et les essuyer avec du linge fin et bien sec.

263

CADRES DORÉS (nettoyage des).

Enlever à l'aide d'un plumeau toute la poussière qui couvre les cadres ; on les nettoie ensuite avec une petite éponge fine humectée d'une eau de savon très-légère : cette opération délicate demande à être faite avec le plus grand soin. Si l'on craint d'altérer la dorure, il faut avoir recours au procédé suivant. On mélange ensemble 2 ou 3 blancs d'œufs et 15 ou 20 gr. d'eau de javelle : les blancs d'œufs seront bien battus. On trempe une brosse douce dans ce mélange et on en frotte légèrement les cadres, surtout dans les parties où la dorure a le plus perdu de son éclat.

264

CAFÉ (LIQUEUR DE).

Pour l'obtenir, on prend 1 kilog. 500 gr. d'excellent café Moka, soigneusement torréfié et réduit en poudre, qu'on met en infusion dans 9 litres d'eau-de-vie, ou mieux 5 litres d'alcool à 33° et 4 litres d'eau; après 10 jours d'infusion, on distille au bain-marie pour en obtenir 5 litres. Si l'on veut avoir une liqueur plus chargée de principes, on met ce produit en fusion avec de nouveau Moka. On fait dissoudre ensuite 2 kilog. 500 gr. de sucre dans 2 litres et demi d'eau, et on l'ajoute à la liqueur alcoolique. Le lendemain on filtre.

265

CONSERVATION DE L'AROME DU CAFÉ.

Le café, quand il sort du brûloir, torréfié, dégage et perd environ la moitié de son arome; alors, pour limiter cette déperdition, le fabricant ajoute, sur une quantité de 25 kilog. de café, 750 gr. de mélasse, qui n'est autre chose que du sucre candi; le sucre refroidissant aussitôt le café, arrête spontanément la dilatation et concentre immédiatement l'arome.

C'est à ce tour de main qu'est due la réputation de certaines maisons de commerce de comestibles, et non point à la supériorité des grains de café soumis à la mouture, qui ne sont qu'un mélange de qualités secondaires; aussi doit-on préférer acheter le café en grains et apprendre à le torréfier à point, c'est-à-dire à ce degré qui fait arriver l'huile aromatique à la surface du grain sans le volatiliser; au-dessous de ce degré, délicat à obtenir, l'arome ne produit pas. La torréfaction convenablement obtenue, il est bon de saupoudrer de suite le café avec du sucre pilé.

266

CALQUE. PROCÉDÉS DIVERS.

« On colle avec quatre pains à cacheter sur une vitre apposée au jour ou à la lumière d'une lampe le dessin qui doit être copié; on fixe sur ce dessin une feuille de papier assez transparente pour en laisser apercevoir tous les traits; puis, avec un crayon bien effilé, on passe sur tous ces traits et on obtient ainsi la reproduction exacte du dessin original.

267

AUTRE.

« Sur un carton plus grand que le dessin on fixe une feuille de papier blanc et sur celle-ci une feuille sur laquelle on a légèrement frotté de la mine de plomb ou de la sanguine; il est bien entendu que le côté frotté de l'une de ces substances doit être appliqué sur le papier blanc. On pose ensuite par-dessus le dessin qui doit être calqué, et au moyen d'une pointe mousse, on en suit tous les traits de manière à produire une empreinte rouge ou noire sur le papier.

268

AUTRE.

« On prend un taffetas ciré, blanc et très-transparent; on le fixe sur le dessin de manière qu'il le recouvre entièrement; puis, avec une plume trempée dans de l'encre ordinaire, qu'on a légèrement gommée, on passe sur tous les traits. Quand le dessin est terminé, on pose dessus une feuille de papier un peu humide et par-dessus une ou deux feuilles de papier bien sec. En frottant avec une boule d'ivoire ou tout autre corps dur, on obtient une contre-épreuve très-exacte. »

269

CALQUE PAR LA BENZINE.

« On prend n'importe quel papier (papier ordinaire, à lettre ou à dessin), et on le couche sur l'original que l'on veut reproduire; on frotte ensuite ce papier avec du coton trempé dans de la benzine pure. Les parties ainsi frottées deviennent par là aussi transparentes que le meilleur papier à calquer, huilé ou autre, de sorte qu'on reconnaît à travers , assez distinctement pour pouvoir le calquer, le dessin le plus fin. Comme la benzine est excessivement volatile, elle ne tarde pas à s'évaporer et le papier redevient blanc et opaque comme il était auparavant, et reste parfaitement lisse et uni. L'original ne souffre pas davantage : il n'est ni chiffonné, ni ondulé. Ce procédé est également bon pour le dessin ou la peinture ; que l'on se serve du crayon, de l'encre ordinaire, de l'encre de Chine, ou des couleurs à l'eau. Les traits du dessin se fixent même sur le papier enduit de benzine plus solidement que sur le papier ordinaire, et les traits du crayon ne peuvent plus que difficilement être enlevés par la gomme élastique.

» Si l'original est un peu grand et que l'on craigne que la benzine ne s'évapore avant qu'on ait eu le temps de le calquer entièrement, on n'humecte le papier que peu peu et à mesure que le travail avance. Si cependant le papier perdait sa transparence pendant l'opération du décalque, on n'aurait qu'à humecter de nouveau le papier avec de la benzine fraîche. Pour réussir parfaitement, il faut se servir de benzine bien pure et fraîchement distillée; autrement le papier pourrait conserver une légère odeur et même quelques taches. »

270

CANDI (FRUITS CONFITS AU).

On fait cuire à 36° une suffisante quantité de sucre dans un poêlon ; quand il est à ce point, on le retire du feu, et, après quelques minutes de repos , on le verse doucement sur les fruits rangés dans une candissoire; on couvre ce vase avec un linge humide, et on le place dans une étuve chauffée à 40°, où il doit rester 5 ou 6 heures. Après ce temps, on renverse la candissoire sur une terrine pour laisser égoutter le sirop, et il ne reste plus qu'à faire sécher les fruits.

271

AUTRE.

Après avoir fait cuire le sucre comme il est dit ci-dessus, et l'avoir retiré du feu, on le couvre d'un papier humide et on met le poêlon dans un vase d'eau froide. Quand le sucre est froid, on le verse avec précaution dans la candissoire qui contient les fruits et qui doit être placée dans un endroit sec ; on couvre les fruits avec un linge et on les laisse ainsi pendant 10 ou 12 heures.

272

CARAFES (NETTOYAGE DES).

Introduire dans les carafes quelques morceaux de papier brouillard ou de papier gris, avec des coquilles d'œufs concassées et une petite quantité d'eau. On agite les vases en tout sens. On laisse ensuite le papier s'humecter, et, après avoir agité de nouveau les carafes, on les vide rapidement. Il ne reste plus alors qu'à les rincer, les égoutter et les essuyer avec un linge bien sec.

273

CARAMEL (PRÉPARATION DU).

Faire fondre du sucre dans un peu d'eau, et le faire cuire jusqu'à ce qu'il brunisse; plus on le laisse brûler, plus il brunit, mais plus aussi le goût en devient amer; on doit donc saisir le moment où il est assez brun, sans le laisser noircir, y jeter tout de suite, en le retirant du feu, un peu d'eau chaude, le faire fondre de nouveau ainsi et l'amener à la consistance d'un sirop épais.

274

CARMIN EN LIQUEUR.

Cochenille	30	gramm.
Crème de tartre	30	—
Sel de tartre	30	—
Alun	30	—
Eau	250	—

Faites bouillir la cochenille et le sel de tartre, ajoutez la crème de tartre et l'alun.

275

CAROTTES (CONSERVATION DES).

Voyez *Salsifis*.

276

CARTON-PIERRE (COMPOSITION DU).

Mêler à la pâte de carton de la gélatine, de la craie et de l'argile. Selon les proportions de ces éléments, on obtient une dureté plus ou moins grande.

277

CASSOLETTES A L'AMBRE.

Ambre noir	2 kilog.
Poudre à la rose	1 —
Benjoin	30 gramm.
Essence de rose	15 —
Gomme adragante	15 —
Huile de santal.	quelq. goutt.

On pulvérise les matières propres à être mises en poudre, et l'on forme avec les liquides une pâte qui se lie par la gomme adragante.

278

CERISES (CONSERVATION DES).

1° Des cerises attachées à leurs branches et cueillies un peu avant leur complète maturité peuvent être conservées, dans un fruitier, en les traitant par le procédé mis en pratique pour conserver les groseilles. *Voy.* ce mot.

2° On choisit les cerises les plus belles, parvenues à bonne maturité, mais pas trop mûres. Après les avoir dépouillées de leurs queues avec précaution, pour ne pas les meurtrir, on les met une à une, en les tassant légèrement, dans des bouteilles dites *conserves*. On bouche soigneusement ces bouteilles, et on les place dans un bain-marie; aussitôt que l'eau entre en ébullition, on les retire du feu, mais on les laisse encore dans l'eau chaude pendant un quart-d'heure. Quand elles sont entièrement refroidies, on les tient en réserve à la cave et l'on a ainsi à sa disposition pour des compotes de dessert des cerises qui auront conservé leur beauté et leur saveur naturelles.

279

CHAMPIGNONS (CONSERVATION DES).

Quand les champignons sont cueillis, on les lave, on les pèle en enlevant une partie de la queue, on les coupe par morceaux, s'ils sont un peu gros, et on les blanchit en les laissant plongés pendant 2 ou 3 minutes dans l'eau bouillante. Ensuite, quand ils sont bien égouttés, on les enfile dans une petite ficelle sans les presser l'un contre l'autre, et on les fait sécher, soit à l'ombre, soit dans un endroit aéré, soit dans le four modérément chauffé. Ainsi séchés, ils doivent être conservés dans des sacs ou des boîtes, à l'abri de la poussière et de l'humidité. Quand on veut les employer, il suffit de les faire tremper dans l'eau pendant une demi-heure, avant de les mêler avec les sauces ou les ragoûts. Les ceps, les morilles et les mousserons sont les espèces qui se conservent le mieux.

280

AUTRE.

On peut encore préparer avec les champignons fraîchement cueillis, et principalement avec les ceps, une poudre qui se conserve très-bien d'une année à l'autre. Après avoir pelé les champignons, on les fait sécher au four, et, quand ils sont encore un peu chauds, on les pile dans un mortier, de manière à les réduire en poudre. On passe cette poudre à travers un tamis, et on l'enferme dans un bocal qui sera ensuite parfaitement bouché et placé à l'abri de l'humidité. Cette poudre donne aux sauces une saveur aussi agréable que les champignons eux-mêmes.

281

MOYEN DE RENDRE COMESTIBLES LES CHAMPIGNONS VÉNÉNEUX.

On a trouvé le moyen de rendre comestibles et inoffensifs les champignons les plus vénéneux. M. Gérard, l'auteur de cette découverte, prescrit de laisser macérer 500 grammes de champignons, par exemple, dans un litre d'eau acidulée par deux ou trois cuillerées de vinaigre, pendant deux heures à peu près; ensuite de les retirer et de les laver à grande eau. On les met alors dans l'eau froide qu'on porte à l'ébullition; après une demi-heure on les retire et on les lave encore à l'eau froide; enfin, on les essuie et on les apprête comme mets spécial.

282

CHAPEAUX DE PAILLE (PROCÉDÉ POUR BLANCHIR LES).

Enlevez d'abord la coiffe et tous les ornements des chapeaux; puis, s'ils sont tiquetés par l'humidité, faites-les tremper pendant 2 ou 3 heures dans de l'eau acidulée avec de l'acide oxalique ou du sel d'oseille, ou bien lavez-les avec une légère dissolution d'eau de javelle ou de jus de citron. Cela fait, placez les chapeaux dans des formes en bois blanc faites exprès, semblables à celles dont se servent les chapeliers; posez-les à plat sur une table et frottez-les partout avec une éponge imprégnée d'une légère dissolution de potasse, marquant 1° Baumé. Repassez ensuite les chapeaux à l'eau acidulée en frottant avec une éponge pour détruire la teinte jaune de la paille; mettez-les quelques heures dans un bain de savon et passez-les au soufre. Le soufrage terminé, mouillez-les uniformément avec une éponge imbibée d'un mélange tiède de gélatine blanche, de savon blanc et d'un peu d'alun, et repassez-les avec un fer chaud, en ayant la précaution de les couvrir d'une feuille de papier pour que le métal ne touche pas directement la paille.

283

CHARANÇONS (DESTRUCTION DES).

Placer le blé dans des endroits où la température soit au-dessous de 10° centigr. de chaleur. A cette température, la reproduction des larves des charançons n'a pas lieu.

284

AUTRE.

Répandre sur le grenier à blé quelques gouttes de liqueur d'absinthe. Si le blé est placé, jeter la liqueur sur le tas de blé. Avec 2 fr. de liqueur d'absinthe, on désinfectionne 500 hectol. de blé. (Moyen infaillible).

285

AUTRE.

Le camphre, le goudron, les herbes à odeur forte, réussissent aussi quelquefois.

286

CHATAIGNES (CONSERVATION DES).

Le moyen le plus sûr est la dessiccation au four.

287

AUTRE.

Couper délicatement avec un couteau les enveloppes qui ne sont pas ouvertes afin d'en séparer les fruits; ceux-ci sont triés et assortis, autant que possible, par grosseur, après qu'ils ont été ressuyés au soleil dans un courant d'air sec. On fait ressuyer en même temps une certaine quantité de feuilles vertes. On place, au fond d'une futaille, un lit de ces feuilles, sur lequel on arrange une couche de châtaignes, puis un nouveau lit de feuilles, et ainsi de suite jusqu'à ce que la futaille soit pleine. On ferme bien celle-ci, puis on la place dans un local à l'abri du froid et de l'humidité.

288

AUTRE.

Placez les châtaignes dans des tonneaux fermés, en les superposant par couches avec du sable ni trop sec ni trop humide.

289

CHAUFFAGE ÉCONOMIQUE.

On peut chauffer un lit, une chambre, au moyen d'une boîte de fer ou d'étain, dans laquelle on met un ou plusieurs morceaux de chaux vive, après les avoir trempés dans l'eau froide. On ferme hermétiquement la boîte.

290

CHAUSSURES (MOYEN DE LES RENDRE IMPERMÉABLES).

« On mélange et on fait bouillir dans un pot de terre 125 gr. de cire jaune, même quantité de suif de mouton, 5 gr. de résine et un demi litre d'huile d'œillettes. Quand ce mélange est encore tiède, on en étend, au moyen d'une brosse ou d'un pinceau, ou simplement avec un tampon de linge, une couche assez épaisse sur les chaussures, qui doivent être parfaitement sèches au moment de l'opération.

291

AUTRE.

« On mélange et on fait fondre ensemble, en mêlant 250 gr. de suif de bœuf en branche, 60 gr. de graisse de porc et 30 gr. de chacune des substances suivantes : huile de térébenthine, cire jaune, huile d'olives. On emploie cette composition de la même manière que la précédente. On l'étend sur les chaussures qu'on aura d'abord exposées un moment et de loin à un feu clair, et on en frictionne assez fortement le cuir pour que la graisse, en le pénétrant, le rende tout à la fois imperméable et souple. Cette composition se conserve bien dans un pot de grès ou de faïence, sans s'altérer ; mais comme elle se durcit, il faut la faire fondre chaque fois qu'on veut s'en servir. Les deux procédés indiqués ci-dessus conviennent à l'usage des chasseurs.

292

AUTRE.

« Le procédé suivant peut s'appliquer à toute espèce de chaussures, grossières ou fines, aussi bien aux chaussures d'hommes qu'à celles de femmes. On fait fondre dans un pot de terre vernissée, placé près du feu, une certaine quantité de bon goudron, en y ajoutant un peu de gomme élastique, coupée en lames minces et préalablement ramollie au-dessus de la vapeur d'eau chaude. On remue le mélange avec une cuillère de bois, et, quand la gomme est parfaitement dissoute, on applique, au moyen d'un pinceau, une couche de ce mélange encore chaud sur la première semelle de la chaussure qu'on tient près du feu. On enduit d'abord la couture, en ayant soin de laisser le long du bord un petit espace recouvert ; ensuite on enduit toute la surface, et on renouvelle cette opération jusqu'à ce que la couche ait à peu près l'épaisseur de deux cartes à jouer. Il ne reste plus alors qu'à laisser sécher la chaussure. »

293

CHENILLES (PROCÉDÉ POUR DÉTRUIRE LES).

Il consiste à inonder les chenilles d'eau de savon, lorsqu'elles dévorent les arbres ou lorsqu'elles sont à peine naissantes et réunies sous leurs toiles. On approche de l'arbre avec un vase plein de cette eau, et, à l'aide d'un bâton armé d'étoupes imbibées, on humecte en tamponnant chaque groupe de chenilles et même chaque chenille isolée. A peine cet insecte est-il mouillé, qu'il entre en convulsions et périt aussitôt. Il se dessèche ensuite sur les branches. Ce qui vient d'être dit des chenilles s'applique également aux perce-oreilles. Peut-être trouverait-on plus commode d'employer, au lieu d'étoupes, une seringue ou une petite pompe-arrosoir.

294

AUTRE.

On met sous les branches infectées de ces insectes un réchaud rempli de charbons ardents, sur lesquels on jette quelques pincées de soufre en poudre ; la vapeur les fait périr, et l'on observe que les mêmes arbres n'en sont plus attaqués par la suite. On peut, par ce procédé, écheniller bien des arbres avec un demi-kilogr. de soufre, qui coûte peu.

On fait même périr ces insectes rien qu'en les saupoudrant avec de la fleur de soufre, ou avec de la chaux vive en poudre.

295

CHEVEUX (PROCÉDÉ POUR TEINDRE LES).

Litharge porphyrisée. . .	250 gramm.
Chaux vive porphyrisée .	125 —
Poudre à poudrer	60 —

Convertir ces substances en une pâte molle au moyen d'eau chaude; l'appliquer à l'aide d'une brosse, sur les cheveux, les favoris, jusqu'à leur racine. Recouvrir le tout avec un linge de coton, passer ainsi la nuit; le lendemain, frotter les poils avec les doigts, ou laver à l'eau.

296

POMMADE POUR TEINDRE LES CHEVEUX.

Moelle de bœuf.	100 gramm.
Cire blanche	25 —
Nitrate d'argent	2 —

On fait liquéfier ces matières au bain-marie, et on y ajoute du carbure de fer, en quantité suffisante pour arriver à la couleur noire ou brune que l'on veut obtenir.

Si l'on veut avoir une nuance blonde, on met moins de carbure de fer, et on y réumit de la gomme gutte, jusqu'à ce que la couleur soit arrivée au degré voulu.

Toute autre matière colorante peut être employée pour avoir des nuances différentes.

Lorsque le mélange est opéré, on en couvre des bandes de papier, de toile ou de tout autre tissu.　　　　(*Dangé.*)

297

SAVON POUR RENDRE LES CHEVEUX NOIRS.

Suif	60 gramm.
Poix rendue liquide . . .	30 —
Pierre noire en poudre. .	15 —
Labdanum	15 —
Vernis	15 —

Mêlez et ajoutez :

Lessive de cendres de saule	q. s.

Julia Fontenelle

298

TEINTURE CONTRE LA CALVITIE.

Feuilles de laurier cerise.	60 gramm.
Girofle	8 —
Alcoolat de lavande . . .	180 —
Alcoolat d'origan.	180 —

On fait digérer pendant 6 jours, on presse avec expression, puis l'on ajoute à la liqueur préalablement filtrée :

Ether sulfurique	15 gramm.

Renfermer dans un flacon à l'émeri. Selon l'auteur, le Dr Landerer, d'Athènes, l'effet de cette teinture, en friction, est sensible après 5 ou 6 applications.

299

POMMADE POUR TEINDRE LES CHEVEUX.

Azotate d'argent..	4 gramm.
Crème de tartre.	8 —
Ammoniaque.	15 . —
Axonge.	15 —

Préparation quelquefois dangereuse.

300

CHIRON (DESTRUCTION DU).

La larve de cette espèce de mouche, connue sous le nom de *Dacus*, est le fléau des oliviers. « Elle éclot au mois de mai, dévore les jeunes feuilles et s'introduit dans les fruits qu'elle fait tomber avant qu'ils ne soient mûrs ou dont elle ronge entièrement l'intérieur. Le seul moyen, sinon de sauver la récolte de l'année, au moins d'empêcher en partie le retour du mal et de diminuer un peu le nombre de ces insectes nuisibles, serait d'enlever avec soin toutes les olives piquées, de ramasser toutes celles qui se sont détachées de l'arbre et de les écraser, ou mieux encore de les brûler. En récoltant de bonne heure les olives et en se hâtant de les porter au moulin, on prévient en partie le mal, mais on n'obtient qu'une huile de qualité inférieure. »

301

CHOCOLAT (COMPOSITION DU).

1re *qualité*. Cacao caraque .	1,000 gramm.
Sucre.	100 —

2° *qualité*. Cacao caraque .   500 gramm.
—   Cacao mara-
       gnon. . . . .   500 —
—   Sucre. . . . . .   500 —
3° —   Cacao mara-
       gnon . . . . .   500 —
     Sucre. . . . . .   250 —

302

CHOCOLAT A LA VANILLE.

Ajoutez au chocolat 9 gr. de vanille et 6 gr. de canelle par kilogr.

Préparation. Les amandes du cacao tor-réfiées et dépouillées de leurs enveloppes, au moyen d'un crible, sont pilées dans un mortier de fer chauffé, réduites en pâte grossière, qu'on laisse refroidir sur un marbre et qu'on broie ensuite avec un cylindre de fer sur une pierre échauffée par de la braise placée au-dessous. On mêle dans une bassine chaude cette pâte avec la quantité de sucre nécessaire, on la broie de nouveau et on la dépose dans des moules de ferblanc.

303

CHOCOLAT BLANC.

Sucre. . . . .   3 kilogr.
Farine de riz . . . . . .   860 gramm.
Fécule . . . .   250 —
Alcoolé de vanille . . . .   15 —
Beurre de cacao . . . . .   250 —
Gomme arabique. . . . .   125 —

On fait une pâte avec quantité suffisante d'eau bouillante et l'on met en moules.

304

CHOCOLAT AU CAFÉ DE GLAND.

Glands de chêne torré-
   fiés, en poudre. . . .   1,000 gramm.
Cacao Martinique. . . .   580 —
Sucre en poudre . . . .   512 —

Broyez exactement.

Préconisé contre l'engorgement des glandes, la faiblesse générale, etc.

305

CHOCOLAT AU LAIT D'ANESSE.

Lait d'ânesse . . . . . .   4 kilogr.

Faites évaporer suffisamment à la vapeur.

Ajoutez :

Gomme arabique. . . .   500 gramm.
Sucre. . . . .   500 —
Cacao caraque . . . . .   500 —

On amène le tout à l'état de chocolat à la chaleur de l'étuve.

Préparation propre à rendre les forces.

306

CHOCOLAT AU SALEP.

Chocolat ordinaire . . .   1,000 gramm.
Salep en poudre. . . . .   30 —

On ramollit le chocolat à la chaleur du bain-marie, on incorpore le salep, puis on met en moules.

Analeptique comme le précédent.

307 A 309

On prépare de même les :

CHOCOLAT A L'ARROW-ROOT, AU TAPIO-CA, AU SAGOU.

310

CHOUX (CONSERVATION DES).

CHOUX CABUS.

Il faut les arracher avec leurs racines. Si la provision n'est pas très considérable, on les abrite dans une cave ou un cellier. On étend à terre du sable fin et sec, puis on y plante les racines en les rapprochant et en inclinant les pieds, de manière à ce qu'ils se touchent. Pour un grand approvisionnement, on creuse dans un jardin, près d'un bâtiment, et, autant que possible, dans une situation abritée, un sillon dans lequel on enterre la tige et une partie de la pomme ; le tout est recouvert d'un lit épais de paille longue. On peut aussi creuser des fosses de 1^m 60 de profondeur, et y planter les choux les uns près des autres, en les recouvrant avec la terre provenant du creusement de la fosse. Quand les gelées arrivent, on couvre la fosse de petites gaules qui supportent une couche de paille ou de feuilles. Quelques cultivateurs enterrent dans des fosses semblables leurs choux, la tête en bas, en laissant sortir la tige et la racine.

311

CHOUX DE MILAN.

On les coupe aussitôt que leurs tiges sont parvenues à 0ᵐ 06 ou 0ᵐ 07 de hauteur hors de terre. On creuse la moelle des tiges à la profondeur de 0ᵐ 03 environ, en prenant garde d'en couper ou broyer l'écorce; les choux sont suspendus à des distances égales, par la portion de la tige qui y reste, à des cordes qu'on attache au plafond d'une chambre. Par ce moyen, la partie creuse se trouvant en dessus, on la remplit d'eau tous les matins; cela suffit pour entretenir la fraicheur des choux pendant plusieurs semaines. C'est par un moyen semblable que les marins conservent assez souvent les choux frais à bord des navires.

312

CHOUX DE BRUXELLES.

Ils se conservent comme les choux cabus; pour prolonger la durée de leur conservation, on peut les dessécher complétement.

313

CHOUX-FLEURS (CONSERVATION DES).

Les récolter par un temps sec, en les coupant à 12 ou 15 cent. au-dessous de la tête, et toutes les feuilles à 8 cent. de leur naissance. On les suspend aux solives d'un endroit à l'abri du soleil, de la gelée, mais dans lequel l'air puisse se renouveler.

314

CHRISTOFIA DES RUSSES (LIQUEUR).

Dans une bouteille en verre chauffée au bain-marie, mettez :

Vin blanc	1 litre 1/2.
Canelle	16 gramm.
Girofle	8 —
Amandes amères	60 —

Laissez macérer 10 jours, ajoutez :

Sucre	250 gramm.

Puis :

Eau de-vie à 22°	500 —

Mêlez et filtrez au papier.

315

CHRYSOCALE (ALLIAGE POUR FAUX BIJOUX).

Cuivre	92 gramm.
Zinc.	6 —
Etain	2 —

316

CIDRE (CONSERVATION DU).

Mettre dans un tonneau défoncé des copeaux de hêtre vert. On remplit ce tonneau de cidre sortant du pressoir, pour qu'il y subisse sa première fermentation, et ensuite on soutire. La sève du hêtre ajoute à la qualité du liquide.

317

RENDRE DOUX LE CIDRE DUR ET FORTIFIER LE CIDRE FAIBLE.

Mêlez du sirop de cidre doux bouilli et réduit au sixième, ou bien du miel ou de la cassonade. Ce moyen est surtout convenable pour le cidre qu'on se propose de mettre en bouteilles. Quand, malgré ces précautions, le cidre contracte un goût aigre et désagréable, on le livre à la distillation, ou on le transforme en vinaigre. Quelquefois le cidre s'épaissit et devient gras. On y remédie en le collant et l'agitant; puis on le soutire une seconde fois, après avoir ajouté un demi-litre d'alcool par 120 litres, ou une douzaine de poires concassées. Enfin le petit cidre peut être fortifié avec une légère addition d'eau-de-vie.

518

CIDRE DE MÉNAGE.

Mettre des pommes dans un baril ou tonneau de capacité suffisante, 90 litres d'eau, 4 kilogr. de pommes sèches dites tapées, 2 kilogr. de raisin de Samos, 250 gr. de baies de genièvre : trois jours après, on ajoute à ce mélange 1 litre d'alcool de betteraves. On laisse macérer le tout pendant 7 ou 8 jours, plus ou moins, selon la température, et au bout de ce temps on soutire la liqueur pour la mettre en bouteilles : 4 ou 5 jours après, on peut commencer à en faire usage.

519

CIDRE DE BERG-OP-ZOOM.

10 litres d'eau, 750 gr. de cassonade, un verre ordinaire de vinaigre blanc, 6 gr. de fleurs de sureau, 4 gr. de coriandre, 10 gr. de fleurs de violette.

Le tout infusé à froid pendant 3 jours. Remuer trois ou 4 fois par jour ; mettre en bouteilles et ficeler ; coucher ensuite pendant 4 jours si c'est à la cave, et 2 jours et demi si l'endroit est un peu chaud.

520

CIGARETTE DE CAMPHRE.

Toutes les précautions se réduisent à introduire dans un tuyau de plume ou de paille des grumeaux de camphre sans les tasser, et à les maintenir éloignés du contact de la salive au moyen d'un petit diaphragme de papier joseph.

521

CIMENTS (COMPOSITION DES).

Chaux nouvellem. éteinte	1 kilogr.
Cendres tamisées.....	1 —
Brique pilée.......	1 —

Mêler et gâcher dans une quantité suffisante d'eau pour obtenir un mortier.

522

CIMENT ROMAIN.

Il a été retrouvé naturellement combiné :

1° Dans le caillou anglais, qui a donné à l'analyse :

Carbonate de chaux . . .	637 parties.
Silice.	180 —
Alumine	66 —

2° Et en France, dans le caillou dit de Boulogne, contenant :

Carbonate de chaux . . .	720 parties.
Silice.	120 —
Alumine	50 —

Voyez aussi *Mastic*.

523

CIMENT DES BIJOUTIERS, DIT CIMENT ARMÉNIEN, CHINOIS, A DIAMANTS.

Faites dissoudre à une douce chaleur, dans la plus petite quantité possible d'alcool, de la colle de poisson. Dans 60 gr. de la solution, ajoutez 5 décigr. de gomme ammoniaque. Faites fondre 2 gr. de mastic dans 12 d'alcool fort. Conservez en flacon bien bouché. Faire ramollir au bain-marie pour l'usage.

Sert à fixer les pierres fines.

524

CIMENT DE BOTANY-BAY, POUR COLLER LES OBJETS DE TERRE.

Résine de Botany-Bay . .	5	gramm.
Brique en poudre.	50	—

Faites fondre et mêlez.

525

CIRAGES.

Mélasse	300	gramm.
Noir d'ivoire.	100	—
Gomme en poudre . . .	30	—
Noix de Galle	10	—
Indigo	5	—
Acide sulfurique.	30	—
Acide chlorhydrique (esprit de sel).	30	—
Vinaigre.	150	—

On délaie, dans une terrine vernissée le noir d'ivoire, l'indigo et la gomme avec la mélasse ; on ajoute la noix de Galle et le sulfate de fer réduits en poudre. Quand le mélange est opéré, on y verse lentement, et sans cesser de le remuer avec une cuillère de bois, d'abord l'acide chlorhydrique, ensuite l'acide sulfurique. On délaie le tout dans le vinaigre et on met en bouteilles.

326

AUTRE.

Noir d'ivoire.	750	gramm.
Huile d'olive.	500	—
Bleu de Prusse	30	—
Acide muriatique.	250	—
Laque de l'Inde	30	—
Mélasse	1000	—
Gomme arabique.	125	—

Eau en quantité suffisante.

Mêlez le noir d'ivoire avec l'huile d'olive, ajoutez le bleu de Prusse, la laque, l'acide muriatique et la mélasse : remuez bien et ajoutez la gomme arabique et l'eau.

327

CIRAGE IMPERMÉABLE.

On fait fondre ensemble 120 gr. de suif, 60 gr. de graisse de porc, 30 gr. de térébenthine, 30 gr. de cire jaune, 30 gr. d'huile d'olive, et, quand ce mélange est froid, on en prend une partie pour frotter la chaussure qu'on laisse ensuite sécher à l'ombre.

328

CIRAGE POUR HARNAIS.

Cire	90	parties.
Bleu de Prusse.	10	—
Essence de térébenthine.	900	—
Indigo	5	—
Noir animal.	50	—

329

AUTRE.

Mélasse.	150	parties.
Noir animal.	126	—
Huile d'olive	16	—
Vinaigre.	125	—
Acide sulfurique.	60	—

Eau, quantité suffisante.

330

CIRAGE POUR LES REVERS DE BOTTES (gens de livrée).

Lait aigre	1000	parties
Crème de tartre	50	—
Acide oxalique.	25	—
Alun en poudre	25	—

331

AUTRE.

Eau	1000	parties.
Acide oxalique.	25	—
Potée d'étain.	25	—
Os de seiche pulvérisé.	25	—

332

CIRE (PROCÉDÉ POUR FONDRE LA).

Pour fondre la cire et lui donner la forme de pains circulaires, il faut lui faire subir deux fontes successives. « On a deux chaudières de fer ou de cuivre étamé, de grande dimension, établies à l'air libre sur de solides trépieds de fer sous lesquels on allume un feu clair. La fonte de la cire exige beaucoup d'attention; elle peut donner lieu à de graves accidents, toujours plus faciles à prévenir en plein air que dans un lieu fermé. On met dans la première chaudière environ 2 litres d'eau pour chaque kilogramme de rayons; le feu doit être modéré de manière à ce que l'eau se maintienne, sans bouillir, à un état voisin de l'ébullition. La cire, à mesure qu'elle fond, monte à la surface de l'eau, et il suffit de quelques degrés de chaleur de trop pour qu'elle se boursouffle et s'enlève comme du lait sur le feu; dans ce cas, on l'apaise en y versant de l'eau froide. La seconde chaudière contient de l'eau maintenue en ébullition, et qui sert à remplir d'eau bouillante un seau de bois dans lequel on coule la cire fondue en la passant à travers un linge. Le refroidissement doit s'opérer lentement en 12 heures environ dans un local convenablement chauffé. La cire refroidie, on la fond une seconde fois, de la même manière et avec les mêmes précautions. La cire en rayons perd par ces deux opérations plus de la moitié de son poids. Par une sorte de compensation, les rayons dont on a extrait le meilleur miel donnent la cire de la seconde qualité; et ceux qui ont fourni les miels de qualité inférieure donnent la meilleure cire. Le marc contenant les impuretés séparées de la cire, est acheté à très-bas prix par les fabricants de toiles communes; il sert à donner l'apprêt à ces toiles. »

333

MOYEN D'OBTENIR LA CIRE LA PLUS PURE.

Au lieu de jeter les gâteaux dans l'eau bouillante, on les enferme dans des sacs de forte toile qu'on plonge dans les chaudières pleines d'eau en ébullition. La cire passe à travers la toile et vient à la surface du liquide; tous les corps étrangers qu'elle pouvait contenir restent dans les sacs. Ainsi traitée, la cire n'a besoin que d'une seule fonte pour être suffisamment propre.

334

BLANCHIMENT DE LA CIRE.

La cire est plus ou moins jaune, selon les contrées où elle est récoltée et le soin plus ou moins grand qu'on a mis à la fondre. Pour blanchir la cire, on la fait fondre avec de la crême de tartre en poudre et on l'expose ensuite plus ou moins longtemps à la lumière du soleil : on obtient ainsi la *cire vierge*.

335

AUTRE.

On la blanchit plus rapidement en y versant du chlorure de chaux et en agitant fortement avec une spatule.

336

CIRE A CACHETER, DITE D'ESPAGNE, FINE.

Térébenthine de Venise .	100 parties.
Résine laque	250 —
Colophane	500 —

Liquéfiez sur le feu en agitant sans cesse :

Vermillon.	125 parties.

Remuez, et, au moment de retirer du feu, ajoutez :

Alcool rectifié.	60 parties.

337

CIRE A CACHETER LES BOUTEILLES.

Pour 300 bouteilles, on prend 1 kil. de poix résine, un demi kilog. poix de Bourgogne, 250 gr. de cire jaune et 125 gr. de mastic rouge, qu'on fera fondre dans un vase de terre ou de fonte.

338

AUTRE.

1 kilog. de galipot, 500 gr. de résine et 125 gr. de cire jaune; ou bien encore, 2 kilog. de poix de Bourgogne, 1 kilog. de poix résine et un peu de suif, fondus ensemble, formant un fort bon goudron, qui coiffe très-bien les bouteilles.

On colore ces divers mélanges : en rouge, avec du minium ou de l'ocre rouge; en noir, avec du noir d'ivoire; en aune, avec de l'orpin; en bleu, avec du bleu de Prusse; en vert, avec de l'orpin et du bleu réunis.

339

CIRE A MODELER.

Cire jaune	500 gramm.	
Poix de Bretagne.	125	—
Axonge.	60	—
Essence de térébenthine .	250	—

Faire bouillir en écumant.

340

CIRE POUR CUIRS ET GIBERNES.

Colophane	100 parties.	
Essence de térébenthine .	100	—
Cire jaune	400	—
Noir animal	150	—

341

CIRE ROUGE POUR LES MEUBLES.

1/2 kilog. cire jaune.
1 hecto d'essence de térébenthine.
180 gr. orcanette.

Faire infuser pendant 2 heures l'orcanette dans l'essence sans faire chauffer. Passer à travers un linge ; faire fondre la cire dans un autre vase; quand elle est bien fondue, la retirer du feu et verser avec l'essence ; remuer pour bien mêler le tout et laisser refroidir : pendant qu'elle refroidit, remuer toutes les dix minutes.

342

CIRE A CACHETER BLEU FONCÉ.

Résine laque.	100	parties.
Poix de Bourgogne.	50	—
Térébenthine.	50	—
Outremer.	150	—

343

CIRE A GREFFER.

Poix noire	28	parties.
Poix de Bourgogne	28	—
Cire jaune	16	—
Suif	14	—
Cendres tamisées ou ocre.	14	—

Ce mélange doit être employé assez chaud pour être liquide, mais pas assez pour altérer les tissus de l'arbre. Quand il est assez refroidi pour qu'on puisse en supporter la chaleur avec la main, on l'étend sur les plaies de la greffe à l'aide d'une petite brosse, qu'il ne faut pas laisser séjourner dans le vase lorsqu'on le chauffe de nouveau.

344

AUTRE.

Poix noire	30	parties.
Résine	30	—
Cire jaune	28	—
Suif	12	—
Cendres ou briques pulvérisées	8	—

On fait fondre ensemble toutes ces matières et on les emploie comme ci-dessus.

345

CIRE A SCELLER

La cire à sceller se prépare de la même manière que la cire d'Espagne, seulement on remplace la laque par de la cire blanche.

346

CITRONS (CONSERVATION DES).

« On fait sécher, soit auprès du feu, soit dans un four, du sable fin, et, quand il est froid, on en met une couche au fond d'une caisse bien propre et bien sèche; on enveloppe d'un papier chaque citron et on le dépose à mesure, le côté de la queue tourné en bas, sur la couche de sable, et de manière que les fruits ne se touchent pas. Sur ce premier lit de citrons on met une couche de sable de $0^m,04$ ou $0^m,05$ d'épaisseur, et sur cette couche un second lit de citrons disposés de la même manière, et ainsi alternativement, en terminant par une couche de sable. »

347

CITROUILLES (CONSERVATION DES).

Il faut les placer dans une cuisine, un grenier ou tout autre lieu sec et peu éclairé. Elles se conservent alors près d'un mois. Comme elles sont très-sensibles à la gelée, il faut les recouvrir de paille. La dessication complète assure aux citrouilles plusieurs mois de conservation.

348

CLOUS FUMANTS OU PASTILLES DU SÉRAIL.

Benjoin.	65	gramm.
Baume de tolu	16	—
Labdanum.	4	—
Santal citrin.	16	—
Charbon léger.	192	—
Nitrate de potasse.	8	—
Mucilage de gomme adragante.	q. s.	

549

COCHENILLES (DESTRUCTION DES).

On détruit la *Cochenille de l'oranger* par d'abondantes fumigations de tabac et par des arrosages avec de l'eau dans laquelle on a fait infuser à forte dose du tabac à fumer. Les *Cochenilles du pêcher* sont plus faciles à détruire parce qu'au lieu de se disperser sur toute la surface de l'écorce, elles se rassemblent au bas des principales branches, autour desquelles elles forment des espèces de bracelets ou d'étuis qu'on peut aisément écraser sur place au moyen d'une brosse rude.

550

COCHENILLE DU COMMERCE.

La *Cochenille* du commerce fournit aux arts et à l'industrie le plus beau rouge employé en peinture et en teinturerie. C'est sur le *Cactus opuntia* ou *Nopal*, plante grasse très-commune dans le Mexique, que l'on fait multiplier cet insecte. Le procédé qu'on emploie à cet effet est très-simple. « Des insectes vivants, conservés à dessein après chaque récolte, sont distribués par petits groupes sur des cactus opuntias plantés en lignes assez espacées pour qu'un homme puisse circuler dans les intervalles En peu de jours, la multiplication commence avec une rapidité égale à celle de la reproduction du puceron vert d'Europe. En deux mois toute la surface des opuntias est littéralement couverte de cochenilles parvenues à toute leur grosseur. On racle alors soigneusement cette surface avec un couteau de bois ou bien avec un couteau de fer à lame très-émoussée. On obtient ainsi environ quatre récoltes de cochenilles par an. La cochenille récoltée est soumise à l'action de la vapeur de l'eau bouillante, puis séchée et livrée au commerce. »

551

COLD-CREAM (COSMÉTIQUE).

Huile d'amandes récentes.	50 gramm.
Cire blanche récente. . .	10 —
Blanc de baleine récent .	10 —
Eau de rose.	20 —
Essence de rose	10 gouttes.
Teinture de benjoin . . .	5 —
— d'ambre. . . .	2 —

Mêlez avec le plus grand soin.

552

COLLE ORDINAIRE OU COLLE DE PATE.

Farine de seigle	500 gramm.
Eau.	q. s.

Délayez la farine avec un peu d'eau, jusqu'à ce qu'il n'y ait plus de grumeaux, puis versez de l'eau bouillante jusqu'à consistance de bouillie. On continue de chauffer en agitant sans cesse avec une spatule.

553

COLLE A BOUCHE.

On prend des rognures de parchemin auxquelles on ajoute 30 gr. de colle de poisson, 8 gr. de sucre candi blanc, 4 gr. de gomme adragante : on fait chauffer le tout dans un demi litre d'eau, et on laisse bouillir jusqu'à réduction de moitié.

554

COLLE-FORTE LIQUIDE.

Ajoutez à la colle-forte fondue, environ son volume de vinaigre et un quart d'alcool. Cette colle se garde longtemps et peut s'employer à froid; en y ajoutant un peu d'alun, elle ne s'altère pas.

555

COLLE DE FLANDRE.

Elle s'obtient en faisant bouillir dans l'eau des rognures de peaux, de parchemin, etc.

556

COLLE-FORTE (COLLE DE GIVET, DE PARIS).

Elle s'obtient avec des rognures (oreillons) de peaux de bœufs, vaches, moutons, et quelquefois même avec les pieds et les nerfs de bœufs.

357

PROCÉDÉ POUR RECONNAITRE LA BONNE QUALITÉ DES COLLES-FORTES.

Laissez 3 ou 4 heures dans l'eau froide un morceau de la colle à éprouver. Si elle enfle sans se dissoudre et si étant tirée de l'eau, elle reprend sa première sécheresse, on peut la regarder comme excellente.

358

COLLE DE POISSON, (ICHTHYOCOLLE).

Elle se prépare avec les vessies ou vésicules aériennes, ainsi qu'avec diverses membranes et parties cartilagineuses de plusieurs espèces d'esturgeons.

359

COLLE DE VANCOUVER.

Nom que les Anglais donnent à une poudre blanche dont ils se servent pour coller la porcelaine, le verre, le bois plaqué, etc. Cette poudre se prépare ainsi qu'il suit : on prend du fromage mou, on le triture, on le lave à l'eau chaude; puis, quand il est débarrassé de toutes ses parties solubles et qu'il ne reste plus que le caséum pur, on le comprime dans une toile pour en exprimer tout le liquide. Après cette dernière opération, il reste une matière blanche qui s'émiette comme de la mie de pain, et que l'on fait sécher avant de l'enfermer. Quand on veut s'en servir, on en triture dix parties avec une de chaux, et, en ajoutant au mélange une petite quantité d'eau, on obtient une pâte visqueuse qu'il faut employer aussitôt et à froid. Cette colle sèche rapidement, et, une fois sèche, ne se redissout pas. Aussi ne doit-on la préparer qu'à mesure des besoins. *(W. Maigne)*.

360

COLLE A ÉTIQUETTES.

Sublimé corrosif	62 gramm.
Farine de froment	500 —
Absinthe	250 —
Tanaisie	250 —
Eau	7 litres.

361

COLLE A LA GOMME ARABIQUE.

On peut employer la gomme arabique pour coller des papiers, des étiquettes d'histoire naturelle, ou autres objets de ce genre. Dans ces différents cas, il est bon d'avoir toujours sous la main une colle qui puisse se conserver sans se moisir. A cet effet, on fait dissoudre dans l'eau, de la gomme qu'on tient à une certaine consistance, et à laquelle on ajoute un peu d'alcool; ou bien l'on fait dissoudre cette gomme dans de l'eau-de-vie, et on la conserve dans un flacon à large ouverture, fermé avec un bouchon en verre, afin d'empêcher l'évaporation. Cette colle n'étant pas sujette à moisir, peut se conserver pendant un temps indéterminé. Le sucre fondu mélangé avec la gomme, peut non-seulement aider à sa conservation, mais il la rend moins sèche et moins cassante, et empêche les papiers et les étiquettes, collées avec de la gomme, de se détacher, ou de se désunir lorsqu'elles sont exposées au soleil ou à une température très-sèche.

362

COLLE DE RIZ.

On délaie à l'eau froide de la farine de riz et on la fait cuire sur un feu doux jusqu'à ce qu'elle soit prise. Cette colle est d'un beau blanc et devient presque transparente en séchant; sa force est telle que les papiers collés avec elle se déchirent plutôt que de se détacher.

363

COLOPHANE.

Prenez deux parties de résine de térébenthine et une partie de poix blanche, que l'on fait fondre dans une marmite de fonte sur un feu modéré, en ayant soin de remuer fréquemment le mélange avec une spatule pour l'empêcher de s'attacher au fond du vase.

364

CONCOMBRES (CONSERVATION DES).

Pour avoir des concombres en hiver, on les cueille presque verts et on les coupe par tranches minces qu'on dispose dans un pot avec du sel, en ayant soin que l'eau recouvre les concombres. On les lave avant de s'en servir pour leur ôter l'excès du sel qu'ils contiennent.

365

CORINDON ARTIFICIEL.

Alun potassique.
Sulfate de potasse.
De chaque, partie égale.

(Ebelmen et Gaudin.)

366

CORNE (PROCÉDÉ POUR LA TEINDRE EN NOIR).

Plongez les cornes pendant vingt-quatre heures dans une bouillie de chaux éteinte, de litharge et d'eau. On les lave ensuite dans de l'eau coupée de vinaigre, et on les polit quand elles sont sèches. La corne acquiert ainsi un beau noir, mais elle blanchit à la longue sous l'influence de l'air.

367

AUTRE, MEILLEUR.

Faites dissoudre 125 grammes de mercure dans un poids égal d'acide azotique. Dissolvez ce produit dans un demi-litre d'eau ; laissez-y tremper la corne pendant douze heures et lavez-la à grande eau. La corne a pris dans ce bain une teinte d'un brun rougeâtre, qu'on fait virer au noir en faisant tremper pendant deux heures les objets en corne dans une solution étendue de sulfure de potasse. Lavez à l'eau légèrement acidulée, puis à l'eau pure ; laissez sécher et polissez.

368

CORNICHONS (CONSERVATION DES).

Conservation à froid. « Après les avoir saupoudrés de sel et les avoir abandonnés environ 48 heures dans des pots ou des bouteilles à large ouverture, on verse dessus du vinaigre froid, qui est renouvelé 2 ou 3 fois, à 15 jours ou un mois d'intervalle. Par ce procédé, on obtient des cornichons fermes et d'un beau vert. Le vinaigre aromatisé, décanté des bocaux, est mis à part et utilisé pour assaisonner la salade. »

369

CORPS COLORANTS POUR LES VERNIS.

BLEU SAPHIR.

S'obtient par l'oxyde de cobalt.

370

BLEU CÉLESTE.

Bioxyde de cuivre.

371

VERT ÉMERAUDE.

Oxyde de chrôme.

372

VERT BOUTEILLE.

Oxyde de fer des Battitures.

373

ROUGE POURPRE.

Protoxyde de cuivre ou cuivre métallique.

374

JAUNE A REFLETS VERDATRES.

Péroxyde d'uranium.

375

JAUNE ORANGÉ.

Chlorure d'argent.

376

JAUNE COMMUN.

Verre d'antimoine.

377

VIOLET.

Bioxyde de manganèse.

378

ROSE ET ROUGE.

Or.

379

Pour obtenir une couleur composée, on mélange quelquefois plusieurs oxydes.

580

COTON-POUDRE.

PROCÉDÉ DE M. ROBIQUET.

Acide sulfurique à 65°. .	1 kilogr.
Acide azotique à 40°. . .	500 gramm.
Coton cardé	60 —

On verse peu à peu l'acide sulfurique dans l'acide azotique, et on laisse le mélange, qui s'est beaucoup échauffé, redescendre à une température de 50°. C'est à ce moment précis qu'on doit introduire dans le mélange le coton par petits flocons, et le laisser en contact exactement pendant 48 heures. Ce temps écoulé, il faut enlever le coton, en séparer, autant que possible, par expression, la liqueur acide dont il est imprégné, et laver à grande eau. On se sert à cet effet d'un poêlon de terre vernissée, dont le fond est percé de trous nombreux ; on y dépose le coton, et ensuite, plaçant le tout sous le robinet d'une fontaine, on laisse couler jusqu'à ce que le papier bleu de tournesol n'indique plus la moindre trace d'acide. Il n'y a plus alors qu'à exprimer ce coton, à le presser et à le faire sécher avec précaution à une douce chaleur d'étuve.

581

COSMÉTIQUE CONTRE LA CHUTE DES CHEVEUX.

Savon médicinal. . . .	30 gramm.
Cendres de cuir.	30 —
Sel gemme	30 —
Tartre rouge	30 gramm.
Poudre à poudrer.	30 —
Sulfate de fer.	8 —
Sel ammoniac.	8 —
Coloquinte.	8 —
Cachou	8 —

Mêlez ces substances et ajoutez la quantité nécessaire d'axonge pour faire de la pommade ; on enduit un bonnet de taffetas de cette préparation, et on recouvre avec une étoffe de flanelle. (*Boucheron*).

582

EAU CONSERVATRICE DE LA CHEVELURE (*Cuxillier*).

Rhum.	1 partie.
Vin blanc	4 —
Décoction d'orge	1 —

583

FLUIDE DE JAVA, DESTINÉ A LA RÉVIVIFICATION DES BULBES CHEVELUES.

Moelle de bœuf.	60 gramm.
Cire blanche.	40 —
Huile d'olive fine	60 —

(*J. Gluxberg.*)

584

COULEURS (PROCÉDÉS POUR LES FAIRE PRENDRE SUR LES PAPIERS GRAS OU VERNISSÉS).

Mêlez du fiel de bœuf à ces couleurs : la nature savonneuse de cette substance dissout les matières grasses du papier, et permet à la couleur de s'y appliquer.

585 A 593

COULEURS A L'HUILE, PROCÉDÉS POUR LES OBTENIR.

Les diverses couleurs à l'huile s'obtiennent, savoir : le *blanc*, avec de la céruse broyée à l'huile de lin ou de noix ; — le *noir*, avec du noir léger de Paris, délayé d'abord avec un peu d'essence de térébenthine, puis avec une quantité suffisante d'huile de lin, de noix ou de vernis au copal, lorsqu'il s'agit de couvrir les métaux, tels que serrures, charnières, targettes, etc; — le *bleu*, avec du bleu de Prusse, broyé à l'huile de lin ou de noix et une addition d'un peu de céruse; — le *jaune*, avec du jaune de chrome, de l'ocre, du stil de grain, et l'on broie le tout à l'huile de lin ou de noix; -- le *vert*, en mélangeant les deux couleurs qui précèdent, ou en employant du vert-de-gris, bien broyé à l'essence et à l'huile de lin; — le *rouge*, avec du vermillon ou minium, brun-rouge, broyés à l'huile, selon la nuance; — le *violet*, avec un mélange de rouge et de bleu; — l'*aurore*, avec un mélange de rouge ou de jaune.

Observation. — Si les couleurs à l'huile sont destinées à l'extérieur pour recouvrir des surfaces qu'on veut préserver de l'action de l'humidité, il importe de mêler à la matière colorante de la céruse, du minium ou de la litharge, suivant la teinte qu'on veut obtenir, afin que la couleur résiste mieux à l'action des agents extérieurs.

394

COURTILLÈRE (MOYEN DE LA DÉTRUIRE).

Enterrer sur le passage de leurs galeries des pots à fleurs vides, au fond desquels elles tombent et d'où elles ne peuvent plus sortir.

395

AUTRE.

Choisir le moment où il n'y a pas de végétaux sur la couche ou la plate-bande infestée de courtillères, pour y verser de l'urine de bétail ou du jus de fumier en fermentation. Répéter une ou deux fois pendant la belle saison l'emploi de ce remède. Si l'on peut verser sur les couches ou les plates-bandes l'urine de bétail encore chaude, l'efficacité du procédé est encore plus sûre.

396

CRAYON TRÈS-NOIR ET NON CASSANT.

Plomb..........	200 gramm.
Antimoine........	10 —
Mercure........	30 —

Faire fondre le plomb et l'antimoine, et ajouter du mercure. On mélange bien et l'on coule dans des moules.

397

CRAYON DERMOGRAPHIQUE POUR DÉTERMINER, EN MÉDECINE, LES FONCTIONS ET LE VOLUME DES ORGANES.

Ces crayons, dus au professeur Piorry, marquent sur la peau.

Axonge..........	1 gramm.
Térébenthine de Venise.	2 —
Cire............	3 —
Noir de fumée......	q. s.

Faites fondre, agitez et malaxez avec une spatule, en ajoutant peu à peu le noir de fumée; retirez le tout du feu et agitez jusqu'au refroidissement. Donnez à la masse la forme de crayons.

L'essence de térébenthine enlève très-bien les lignes tracées sur la peau par ces crayons.

398

CRAYON POUR ÉCRIRE SUR LE VERRE.

Craie d'Espagne.....	15 gramm.
Couperose bleue.....	15 —

Formez un crayon : écrivez sur une glace ou un morceau de verre et effacez l'écriture avec un linge. Il suffit de *haleter* (exhaler l'haleine) sur la glace ou le verre pour faire paraître les caractères tracés au crayon.

399

CRÈME DE FLEURS D'ORANGER (LIQUEUR).

Pour 5 litres :

Sucre blanc.......	2,500 gramm.

Faites fondre sur le feu dans :

Eau...........	1 litre 3/4

Ajoutez :

Alcool à 33°........	2 litres.

Puis :

Néroli..........	15 gouttes.

Filtrez au papier après un mois.

400

CRÈME DE MENTHE (LIQUEUR).

Pour 5 litres :

    Sucre blanc . . . . 2,500 gramm.

Faites fondre sur le feu dans :

    Eau. . . . . 1 litre 3/4

Ajoutez :

    Alcool à 33°. . . . . . . 2 litres.

Puis :

    Essence de menthe . . . 1 gramm.

Filtrez au papier après 30 jours.

401

CRÈME DE NOYAUX (LIQUEUR).

Pour 5 litres :

    Sucre blanc . . . . . . 2,500 gram.

Faites fondre sur le feu dans :

    Eau. . . . . 1 litre 3/4

Ajoutez :

    Alcool à 33°. . . . . 2 litres

Puis :

    Essence d'amande. . . . 15 gouttes
    Néroli . . . . 2 — 1/2

Filtrez au papier après un mois.

402

CRÈME DE THÉ.

On fait infuser dans un quart de litre d'eau bouillante 125 grammes de thé vert de bonne qualité, par exemple de *thé Hiswin*, et l'on verse cette infusion avec les feuilles de thé dans 4 litres d'eau-de-vie. Après vingt-quatre heures, on filtre le mélange, on ajoute au produit ainsi obtenu un sirop préparé avec 3 litres d'eau et 1 kilog. 500 gr. de sucre, et l'on met en bouteilles.

403

CRÈME DE VANILLE.

Faites infuser pendant une heure, dans 2 litres d'esprit de vin, 2 ou 3 gousses de vanille coupée en petits morceaux. D'autre part, faites fondre 1 kilog. 800 gr. de très beau sucre dans 2 litres d'eau pure; on ajoute ce sirop de sucre à l'infusion de vanille et on filtre le mélange.

404

CRISTAL (COMPOSITION ARTIFICIELLE DU).

    Silice . . . . 57 parties.
    Potasse . . . . 6,9 —
    Alumine . . . . 1,2 —
    Oxyde de plomb. . . . . . 34,5 —

405

CUIRS A RASOIRS.

Pour s'en servir convenablement, il faut les nettoyer tous les mois, et étaler ensuite avec soin un peu de la composition suivante :

    Suif . . . . 100 gramm.
    Sanguine. . . . . 100 —

406

CUIVRE BLANC.

Cet alliage, qui ressemble assez à l'argent, se compose de cuivre rouge, d'arsenic et de zinc.

407

CUIVRE (NETTOYAGE DES OBJETS DE).

    Eau . . . . 125 gramm.
    Acide azotique. . . . . . 30 —
    Alun. . . . . 5 —

Mêlez bien et versez quelques gouttes du mélange sur un linge et frottez les objets.

408

AUTRE, SANS ACIDE.

Après avoir délayé dans un vase quelconque 30 grammes de savon noir avec 250 grammes d'eau, on ajoute 50 grammes de terre pourrie pulvérisée, 30 grammes d'esprit de vin, 50 grammes d'essence de térébenthine et 15 grammes d'huile blanche. Quand le mélange de toutes ces substances est bien opéré, on verse la composition dans une bouteille, qui doit être tenue parfaitement bouchée. Toutes les fois qu'on veut s'en servir, on agite la bouteille, et on verse une petite quantité de la composition sur un morceau de drap ou de flanelle.

409

NETTOYAGE DES CUIVRES DORÉS.

On les plonge dans une eau de savon presque bouillante, et on les frotte dans cette eau avec une brosse douce. On les en retire pour les passer à l'eau chaude ordinaire et les brosser encore de manière à enlever tout le savon dont ils sont imprégnés, ainsi que les petites taches qui n'auraient pas disparu. Ensuite on les expose à l'air sans les essuyer. Quand ils sont bien secs, on les frotte avec un linge fin à demi-usé, ou, ce qui vaut mieux, avec une peau de daim ou de gant, mais seulement dans les parties brunies, qui reprennent ainsi tout leur éclat. Il ne faut point toucher aux parties mates.

410

CUIVRES DORÉS QUI NE PEUVENT PAS ÊTRE DÉPLACÉS.

On réussit à les bien nettoyer par le procédé suivant. On mélange ensemble 125 gr. d'eau, 50 gr. d'alcool, 7 gr. de carbonate de soude et 15 gr. de blanc d'Espagne finement pulvérisé. On applique, au moyen d'un tampon de linge, une légère couche de ce mélange sur l'objet qu'on veut nettoyer, et, quand elle est sèche, on frotte l'objet avec un chiffon bien sec sur les parties unies, et avec une brosse douce sur les parties creuses.

411

ARGENTURE DU CUIVRE. (*Boudier*).

Cyanure de potassium. .	12 gramm.
Azotate d'argent cristallisé	6 —
Carbonate de chaux. . .	30 —

Faites une poudre homogène que l'on emploie à la manière du tripoli, en imbibant d'eau un petit chiffon, le trempant dans cette poudre et frottant l'objet qu'on veut argenter. On obtient ainsi une couche très adhérente qui remplace avantageusement l'amalgame pour la galvanoplastie.

Ce procédé peut rendre de grands services pour les ustensiles qui servent à la préparation des subtances acides, tels que les sirops de groseilles, de cerises, etc., qui acquièrent un léger goût métallique quand on les prépare dans le cuivre nu.

« Après avoir copié textuellement la note de M. Boudier, nous avons répété son procédé et appliqué le mélange ci-dessus à l'argenture de deux plateaux de balance : l'expérience a réussi à la suite d'un frottement insistant. Nous recommanderons un petit détail; c'est d'employer le cyanure de potassium en plaques, pour les arts, à l'exclusion de tout autre, la composition de chacun d'eux étant fort différente. »

412

PROCÉDÉ DE BERZÉLIUS POUR BRONZER LE CUIVRE.

On dissout deux parties de vert-de-gris et une de sel ammoniac dans du vinaigre; on fait bouillir, on écume et on étend d'eau jusqu'à ce que la dissolution ne précipite plus en blanc quand on l'étend davantage. On décante la liqueur limpide et on la fait bouillir rapidement, afin qu'elle ne se concentre pas et qu'elle ne produise pas un dépôt blanc. Aussitôt qu'elle est en ébullition, on la verse sur la pièce qu'on veut bronzer, et qu'on a préalablement bien polie. Cette pièce est dans un autre vase qu'on place aussitôt sur le feu, afin que la liqueur chaude entre en ébullition. Si on veut bronzer des médailles, on les pose debout sur une grille en bois, de façon qu'elles ne se touchent pas. Quand l'opération a duré cinq minutes, on visite les pièces; le cuivre devient d'abord noir ou d'un bleu très foncé, passe ensuite au rouge brun, et enfin au rouge foncé. Dès que la pièce a pris dans le bain la couleur brune qu'on désire, on enlève le vase du feu, on décante, on lave à grande eau, et on sèche avec le plus grand soin; car, s'il reste la moindre trace de la dissolution de cuivre, il se forme du vert-de-gris quand l'objet est exposé à l'air. En général, il vaut mieux que la dissolution soit très faible; l'opération marche plus lentement, mais elle est plus sûre.

413

CURAÇAO (LIQUEUR).

Mélangez dans une grande cruche et faites infuser pendant 10 ou 15 jours, 500 grammes de zestes (écorces) d'oranges amères, bien secs et bien mondés, dans 10 litres de vieille eau-de-vie, avec quelques grammes de canelle fine et de girofle. Il faut avoir soin d'exposer le vase bien bouché au soleil ou à la chaleur d'un poêle, et l'agiter tous les jours. On passe ensuite cette infusion et on y ajoute un sirop de sucre composé de 2 kilogr. 1/2 de sucre dissous dans un litre d'eau. La teinture de Fernambouc donne à la liqueur la propriété de rougir par son exposition à l'air.

D

414

DÉCAPAGE DES OBJETS D'ORFÉVRERIE.

On les saupoudre avec du borax, qui dissout, en fondant, tous les oxydes métalliques.

415

DÉCAPAGE DE LA TOLE.

Les serruriers et les chaudronniers se servent également du *borax* pour *braser* ou souder la tôle et le fer.

416

DÉCAPAGE DU CUIVRE.

On le chauffe avec du sel ammoniac avant de l'étamer.

417

DÉCAPAGE DU FER.

On le trempe dans une solution d'acide chlorhydrique.

418

Le chlorure double de zinc et d'ammoniaque décape très bien le fer et le cuivre.

419

DÉCATISSAGE.

On mouille légèrement l'étoffe à décatir; on l'expose à la vapeur de l'eau bouillante, et lorsqu'elle est parfaitement imbibée, on la brosse avec soin et on l'étire.

420

AUTRE.

Mouiller un drap de lit, qu'on tend ensuite et qu'on laisse étendu pendant 12 heures sur l'étoffe à décatir. On peut encore le rouler dans le drap.

421

DÉGRAISSAGE (PROCÉDÉS DE).

On doit distinguer deux sortes de taches, celles qui couvrent les tissus sans les altérer, et celles qui les altèrent en tout ou en partie, en détruisant la matière ou en changeant son état.

422 à 433

Parmi les matières ordinairement employées pour enlever les taches (1), les unes ont la propriété de détruire la substance qui forme la tache, et de l'enlever comme par une sorte de lavage ou plutôt de dissolution : telles sont, pour les taches de graisse, l'*éther*, l'*essence de térébenthine*, le *savon*, le *fiel de bœuf*, etc. D'autres ont la propriété d'absorber les taches : telles sont, pour les taches huileuses, la *craie*, la *chaux éteinte à l'air*, le *talc* en poudre, les *différentes terres glaises*, le *papier brouillard*, etc. Le difficile est de savoir bien choisir parmi ces substances celle qui peut s'assortir à la nature de l'étoffe et à la couleur, qu'il faut prendre garde de détruire, autrement ce serait enlever la tache pour en substituer une autre. Ainsi le savon ôte très bien la graisse de dessus les étoffes : mais, si l'on se servait de savon pour enlever la graisse d'une étoffe teinte en rose, on en altérerait la couleur, et le remède serait pire que le mal. On réussira au contraire, à faire disparaître la tache, sans offenser la couleur, en se servant d'*éther vitriolique*. Pour les étoffes de soie, la meilleure substance à employer est le talc en poudre. On pose la pièce à détacher sur une couverture recouverte d'un linge plié en plusieurs doubles : sur chaque tache on met une forte pincée de poudre de talc, par-dessus laquelle on met un papier brouillard. Sur ce papier, on pose un fer modérément chaud, et le corps gras de la tache s'absorbe dans le talc : si la tache reste encore visible, on recommence l'opération.

434

S'il est souvent assez facile d'enlever la matière tachante, il est quelquefois très difficile de rétablir la couleur altérée par

(1) Belèze, *Dict. de la vie pratique.*

cette matière. Certaines couleurs se rétablissent par les acides végétaux, tels que la *crème de tartre*, le *vinaigre*, le *jus de citron*: telles sont particulièrement les couleurs noires qui ont été tachées ou détruites par l'urine ou la lessive.

435

SOUFRAGE.

Si sur du satin blanc ou tout autre tissu blanc de soie, il se produit une tache colorée de vin, ou de jus de fruits, il n'y a, pour la faire disparaître, d'autre moyen à employer que le *soufrage*. On peut se servir, à cet effet, d'un tonneau défoncé par un bout et renversé; on ménage dans la paroi deux petites lucarnes vitrées, en regard l'une de l'autre, afin de pouvoir reconnaître le moment précis où le gaz acide sulfureux a décoloré les taches, et cesser immédiatement le soufrage, sans quoi il en résulterait une altération profonde du tissu de la soie. Les pièces qu'on veut soufrer sont suspendues à la partie supérieure du tonneau renversé, au moyen de fils attachés à des clous fixés dans le fond conservé; les fragments de soufre sont allumés par terre; l'orifice ouvert du tonneau est posé au-dessus. Par cette disposition, dès que le soufrage a produit sur les taches l'effet désiré, le tonneau peut être enlevé avec la plus grande facilité, avant que l'acide sulfureux ait attaqué les tissus exposés à son action.

436

TACHES RÉSINEUSES.

Les taches résineuses sont facilement enlevées par l'esprit de vin.

437

TACHES DE FUMÉE OU DE BISTRE.

Les taches de fumée ou de bistre (liqueur des poêles) doivent être d'abord savonnées; on achève ensuite de les enlever à l'aide de l'essence de térébenthine et du sel d'oseille.

438

TACHES DE BOUE.

Un simple lavage à l'eau pure suffit le plus souvent pour faire disparaître ces taches sur les étoffes blanches et les étoffes de couleur. Lorsque les taches résistent à l'emploi de ce moyen, on peut faire usage, soit d'un jaune d'œuf, qu'on délaye dans une petite quantité d'eau tiède et avec lequel on savonne la partie tachée de l'étoffe; soit de crème de tartre en poudre, qu'on applique sur les taches humectées d'eau pour rincer ensuite l'étoffe. Si la couleur rouge d'une étoffe est altérée par l'un ou l'autre de ces lavages, on fait revenir la couleur en appliquant sur cette partie de l'étoffe de l'acide citrique ou de l'acide acétique étendu d'eau.

439

TACHES DE CAFÉ.

On enlève facilement ces taches sur le linge blanc par un premier lavage à l'eau pure et par un second lavage à l'eau de savon. Ce simple moyen suffit pour la plupart des étoffes de couleur; mais, comme il y a des couleurs délicates qui pourraient en être altérées, il vaut mieux, dans ce cas, se servir, pour le lavage, d'un jaune d'œuf crû qu'on délaye dans une petite quantité d'eau chaude; et, si les taches sont anciennes, on peut ajouter à ce mélange 8 ou 10 gouttes d'esprit de vin.

440

TACHES DE CAMBOUIS.

On imbibe d'abord la tache avec de l'essence de térébenthine, et on frotte légèrement avec une éponge. On la mouille de nouveau avec l'essence, et on couvre aussitôt avec de la cendre tamisée ou de la terre de pipe en poudre. Au bout de dix à quinze minutes, on fait tomber la terre absorbante, et on brosse bien la place. Si la tache n'a pas entièrement disparu, on recommence l'opération, et il arrive rarement qu'elle résiste à la deuxième fois. Si

cependant cela arrivait, il faudrait la laver avec un mélange de jaune d'œuf et d'essence de térébenthine, ou même l'attaquer avec de l'acide chlorhydrique ou oxalique, comme si c'était une vieille tache d'encre. (Voyez *Taches d'encre*).

441

TACHES DE CHOCOLAT.

Comme pour les taches de café.

442

TACHES DE CIRE.

On les enlève facilement au moyen d'alcool rectifié ou d'eau de Cologne, dont on imbibe la partie tachée de l'étoffe, qu'on frotte ensuite vivement entre les doigts.

443

TACHES D'ENCRE.

Lorsque ces taches sont récentes, il suffit généralement, pour les faire disparaître, soit sur les étoffes blanches, soit sur les étoffes teintes, de les laver à l'eau et de les savonner; il ne reste plus ensuite qu'à enlever l'empreinte de la tache formée par l'oxyde de fer, en la mouillant avec l'acide sulfurique ou chlorhydrique très étendu d'eau. Si les taches sont anciennes, il faut augmenter la quantité d'acide, à peu près dans la proportion de 1 partie d'acide pour 10 parties d'eau; on peut aussi, dans ce cas, employer le sel d'oseille, ou bien l'acide oxalique, mais seulement pour les étoffes blanches de coton et de lin. Le vinaigre blanc très fort convient mieux pour les étoffes de couleur. Quand les taches résistent à l'emploi du sel d'oseille, il faut, après les avoir légèrement frottées avec cette substance, ajouter un sel d'étain, le chlorure, par exemple, préalablement dissous, et frotter de nouveau pendant quelques moments. (*Belèze*.)

444

TACHES DES LIVRES OU DES GRAVURES.

Pour enlever sur les pages des livres des

taches de graisse qui les salissent, on emploie le procédé suivant : on commence par chauffer, soit au moyen d'un fer à repasser, soit avec le dos d'une cuillère contenant quelques charbons, la partie de la feuille qui est tachée, et l'on applique du papier brouillard sur cette partie à diverses reprises et tant qu'il s'imprègne de graisse. Ensuite on passe légèrement sur les deux côtés de la feuille, toujours aux parties tachées, et quand le papier est encore chaud, un pinceau trempé dans l'esprit de térébenthine très-épuré et chauffé presque jusqu'à l'ébullition. Enfin, pour rendre au papier sa blancheur, on applique partout où il y avait de la graisse une brosse douce imbibée d'esprit-de-vin. L'écriture n'est nullement altérée par l'emploi de ce procédé. ·

445

TACHES D'ENCRE.

Pour enlever les taches d'encre, il faut laisser tremper le feuillet taché dans une dissolution concentrée de sel d'oseille, jusqu'à ce que la tache ait pris la couleur de la rouille. On le trempe ensuite dans de l'acide chlorhydrique étendu de 5 ou 6 fois son volume d'eau : il faut que cette seconde immersion ne soit pas trop prolongée, autrement le papier s'amollirait à tel point qu'il pourrait se déchirer ; on termine l'opération en lavant le feuillet dans l'eau pure et en le faisant sécher lentement et à l'ombre.

446

La plupart des taches autres que les taches de graisse et d'encre, peuvent être enlevées par le procédé suivant, non seulement sur les livres, mais encore sur d'autres papiers imprimés ou écrits. Après s'être procuré de la terre bolaire blanche (argile blanche obtenue en poudre fine au moyen de la dilatation), on met sur les deux côtés de la tache une couche de terre de l'épaisseur d'une lame de couteau ; on place par-dessus une feuille de papier, puis on soumet à la presse. Au bout de 24 heures on enlève la terre pour en remettre une nouvelle et égale quantité et soumettre encore à la presse. L'opération renouvelée deux fois suffit généralement pour effacer les taches.

447 A 449

NETTOYAGE DES GRAVURES.

Il n'est pas de gravure, si altérée qu'elle soit par la vétusté et l'exposition à l'air, qui ne puisse être nettoyée, pourvu que le papier conserve une solidité suffisante. Le procédé le plus simple consiste à mouiller la gravure et à l'étendre sur une pièce de gazon tout récemment fauché. On plante en terre quatre piquets, auxquels on attache deux ficelles en X ; l'estampe mouillée est retenue sous ces ficelles, de manière à ne pouvoir être déplacée par le vent. Il faut la mouiller à plusieurs reprises, à mesure qu'elle sèche au contact de l'air, et attendre que l'action de la lumière rende au papier sa blancheur. Si elle est salie par des ordures de mouches, on les enlève doucement avec un morceau d'éponge fine légèrement mouillée.

Quand ce moyen ne suffit pas, on plonge avec beaucoup de précaution la gravure dans une très-légère solution de chlore (*eau chlorurée*). Le vase employé dans cette opération doit être assez profond pour que l'estampe y puisse être plongée verticalement ; elle n'y doit séjourner que pendant quelques secondes ; on la passe immédiatement après dans l'eau pure. Ces immersions sont répétées autant de fois qu'il est nécessaire pour que la gravure reparaisse aussi vive que quand l'épreuve en a été tirée. Si elle est salie de taches d'encre à la place desquelles la solution de chlore laisse subsister une tache jaune, cette tache doit être attaquée très doucement à l'aide d'une eau acidulée par quelques gouttes d'acide sulfurique ou d'une solution de sel d'oseille (*oxalate de potasse*). L'un ou l'autre de ces liquides est appliqué sur la tache au moyen d'un pinceau fin. Quand les taches qui salissent une gravure sont grasses, on enferme dans deux sachets de mousseline très claire des cendres de charbon de bois bien tamisées; l'un de ces tampons est appliqué sur la tache grasse, l'autre dessous; puis, à l'aide d'une paire de pincettes ou d'un fer à friser les cheveux, modérément chauffé, on serre l'estampe entre les tampons aussi fortement qu'il est possible sans risquer de l'endommager. Cette pression, répétée à plusieurs reprises, finit par faire absorber complétement la graisse par la cendre chaude renfermée dans les tampons.

450

TACHES DES GANTS. — NETTOYAGE DES GANTS.

Le procédé le plus simple consiste à prendre avec un chiffon de flanelle un peu de savon en poudre, et à frotter avec soin la partie salie.

451

On peut se servir également de la préparation suivante, qui porte dans le commerce le nom de *Gantéine* :

    Savon en poudre . . . . . 150 gramm.
    Eau de javelle . . . . 165 —

Faites une pâte, imprégnez-en un morceau de flanelle, et frottez jusqu'à ce que la tache disparaisse.

452

On obtient encore de très bons résultats en frottant légèrement une ou deux fois les endroits salis avec une éponge fine imbibée de lait écrémé et ensuite chargée d'un peu de savon blanc.

453 A 458

TACHES DE GRAISSE.

Les procédés diffèrent suivant la nature des étoffes sur lesquelles il faut agir; on procède ainsi dans la plupart des cas : On imbibe la tache d'une petite quantité d'essence de térébenthine, au moyen d'une éponge fine ou d'un tampon de linge, et après l'avoir aussitôt frottée entre les doigts, on la mouille encore avec un peu d'essence et on la recouvre de terre de pipe ou de cendre tamisée. Une demi-heure après on donne un coup de brosse, et si la terre ou la cendre a laissé quelque empreinte, on l'efface en la frottant avec de la mie de pain.—Quant à l'odeur de l'essence qui est toujours désagréable, il suffit, pour la faire disparaître, de laver l'étoffe avec de l'esprit de vin rectifié ou de la soumettre à l'action de la vapeur d'eau. Il est important que l'essence de térébenthine qu'on emploie soit récente et pure.

Pour enlever les taches graisseuses sur le linge, l'emploi d'un savonnage chaud pratiqué à diverses reprises, est presque toujours suffisant. Le repassage à travers un papier de soie, combiné avec l'emploi de l'alcool rectifié, convient aux étoffes de laine délicates ainsi qu'aux étoffes de soie. Si l'étoffe a des nuances très claires ou des reflets moirés, on peut faire usage du procédé suivant : On applique sur une table à repassage la partie tachée de l'étoffe, on verse une goutte d'alcool sur la tache qu'on recouvre aussitôt d'un linge fin, et l'on repasse avec un fer chaud, en déplaçant le linge à chaque coup de fer. La graisse passe peu à peu dans le linge, et quand l'empreinte de la tache est à demi effacée sur l'étoffe, on y verse quelques gouttes d'éther sulfurique.

459

TACHES D'HUILE.

Employer une poudre fournie par une pierre connue sous le nom de *pierre sarinel* dans plusieurs départements du midi de la France. Il suffit d'étendre une couche légère de cette poudre sur la partie de l'étoffe tachée d'huile ou de graisse, et de l'y laisser pendant 24 heures. Alors on n'a qu'à brosser ou même qu'à secouer l'étoffe et la tache a disparu : s'il en reste quelque trace, une seconde application de poudre l'a bientôt effacée. Cette poudre peut s'employer même sur les étoffes de soie les plus délicates, sans qu'on ait à craindre d'en altérer la couleur.

460 a 462

TACHES DE LIQUEURS.

On commence par rafraîchir la tache avec la même liqueur qui l'a produite; on l'imbibe immédiatement après avec de l'eau pure, et on frotte légèrement. Si elle résiste, et si la couleur le permet, on la lave avec de l'alcool ou de l'eau acidulée ou de l'acide chlorhydrique ou nitrique. Sur les tissus blancs, les taches de liqueurs disparaissent entièrement en les lavant d'abord avec de l'eau de savon et les soumettant ensuite à l'action de l'acide sulfureux.

463

TACHES SUR LA SOIE.

Enlevez délicatement la graisse avec un grattoir, étendez bien l'étoffe sur la planche à repasser, couvrez la tache avec du talc en poudre, étendez du papier de soie sur le talc, et passez un fer chaud sur le papier. La chaleur fond la graisse et le talc absorbe celle-ci. Faites tomber aussitôt la composition et frottez le tissu avec de la mie de pain. Si la tache n'a pas entièrement disparu, répétez l'opération.

464 ET 465

TACHES DE SUIE.

Pour enlever ces taches ainsi que celles qui proviennent de dégouttures de tuyaux de poêle, il faut d'abord les imbiber avec de l'essence de térébenthine et les frotter légèrement. Ensuite on mêle cette même essence avec du jaune d'œuf, en tenant ce mélange un peu tiède, et on l'applique à diverses reprises sur les taches qu'on frotte à mesure légèrement; on continue l'opération jusqu'à ce que tout l'effet soit produit. S'il reste encore une nuance noirâtre, on la fait disparaître, sur les étoffes blanches, par l'emploi de la crême de tartre, et sur les étoffes de couleur au moyen de l'acide chlorhydrique étendu d'eau.

466

TACHES DE SUIF.

On les enlève par le même moyen que les taches de graisse.

467

TACHES DE VERNIS

Même procédé que pour les taches de graisse.

468

DENTIFRICES (FORMULES DE).

Observation. — Ceux qui sont *acides* réagissent sur les dents, mais attaquent l'émail à la longue; ceux qui sont *alcalins,* au contraire, agissent comme moyens préventifs de la carie. On ne devrait donc employer que ces derniers. Le docteur Bouchardat les présente dans l'ordre suivant :

469

1° DENTIFRICES ACIDES.

POUDRE DENTIFRICE.

Bol d'Arménie	90	gramm.
Corail rouge	95	—
Os de sèche	96	—
Résine de sang-dragon .	48	—
Cochenille	12	—
Bitartrate de potasse. . .	140	—
Cannelle	24	—
Girofle	4	—

Mêlez ces diverses poudres sur le porphyre. (*Codex*, et CADET.)

470

POUDRE DENTIFRICE.

Os de sèche porphyrisé .	80	gramm.
Iris de Florence pulvérisé.	80	—
Crême de tartre pulvérisée	60	—
Girofle pulvérisé.	20	—
Laque carminée	80	—

Mêlez.

471

POUDRE DENTIFRICE DE CHARLAT.

Tartre acidule de potasse .	150	gramm.

Alun calciné . . . . 10 gramm.
Cochenille . . . . 8 —

Faites une poudre que vous aromatise-rez avec :

Essence de rose. . . . . . 5 gouttes.

472

POUDRE DENTIFRICE ACIDE (DESCHAMPS).

Talc de Venise. . . . . . 120 gramm.
Crême de tartre. . . . . . 30 —
Carmin. . . . . 30 centigr.
Essence de menthe . . . . 15 gouttes.
Mêlez.

473

OPIAT DENTIFRICE (DESFORGES).

Corail porphyrisé. . . . 150 gramm.
Tartre acidule de potasse
   pulvérisé. . . . . 30 —
Os de sèche pulvérisé. . . 20 —
Cochenille . . . . 3 —
Miel de Narbonne . . . . 160 —
Mêlez.

2° DENTIFRICES ALCALINS.

474

POUDRE DE CHARBON MAGNÉSIENNE.

Charbon végétal . . . . 200 gramm.
Magnésie. . . . . 10 —

Porphyrisez, mêlez avec soin :

Essence de menthe . . . 1 gramm.

475

POUDRE DENTIFRICE ALCALINE (DESCHAMPS).

Talc de Venise. . . . . 120 gramm.
Bicarbonate de soude . . 30 —
Carmin . . . . 30 centigr.
Essence de menthe . . . 15 gouttes.
Mêlez.

476

POUDRE DENTIFRICE ANGLAISE.

Craie sèche. . . . . . . 3 gramm.
Camphre. . . . . 1 —

Mêlez. Renfermez dans un flacon.

477

POUDRE DE TOIRAC.

Carbonate de chaux . . . 20 gramm.
Magnésie. . . . . 40 —
Sucre. . . . . 20 —
Crême de tartre. . . . . 6 —
Essence de menthe . . . 5 gouttes.
Mêlez.

478

POUDRE DENTIFRICE (KEMMERER).

Poudre de suie de bois . . 30 gramm.
Poudre de fraisier . . . . 20 —

Eau de Cologne quelques gouttes.

Selon l'auteur, cette poudre blanchit et conserve très-bien les dents.

479

POUDRE DENTIFRICE (REGNART).

Magnésie calcinée . . . . 15 gramm.
Sulfate de quinine . . . . 50 centigr.
Carmin fin ou cochenille. 2 gramm.
Huile de menthe poivrée. 3 gouttes.

480

POUDRE DENTIFRICE (JAMET).

Iris lavée à l'alcool . . . 500 gramm.
Magnésie . . . . 125 —
Pierre ponce. . . . . . . 250 —
Os de sèche . . . . 250 —
Sulfate de quinine. . . . 125 —
Cascarille . . . . 30 —
Sucre de lait. . . . . . . 500 gouttes.
Essence de menthe. . . . 32 gramm.
Essence de cannelle . . . 8 —
Essence de néroli. . . . . 4 —
Teinture d'ambre . . . . 4 —

Faites une poudre excessivement fine.

481

POUDRE DENTIFRICE (RIGHINI).

Pain carbonisé. . . . . . 40 gramm.
Poudre de quinquina . . 10 —

Mêlez.

482

POUDRE DENTIFRICE (LEFOULON).

Cochléaria, Raifort, Gaïac, Quinquina, Menthe, Pyrèthre, Calamus aromaticus, Ratanhia.

De chaque, partie égale.

Réduisez en poudre impalpable.

483

POUDRE DENTIFRICE.

Charbon en poudre. . . .	20 gramm.
Quinquina en poudre. . .	40 —
Sucre en poudre.	10 —

Mêlez sur le porphyre.

484

POUDRE DENTIFRICE (MIALHE).

Sucre de lait ou lactine pulvérisé	1,000 gramm.
Tannin pur	15 —
Laque carminée	10 —
Essence de menthe. . . .	20 gouttes.
Essence d'anis	20 —
Essence de fleurs d'orang.	10 —

Broyez exactement dans un mortier de porcelaine à fond plat la laque avec le tannin et une petite quantité de lactine ; ajoutez ensuite le restant du sucre de lait et les essences, et triturez le tout jusqu'à ce que le mélange soit parfaitement homogène.

485

POUDRE DENTIFRICE (MAURY).

Charbon de bois	250 gramm.
Quinquina.	125 —
Sucre.	250 —
Essence de menthe. . .	15 —
Essence de cannelle . . .	8 —
Teinture d'ambre	2 —

Faites une poudre extrêmement ténue.

486

ONDONTINE PELLETIER.

Mélange de magnésie et de beurre de cacao aromatisé avec des essences.

487

ELIXIR DENTIFRICE (DÉSIRABODE).

Eau-de-vie de gaïac . .	180 gramm.
Eau vulnéraire spiritueuse	180 —
Huile essentielle de menthe, ou de girofle, ou de rose, ou d'œillet . .	4 gouttes.

2 ou 3 gouttes suffisent pour aromatiser un verre d'eau : il convient aux personnes dont la bouche est dans un état de santé parfaite ; mais celles qui auraient, soit les gencives habituellement saignantes, soit l'haleine forte, feraient bien d'y ajouter : alcoolat de cochléaria et teinture de quinquina, de chaque 100 grammes.

Mêlez. Quelques gouttes dans un verre d'eau pour se rincer la bouche.

488

ELIXIR AROMATIQUE (LEFOULON).

Teinture de vanille . . .	15 gramm.
Teinture de pyrèthre. . .	125 —
Alcoolat de menthe. . . .	30 —
Alcoolat de romarin. . .	30 —
Alcoolat de roses.	60 —

Mêlez. Quelques gouttes dans un verre d'eau pour se rincer la bouche.

489

ELIXIR ORIENTAL (DELABARRE).

Alcool rectifié.	100 gramm.
Essence de menthe. . . .	1 —
Essence de roses	8 gouttes.
Cochenille	5 décigr.
Sel de tartre	5 —

Laissez macérer 48 heures et filtrez.

Une cuillerée à café dans un verre d'eau pour gargarisme.

490

TRÉSOR DE LA BOUCHE.

Alcoolat de cochléaria . .	200 gramm.
Alcoolat de lavande. . . .	100 —
Alcoolat de menthe. . . .	100 —
Alcoolat de citron	100 —

Mêlez. Une cuillerée à café dans un verre d'eau pour se rincer la bouche.

491

VINAIGRE DE LAVANDE.

Vinaigre très-fort . . . . 100 gramm.
Alcoolat de lavande . . . 100 —

Mêlez. Une cuillerée à café dans un verre d'eau, comme odontalgique.

492

ELIXIR ODONTALGIQUE (ANCELOT).

Alcoolat de romarin . . . 80 gramm.
Racine de pyrèthre. . . . 10 —

Faites macérer, filtrez. On le mêle avec quatre fois son poids d'eau pour se rincer la bouche.

493

ELIXIR ODONTALGIQUE (LEROY).

Gaïac. . . . . 15 gramm.
Pyrèthre . . . . 4 —
Noix muscade . . . . . . 4 —
Girofle . . . . 2 —
Huile de romarin. . . . . 10 gouttes.
Huile de bergamotte . . . 4 —
Alcool à 26° . . . . 100 —

Laissez macérer pendant huit jours, filtrez. Une cuillerée à café dans un verre d'eau pour se rincer la bouche. .

494

ELIXIR ODONTALGIQUE (DESFORGES).

Quinquina concassé . . . 100 gramm.
Gaïac concassé. . . . . . 150 —
Pyrèthre . . . . 100 —
Girofle . . . . 20 —
Ecorce d'orange . . . . . 8 —
Safran . . . . 2 —
Benjoin. . . . . 8 —

Faites macérer pendant cinq à six jours dans :

Alcool à 32° . . . . 100 gramm.

Filtrez et conservez. 4 à 8 grammes dans un verre d'eau, pour se rincer la bouche.

495

GARGARISME ODONTALGIQUE (PLENCK).

Eau distillée de lavande. 60 gramm.
Vinaigre distillé . . . . . 60 —

Racine de pyrèthre. . . . 8 gramm.
Hydrochlorate d'ammon. 1 —
Extrait d'opium . . . . . 1 déc. gr.

Faites digérer pendant quelques jours : filtrez. Odontalgie nerveuse et rhumatismale. Une cuillerée pour se gargariser de temps en temps, ayant soin de ne pas avaler.

496

ELIXIR ANTI-ODONTALGIQUE (BORIES).

Pyrèthre . . . . gramm.
Esprit de lavande . . . . 560 —
Hydrochlorate d'ammon. 2 —

Faites digérer pendant 24 heures ; filtrez.

PRÉPARATIONS

POUR CALMER LES DOULEURS DE DENTS.

497

ESPRIT ODONTALGIQUE (BOERHAAVE).

Alcool. . . . . 8 gramm.
Camphre . . . . 4 —
Opium . . . . 25 centigr.
Essence de girofle. . . . 20 gouttes.

Mêlez. On en imbibe du coton qu'on introduit dans la cavité de la dent.

498

MIXTURE ODONTALGIQUE (CADET).

Ether.
Laudanum liquide. } āa 5 gramm.
Baume du commandeur.
Huile de girofle . . . . . 20 gouttes.

On l'applique au moyen d'un peu de coton sur la dent malade.

499

PARAGUAY ROUX.

Feuilles et fleurs d'inula
  bifrons. . . . . 10 gramm.
Fleurs de cresson de Para. 40 —
Racine de pyrèthre . . . . 10 —

Coupez, incisez toutes ces substances, faites-les macérer pendant quinze jours dans :

Alcool à 33°. . . . .   80 gramm.

Exprimez et filtrez. On en imbibe un morceau de coton qu'on introduit dans la dent cariée, ou bien on en ajoute quelques gouttes dans un verre d'eau et l'on se gargarise.

500

CRÉOSOTE.

On imbibe un fragment de coton avec la créosote, on l'introduit dans la dent cariée. Très-souvent les douleurs sont calmées.

501

PARAGUAY CRÉOSOTÉ.

Paraguay Roux. . . . . .   10 gramm.
Créosote   15   —

502

MIXTURE ODONTALGIQUE (OUDET).

Ether acétique,
Laudanum de Sydenham, } âa 10 gramm.
Essence de girofle.

On imbibera de cette liqueur un morceau de coton qu'on placera sur la dent malade.

503

COLLUTOIRE ODONTALGIQUE (OUDET).

Teinture de cresson de
   Para. . . . .   50 gramm.
Alcoolat de menthe poivrée   50   —
Alcool à 22°.   100   —
Créosote   2   —

On en imbibe un morceau d'amadou que l'on place sur la dent douloureuse. Si l'action sur la muqueuse buccale est trop vive, on mitige ce collutoire avec quelques gouttes d'eau.

504

ESSENCE ODONTALGIQUE (MEYER).

Camphre. . . . .   40 centig.
Essence de girofle,
Essence de térébenthine } â a 20 gouttes
Essence de cajeput.

Faites dissoudre. Contre l'odontalgie due à la carie, à la dose de 1 à 2 gouttes dans la cavité de la dent.

505

SOLUTION ODONTALGIQUE (CHAPMANN).

Camphre. . . . .   4 gramm.
Essence de térébenthine .   16   —

Faites dissoudre. Dose : quelques gouttes en application sur la dent malade.

506

MÉLANGE ANTI-ODONTALGIQUE (TOIRAC).

Acétate de plomb. . . . .   1 gramm.
Sulfate de zinc   1   —
Teinture d'opium   2   —

Contre l'odontalgie due à la carie. En porter dans la cavité de la dent gros comme la tête d'une épingle.

507

TOPIQUE ANTI-ODONTALGIQUE (HANDEL).

Huile de jusquiame . . .   4 gramm.
Opium purifié   2   —
Extrait de belladone . . .   2   —
Camphre. . . . .   3 décigr.
Teint. de cantharides. . .   8 gouttes.
Huile de cajeput.   8   —

Faites introduire dans la cavité de la dent cariée.

508

PATE ALUM. ACÉTIQUE (LEFOULON).

Alun en poudre . . . . .   10 gramm.
Gomme arabique.   10   —
Ether acétique   2   —

Albumine ou mucilage, q. s. pour faire une pâte avec laquelle on enduit la cavité de la dent cariée, son collet, et l'intervalle qui la sépare des dents voisines.

509

CIMENTS PROPRES A OBTURER LES DENTS (WAGNER).

On pétrit 4 grammes de gutta-percha ramollie dans l'eau chaude avec un mélange de 2 gramm. de poudre de cachou, de 2 grammes d'acide tannique et d'une goutte d'huile essentielle de clous de girofle ou de roses. Pour s'en servir, il suffit de ramollir une petite portion de ce mélange au-dessus de la flamme d'une lampe à l'esprit-de-vin et de l'introduire, encore chaude, dans la cavité de la dent, où il faut la tasser convenablement. La masse durcit, et même après plusieurs mois n'offre aucune trace de décomposition.

510

Suivant M. Pontons, on obtient également un excellent ciment en mêlant ensemble une partie de mastic et deux parties de collodion. Après avoir séché convenablement le creux de la dent au moyen de l'amadou, on y introduit une petite boulette de coton imprégnée de quelques gouttes de ce mélange. Ce petit tampon se solidifie bientôt et peut rester en place plus de six mois ; il semble préserver la dent de toute carie ultérieure.

PRÉPARATIONS

POUR DÉSINFECTER L'HALEINE.

511

TABLETTES DE CHARBON.

Charbon végétal.	125 gramm.
Sucre blanc	357 —
Mucilage de gomme adragante	q. s.

512

TABLETTES DE CHARBON.

Charbon animal lavé porphyrisé.	100 gramm.
Sucre blanc.	100 —
Chocolat	300 —

Faites des tablettes de 1 gramme. Employées contre la fétidité de l'haleine.

513

POUDRE DENTIFRICE DÉCOLORANTE.

Chlorure de chaux	180 gramm.
Corail rouge porphyrisé .	180 —

Mêlez exactement.

514

SOLUTION DE CHLORURE DE CHAUX ALCOOLISÉ (CHEVALLIER).

Chlorure de chaux sec. .	12 gramm.

Faites dissoudre dans :

Eau distillée	60 —

Filtrez et ajoutez :

Alcool à 36°	60 —
Huile essentielle de girofle	1 décigr.

Une demi-cuillerée à café dans un verre d'eau, pour se laver la bouche et les gencives avec une brosse à éponge. Employée pour détruire l'odeur de la fumée du tabac.

515

DÉSINFECTANT POUR LES PLAIES (CORNE ET DEMEAUX).

Plâtre.	100 parties.
Coaltar	1 à 3 —

516

AUTRE (DES MÊMES AUTEURS).

Plâtre.	100 parties.
Coaltar	1 à 3 —
Huile q. s. pour consistance de cérat.	

Appliquer sur toutes les plaies.

517

DESINFECTION (MOYENS DE).

FUMIGATIONS

Fumigation Guytonnienne (Fumigation de chlore).

Chlorure de sodium en poudre.	300 gramm.
Bioxyde de manganèse .	100 —
Acide sulfurique à 60° B.	200 —
Eau	20 kilog.

Mêlez le chlorure de sodium, l'oxyde de manganèse et l'eau dans une capsule de verre ou de terre, et ajoutez ensuite l'acide sulfurique. Il se dégagera bientôt des vapeurs jaune-verdâtre qui deviendront plus abondantes si l'on agite le mélange : il convient d'employer à cet usage un tube de verre ou une baguette de porcelaine. La pièce dans laquelle se fait la fumigation doit être tenue parfaitement close, au moins pendant une demi-heure. Les doses indiquées dans la formule suffisent pour une pièce dont la capacité serait de 111 mètres cubes : il faudra les augmenter ou les diminuer en raison de l'espace qu'on voudra purifier.

(Bouchardat.)

518

FUMIGATION D'ACIDE NITRIQUE (FUMIGATION DE SMITH).

Acide sulfurique à 66° . . . 64 parties.
Eau . . . . 42 —
Nitre purifié réduit en pou-
dre. . . . . 64 —

Mêlez l'eau à l'acide dans une capsule de porcelaine ou de terre vernissée; placez celle-ci sur les cendres chaudes ou sur un bain de sable modérément chauffé ; projetez-y par pincées le nitrate de potasse, en ayant soin de n'ajouter une nouvelle quantité de nitre que lorsque la première aura été entièrement décomposée et qu'il ne se dégagera plus de vapeurs.

La dose indiquée précédemment suffit pour désinfecter un espace de 120 mètres cubes.

(Bouchardat.)

519 A 556

LISTE DES MOYENS DE DÉSINFECTION QUI DONNENT LES MEILLEURS RÉSULTATS.

1° Les *acides*, et notamment les *acides nitrique* ou *azotique* et *chlorhydrique*, qui doivent être employés pour combattre les émanations ammoniacales; les *acides nitreux* et *sulfureux* qui ont pour effet de décomposer les substances organiques;

2° Le *chlore* et les *chlorures de chaux, de soude* ou *de potasse*, qui sont les meilleurs désinfectants connus;

3° Les *alcalis*, tels que l'*ammoniaque*, la *chaux vive*, la *soude*, la *potasse*, qui ont pour effet de neutraliser l'action des acides malfaisants, par exemple de l'acide carbonique. Ces divers désinfectants s'emploient en fumigations ou en lavages.

On emploie aussi comme désinfectants la poudre de *charbon* et de *plâtre*, les *cendres* de houille ou de bois, le *mâchefer pulvérisé*, la *tourbe* non calcinée : ces poudres, en absorbant les produits gazeux qui s'échappent des matières animales en décomposition, arrêtent aussi les émanations fétides. On les projette en couches plus ou moins épaisses sur les matières que l'on veut désinfecter temporairement.

557

NOUVEAU DÉSINFECTANT DE M. LAMBOSSY.

Sel de cuisine. . . . . . . 30 gramm.
Minium . . . . 20 —
Acide sulfurique du com-
merce . . . . 15 —
Eau froide . . . . 1 litre

Mêlez le minium avec le sel de cuisine et introduisez le tout dans une bouteille remplie d'eau; ajoutez ensuite petit à petit l'acide sulfurique et agitez à plusieurs reprises.

La réaction commence aussitôt et se complète en quelques minutes. Il se forme du sulfate de plomb qui se précipite, du sulfate de soude et du chlore qui restent dissous dans l'eau. Ce dernier, qui donne au liquide une couleur jaune, se dégage dès qu'on ouvre la bouteille.

Pour produire un dégagement rapide, on verse le liquide dans des assiettes plates, afin d'offrir une large surface à l'évaporation.

558

DÉSODORATION DES MORTIERS, VASES DIVERS.

On détruit un certain nombre d'odeurs fortes à l'aide de tourteaux d'amandes amères, de feuilles de laurier, de cerises, etc.

559

DESSINS SUR PIERRE LITHOGRA-PHIQUE (CONSERVATION DES).

Pour conserver les dessins ou l'écriture lithographiés, on les couvre d'encre grasse et on gomme la pierre. Mais il arrive très fréquemment que la couche de gomme s'altère, que la pierre se pique, et que si la détérioration est portée trop loin, le dessin peut être perdu. Le procédé de M. Lemercier a le mérite d'être très simple, facile à employer et peu dispendieux. Il se résume à enduire la pierre d'une composition formée de :

Blanc de baleine	150 gramm.
Poix de Bourgogne	140 —
Huile d'olive	90 —
Cire blanche	30 —
Térébenthine de Venise	30 —

que l'on fait fondre ensemble et que l'on étale sur la pierre avec le rouleau.

540

DÉTREMPE (PEINTURE A LA).

Eau	500 gramm.
Colle de pâte	500 —
Blanc d'Espagne	500 —

Ajoutez :

Noir de fumée	60 —

Si le mélange est trop épais, on ajoute de l'eau.

541

DEXTRINE.

Elle s'obtient en exposant dans des fours, à une température de 150 à 200°, de l'amidon ou de la fécule.

542

DEXTRINE DANS LE TRAITEMENT DES FRACTURES.

1° Faire un mélange de 100 parties de dextrine, 60 d'eau-de-vie camphrée, ou tout simplement d'eau-de-vie ordinaire, et 50 parties d'eau chaude ;

2° Exprimer avec soin l'excédant du mélange qui mouille inutilement la bande ;

3° Appliquer avec précaution l'appareil, en faisant le moins possible de renversés ;

4° Bien glacer ou vernir l'appareil avec le restant du mélange, en y passant la main du haut en bas dans le sens où les circulaires sont imprégnées;

5° Suspendre le membre ou sur un filet ou sur trois ou quatre bandes attachées à un cerceau et enduites de cérat, afin qu'elles n'adhèrent pas à l'appareil quand le membre sera sec. (*Darcet.*)

543

DORURE DE L'ALUMINIUM.

On fait dissoudre 8 grammes d'or dans de l'eau régale, on étend d'eau la solution et on la met digérer jusqu'au lendemain avec un petit excès de chaux; le précipité d'acétate de chaux et de chaux en excès bien lavé, est traité à une douce chaleur, par une dissolution de 20 gram. d'hyposulfite de soude dans un litre d'eau; on filtre ensuite la liqueur. Lorsqu'on veut en faire usage, on décape préalablement l'aluminium par l'action successive de la potasse, de l'acide nitrique et de l'eau pure; puis on le plonge dans la liqueur préparée, et on le dore ainsi à froid.
(*Ch. Tissier.*)

544

DORURE DU FER OU DE L'ACIER.

Plonger l'objet de fer ou d'acier dans une dissolution de deutosulfate de cuivre dans l'eau. En les retirant, ils paraissent dorés.

545

AUTRE.

Versez dans une dissolution d'or par l'acide hydro-chloro-nitrique environ le double d'éther sulfurique. Ce mélange doit être fait avec précaution et dans un grand vase. Secouez ensemble les deux liquides, et, aussitôt que le mélange sera en repos, vous verrez l'éther se séparer de l'acide et surnager. L'acide se décolore, et l'éther prend de la couleur, parce qu'il enlève l'or à l'acide. Versez les deux liqueurs dans un entonnoir de verre dont le bec, qui doit être assez fin, demeure fermé, jusqu'à ce que, par le repos, les deux fluides soient complétement séparés l'un de l'autre. Alors débouchez l'entonnoir ; l'acide, comme plus pesant et occupant le dessous, passe le premier ; fermez dès qu'il a coulé en entier, et l'entonnoir ne contient plus que la dissolution d'or dans l'éther. Mettez-la dans une fiole bien bouchée, et gardez-la pour l'usage.

Si vous voulez dorer du fer ou de l'acier, commencez par en polir la surface avec de l'émeri, ou plutôt avec du tritoxyde de fer (*rouge d'Angleterre*) délayé dans de l'eau-de-vie. Appliquez ensuite avec une brosse fine ou un pinceau l'éther aurifère ; il s'évapore promptement et laisse une couche d'or sur l'acier : on chauffe et on passe le brunissoir.

On peut, au moyen de cette solution d'or dans l'éther, tracer à la plume ou au pinceau toutes sortes de figures, sur les ciseaux, sur les canifs, etc. L'or, se trouvant à l'état métallique dans l'éther, s'unit à l'acier en vertu de l'attraction moléculaire.

(H. Lafontaine.)

546

AUTRE.

Tracez les dessins qui doivent être aperçus sur le fer avec une dissolution de deutosulfate de cuivre ; recouvrez-les d'un amalgame d'or et de mercure, après les avoir convenablement essuyés : l'or adhère parfaitement dans les endroits où le sulfate de cuivre a été appliqué.

547

DORURE EN OR MOULU SUR CUIVRE OU SUR ARGENT.

Broyez des feuilles d'or avec du mercure jusqu'à consistance d'amalgame. « Pour dorer avec cette matière, il faut décaper le métal qu'on veut dorer, soit en le plongeant pendant quelques minutes dans l'eau seconde, soit en le frottant avec du sable. On le trempe alors dans une dissolution de mercure par l'acide nitrique, et on en frotte la surface avec de l'amalgame ci-dessus, qu'on étend également. On l'expose au feu, et on l'échauffe assez for-

tement pendant quelques minutes. La chaleur volatilise le mercure, et l'or reste fixé au métal ; il suffit ensuite de le polir avec la pierre sanguine. »

548

DORURE ET ARGENTURE (NOUVEAU PROCÉDÉ DE),

Ce procédé, qui est une véritable dorure au pinceau, s'exécute à froid et s'applique aussi à l'argenture et à tous les métaux sans distinction : se faisant à la main, il permet à l'opérateur de répartir d'une manière égale la couche d'or ou d'argent. De plus, il présente l'avantage très important de permettre de dorer certaines parties d'un objet, tandis qu'on en argenterait d'autres, produisant de la sorte des dessins très variés.

Après avoir galvanisé, par les procédés ordinaires, les objets à dorer, on les recouvre au pinceau d'une couche d'or ou d'argent préparée de la manière suivante :

Pour l'application de l'or, on mélange dans une capsule 10 grammes d'or laminé, 20 grammes d'acide muriatique et 10 grammes d'acide nitrique. On fait évaporer ce liquide en plaçant la capsule sur un feu modéré et en remuant continuellement avec un tube de verre, jusqu'à ce que l'or soit passé à l'état de chlorure : on laisse ensuite refroidir, puis on dissout dans 20 grammes d'eau distillée.

Cela fait, on prépare une dissolution de 60 grammes de cyanure de potassium dans 80 grammes d'eau distillée, et on mélange ce liquide avec le précédent dans un flacon que l'on a soin de remuer pendant vingt minutes. On filtre ensuite le mélange.

Enfin on mêle 100 grammes de blanc d'Espagne sec et tamisé avec 5 grammes de crême de tartre pulvérisée.

On délaye cette poudre mélangée dans une certaine quantité du liquide ci-dessus décrit, de manière à en former une bouillie assez épaisse pour pouvoir l'étendre au pinceau sur l'objet à dorer.

Il suffit alors de laver l'objet ainsi recouvert en le nettoyant avec une brosse grossière pour en enlever la poudre, et l'opération est terminée.

549

Quant à l'argenture, on procède ainsi qu'il suit :

On fait dissoudre **10** grammes de nitrate d'argent dans **50** grammes d'eau distillée, puis **25** grammes de cyanure de potassium dans **50** grammes d'eau distillée ; on mélange les deux liquides.

Enfin on mêle **100** grammes de blanc d'Espagne tamisé avec **10** grammes de crême de tartre pulvérisée et **1** gramme de mercure.

Voy. aussi *Galvanoplastie*.

550

MOYEN DE DORER A L'HUILE EN OR BRUNI, TOUTES SORTES D'OBJETS FABRIQUÉS EN MÉTAL ET VERNIS.

Les pièces étant vernies et polies, l'opération consiste à appliquer le mordant (dont la composition va être décrite n° 551) de la manière suivante :

On couche le mordant au pinceau, et, après cette opération, on essuie avec un velours, et l'on met un intervalle entre l'application du mordant et celle de l'or. L'usage seul peut enseigner le moment juste de siccité du mordant pour appliquer l'or. On se sert d'un coussin de peau de veau fauve ; ce coussin se vend, ainsi que le couteau et la palette, chez les marchands de couleurs.

Sur ledit coussin, on étale une feuille d'or battu, qu'on divise en petites portions proportionnées à la dimension de la place mise en mordant ; on applique sur le mordant cette portion, par le moyen de la palette à dorer, du bilboquet, ou d'une simple carte, suivant l'habitude de l'ouvrier.

L'or une fois appliqué, on appuie dessus avec un morceau de peau bien propre ; on repasse ensuite avec un velours bien net, afin d'unir et de donner le brillant nécessaire ; on le laisse sécher dans une étuve très douce, et on lui donne après une ou plusieurs couches de vernis gras, avec l'attention de ne faire cette dernière opération que lorsque l'or est parfaitement sec, et qu'il n'est plus susceptible d'être imbibé du vernis qu'on y applique et qui lui ôterait son éclat.

Les couches de vernis que l'on donne par dessus l'or servent à le mettre à l'abri des frottements, et à même d'être lavé.

551

COMPOSITION DU MORDANT. — Une portion de vernis blanc ou noir au carabé qui se trouve chez les marchands ; deux portions d'huile grasse ; ainsi dans la supposition que la portion de vernis carabé blanc ou noir soit d'une once, la proportion d'huile grasse sera de deux onces ; le tout employé sans essence, de la manière ci-dessus détaillée.

E

552

EAUX DIVERSES.

EAU DES BAYADÈRES (NAQUET).

« Cette eau, qui se trouve sur les toilettes les plus élégantes, rafraîchit la peau, embellit le teint, modère les taches de rousseur. On en met quelques gouttes dans un verre d'eau, assez pour qu'il soit coloré et parfumé. Ce cosmétique se compose de :

Essence de bergamote. .	125 gramm.
— de citron	60 —

Essence de Portugal . . .	60 gramm.
— de néroli fin. . .	30 —
— de petit grain. .	30 —
Baume de tolu pulvérisé.	30 —
Essence de romarin . . .	15 —
— de rose	20 gouttes.
Cochenille pour colorer. .	15 gramm.

» On met infuser le tout pendant dix jours dans douze litres d'alcool trois-six de Montpellier; on filtre ensuite et l'on met en bouteilles. »

553

EAU A DÉTACHER.

| Savon blanc en petits morceaux . . . . | 120 gramm. |
| Soude . . . . | 32 — |

Faites dissoudre dans :

| Eau tiède. . . . . | 1 litre. |

Ajoutez :

| Fiel de bœuf purifié . . . | 25 gramm. |
| Essence de lavande. . . . | qq. gouttes. |

Agiter et passer.

Quelques gouttes de cette préparation enlèvent très bien les taches de graisse ou d'huile. On doit brosser les taches avec la brosse et laver ensuite à l'eau tiède.

554

AUTRE.

Eau tiède	800 gramm.
Savon blanc	25 —
Soude d'Alicante.	30 —

Faites fondre dans les 800 grammes l'eau, le savon et la soude.

Ajoutez :

| Fiel de bœuf . . . . . . | 30 gramm. |
| Huile essentielle de lavande. . . . . | qq. gouttes. |

Passer à travers un linge.

En mettre quelques gouttes sur la tache, frotter avec une brosse, puis laver à l'eau chaude.

555

EAU DE CHAUX.

| Eau . . . . | 10 kilog. |
| Chaux . . . . | 2 gr. 50 |

556

EAU CHLORURÉE.

| Chlorure de chaux sec . . | 60 gramm. |
| Eau . . . . | 1 litre. |

Versez d'abord sur le chlorure une petite quantité d'eau, pour le réduire en pâte, puis délayez-le dans le reste du liquide. Tirez le mélange à clair, et conservez-le dans des vases de grès ou en verre parfaitement clos.

557

AUTRE.

| Chlorure d'oxyde de sodium. . . . . | 30 gramm. |
| Eau. . . . . | 1 litre. |

Faites dissoudre.

558

EAU DE COLOGNE.

Essence de bergamote . .	60 gramm.
— de citron.	60 —
— de limette	60 —
— d'orange.	30 —
— petit grain	30 —
— de cédrat.	30 —
— de romarin . . .	30 —
— de lavande. . . .	15 —
— de fleurs d'oranger.	15 —
— de cannelle . . .	12 —
Esprit de romarin	250 —
Eau de mélisse composée	1 kil. 500
Alcool à 32°	6 —

Distillez au bain-marie, presque à siccité, et ajoutez :

| Eau de bouquet . . . . . | 500 gramm. |

(*Codex.*)

559

AUTRE.

Essence de Portugal . . .	46 gramm.
— bergamote . . .	46 —
— de cédrat . . .	30 —
— de citron ou zeste	30 —
Essence de néroli fin. . .	46 —

Essence de néroli petit-
grain . . . . 30 gramm.
Essence de romarin . . . 60 —
— de lavande. . . 60 —
— de benjoin. . . 60 —

Faites infuser le tout dans un litre d'esprit de vin rectifié, pendant 15 jours, en
ayant soin de bien agiter le mélange quatre fois par jour. Distillez ensuite à deux
reprises ; le résultat sera un litre d'eau de
Cologne concentrée.

560

AUTRE.

Esprit de vin de 32 à 33° 12 kilogr.
Essence de néroli. . . . . 1,046 centigr.
— de citron. . . . 440 —
— de bergamote. 446 —
— de cédrat . . . 440 —
Eau de la reine de Hongrie 440 —
— de lavande. . . 97 —
— de vulnéraire . 110 —
— de romarin . . 74 —

(*Plenet.*)

561

AUTRE.

A huit litres d'esprit trois-six ajoutez :

Essence de cédrat . . . . 2 gramm.
— de limette . . . 2 —

Faites infuser dans cette liqueur :

Feuille de poliore de mon-
tagne . . . . 1 pincée.
Feuille de marrube. . . . 1 —
— de menthe culti-
vée . . . . . 8 gramm.
Feuilles d'œillets d'Inde . 1 —

Après l'infusion de quatre heures seulement, filtrez au papier gris.

(*Durocherot aîné*)

562

AUTRE (simple et peu coûteuse).

On mêle ensemble 1 kilogr. 1/2 d'alcool à 36° et 4 gr. de chacune des essences suivantes : romarin, cédrat. citron,
bergamote, néroli. Après avoir filtré ce
mélange, on le conserve dans des flacons
ou des bouteilles qu'on bouche avec soin.

563

EAU DE CUIVRE.

« On fait fondre dans un litre d'eau de
rivière 30 grammes d'acide oxalique ou
sel d'oseille. Lorsque le sel est bien dissous, ou ajoute ce premier mélange à un
second mélange composé de 4 cuillerées
à bouche de poussier de bois blanc tamisé
au tamis de soie, de 3 cuillerées d'esprit-
de-vin et 2 d'essence de térébenthine. On
conserve cette eau de cuivre dans une
bouteille bien bouchée, avec étiquette, et
enfermée sous clef, de manière à éviter
toute méprise. Lorsqu'on veut s'en servir,
on agite la bouteille ; on verse dans
une mauvaise assiette, qui n'a point d'autre usage, une certaine quantité du mélange ; on y trempe légèrement un chiffon de laine, et on en enduit l'objet en
cuivre *non doré* qu'on veut nettoyer. Il
faut laisser sécher un instant, puis frotter
vivement avec un morceau de peau. »

564

AUTRE.

Eau . . . . 250 gramm.
Acide oxalique. . . . . . 40 —

565

AUTRE.

Eau. . . . . 250 gramm.
Acide sulfurique . . . . . 120 —
Alun en poudre. . . . . . 8 —

566

EAU DE CHYPRE.

Mélangez :

Eau de jasmin . . . . . . 1 litre.
Eau de bergamote . . . . 1 —
Eau de violette. . . . . . 1 —
Eau de tubéreuse. . . . . 1 —
Esprit d'ambrette . . . . 1/2 —
Baume de Judée . . . . . 30 gramm.
Baume de storax. . . . . 15 —
Essence de musc. . . . . 30 —

Versez ensuite dans le mélange un de-
mi-décilitre d'eau de rose simple, et battez le tout ensemble, de manière que les

odeurs se mêlent sans que l'une domine l'autre, et cependant assez bien pour former un tout délicieux.

567

EAU DOUCE (MOYEN DE LA CONSERVER).

Il suffit de charbonner fortement l'intérieur des tonneaux avant de les emplir d'eau. *(Berthollet.)*

568

AUTRE.

Mêlez 1,500 gr. d'oyxde de noir de manganèse à chaque barrique de 250 litres d'eau. Peut se conserver ainsi plusieurs années. *(Périnet.)*

569

CLARIFICATION ET DÉPURATION DES EAUX.

Les eaux peuvent être rendues impures par des matières tenues en *suspension* ou par des substances organiques en décomposition.

Dans le premier cas, les eaux sont clarifiées par la *précipitation* produite par le repos, par la *séparation* au moyen de réactifs, par la *filtration* à travers les molécules de certains corps.

Dans le second cas, on épure les eaux par la filtration, mais en employant d'autres substances, et particulièrement le charbon.

570 ET 571

CLARIFICATION PAR LA PRÉCIPITATION OU LE REPOS.

Le moyen le plus simple pour clarifier les eaux, c'est de les recevoir dans de vastes bassins, et de les y laisser assez longtemps pour qu'elles abandonnent, par le *repos*, les substances étrangères qu'elles charrient.

Ce moyen est généralement pratiqué ; mais voici les divers inconvénients qu'il présente.

La dépuration par le repos est très-lente pour être bien exécutée ; de là la nécessité de construire de très-vastes ré-servoirs et de se livrer à de grandes dépenses.

Si les matières entraînées doivent leur origine à des substances organiques, le repos place l'eau des réservoirs dans la condition des eaux stagnantes. Ces substances éprouvent facilement, par le repos, différents degrés de décomposition ; il en résulte une altération plus ou moins sensible de l'eau, et surtout une privation de la partie de gaz oxigène qui est employée pour la décomposition de ces substances. Aussi n'obtient-on presque jamais des eaux bien limpides, même après avoir consacré à cette opération un temps beaucoup plus long que le permettent les besoins ordinaires d'une grande distribution d'eau.

572

CLARIFICATION PAR L'EMPLOI DES RÉACTIFS ET NOTAMMENT DE L'ALUN.

On a cherché divers moyens pour hâter la séparation des substances en suspension. Dans quelques établissements de Paris on a tenté l'emploi de sels qui, par une double décomposition avec les sels contenus dans les eaux, forment des sels d'une pesanteur spécifique assez grande pour se déposer promptement et entraîner avec eux les matières en suspension. Mais ces moyens, devant être modifiés d'après les changements presque continuels qui surviennent dans les proportions de sels tenus en dissolution dans les eaux, ne doivent être employés qu'avec beaucoup de précaution. On en trouve un exemple, et c'est même la seule application que nous puissions citer, dans plusieurs fabriques, et dans quelques hôpitaux, qui, pour leur service, ne peuvent employer l'eau de Seine telle que la puisent directement à la rivière les diverses pompes de la ville, lorsque des crues subites ont chargé ces eaux de parties limoneuses. Ce moyen consiste à faire usage de l'alun ou sulfate acide d'alumine et de potasse ou d'ammoniaque ; ce sel agit avec beaucoup d'efficacité pour séparer les matières étrangères en suspension dans les eaux. On n'a pas encore expliqué clairement son mode d'action dans cette opération ; on sait seulement, par l'expérience, que si dans un hectolitre d'eau très-troublée on ajoute cinq grammes environ d'alun, l'eau devient très limpide, et dans un temps assez court.

On conçoit très-bien que les éléments que ce procédé introduit dans l'eau sont en trop petite proportion pour devenir nuisibles dans les usages ordinaires. Mais ce moyen n'est cependant pas devenu d'un emploi commun, et la filtration, qui en reproduit d'ailleurs tous les avantages, sans en présenter les inconvénients, est aujourd'hui le procédé le plus généralement répandu.

Genycis,
Ingénieur des ponts et chaussées.

573 A 576

EAU DE FLEURS D'ORANGER, SIMPLE, DOUBLE, TRIPLE, QUADRUPLE.

Fleurs d'oranger récentes,
  mondées des queues. .   6 kilogr.
Eau pure. . . . .   18 —

On porte au point voisin de l'ébullition de l'eau de la cucurbite de l'alambic ; on y met alors les fleurs qu'on remue soigneusement ; on recouvre des chapiteaux, etc., et l'on distille. Si l'on retire un kilog. de produit pour chaque demi kil. de fleurs, on la nomme *eau de fleurs d'oranger double*. Si l'on retire 1 kil. 500 gr. par chaque fois 1 kilog. de fleurs on la nomme *triple* ; enfin, elle est dite *quadruple* quand on ne retire qu'un demi kilog. d'eau par demi kilog. de fleurs.

577

EAU DE JAVELLE (CHLORURE DE POTASSE).

On sature de chlore une dissolution de sept parties de carbonate de potasse dans 100 parties d'eau.

578

EAU STYPTIQUE DE BROCCHIÉRI.

On fait macérer pendant douze heures du bois de sapin coupé menu et concassé avec le double de son poids d'eau ; puis on distille jusqu'à ce qu'on ait obtenu en produit le poids du bois employé. On abandonne cet hydrolat au repos pendant vingt-quatre heures, après quoi l'on en sépare avec soin l'huile volatile qui peut s'être rassemblée. Avant de mettre cette eau en usage, il est nécessaire de l'agiter.

(*Martin.*)

579

EAU HÉMOSTATIQUE DE LÉCHELLE.

Feuilles de noyer, de charbon bénit, d'aigremoine, d'eupatoires, de ronces, de millepertuis, de marum, de menthe, de calament, de basilic, de sauge, de romarin, de thym, de chaque 500 grammes. — Fleurs de roses, de soucis, d'arnica, de chaque 125 grammes — Ecorce de chêne, de grenade, de chaque 1,000 grammes. — Racines de ratanhia, de gentiane, de garance, de chaque 500 grammes. — Bourgeons de sapin, de peuplier, de chaque 1,000 grammes.

580

EAU DE LAVANDE ANGLAISE.

Alcool rectifié . . . . . .   755 gramm.
Eau de roses . . . .   375 —
Essence de bergamote . .   4 —
Ambre gris . . . .   20 centigr.
Ammoniaque liquide. . .   2 gramm.
Musc. . . . .   20 centig.
Huile de lavande. . . . .   15 gramm.
Fleurs de lavande . . . .   30 —

Distillez pour obtenir 1 kilog. de produit.

581

EAU HÉMOSTATIQUE (NEDJABIN).

Castoréum de Sibérie . .   30 gramm.
Ambre gris . . . .   30 —
Seigle ergoté . . . .   125 —
Baume de la Mecque. . .   12 —
  — du Canada . . . .   60 —
Cannelle . . . .   420 —
Fleurs de romarin . . . .   750 —

Sommités de menthe poi-
vrée. . . . . 560 gramm.
Huile de cajeput. . . . . 15 —
Alcool rectifié. . . . . . . 500 —
Eau. . . . . q. s.

Contusez ou incisez toutes les matières, faites macérer pendant 12 heures
dans l'eau alcoolique, et distillez pour retirer 8,750 grammes de produit.

582

EAU DE MÉLISSE DES CARMES.

Mélisse récente et fleurie 398 gramm.
Angélique . . . . 68 —
Hyssope . . . . 45 —
Marjolaine . . . . 45 —
Thym. . . . . 45 —
Romarin . . . . 38 —
Cannelle fine. . . . . . . 45 —
Coriandre. . . . . 45 —
Girofle . . . . 38 —
Muscade . . . . 38 —
Anis . . . . 15 —
Ecorce de citron. . . . . 30 —
Alcool à 22°. . . . . 4 kil. 500

Après quelques jours de macération,
distillez au bain-marie et rectifiez. Cette
eau de mélisse est très-suave, et ne diffère
en rien de celle des Carmes.

583

EAU DE MER (PROCÉDÉ POUR LA RENDRE
POTABLE).

Le meilleur procédé est celui de la *congélation*, qui n'atteint que l'eau non nécessaire à la dissolution des sels ; la glace
fondue fournit de l'eau douce, saine et
agréable, lorsqu'on a eu le soin de l'aé-
rer.

584

EAU DE MIEL ODORANTE (POUR PARFUMER
LES MOUCHOIRS).

Miel de Narbonne. . . . 500 gramm.
Coriandre . . . . 500 —
Zestes frais de citron. . . 30 —
Girofle. . . . . 24 —
Muscade . . . . 30 —
Benjoin. . . . . 30 —
Storax calamite. . . . . . 30 —

Eau de rose . . . . 125 gramm.
Eau de fleurs d'oranger . 125 —
Alcool à 33° . . . . 1 kil. 500

Mêlez le tout ensemble, laissez digérer
quelques jours ; passez et filtrez.

585

EAU DE LA REINE DE HONGRIE.

Faites infuser dans 1 litre d'alcool :

400 grammes de sommités fleuries de romarin.
100 — de lavande et
100 — de marjolaine.

Après quelques jours on passe et on
filtre.

586

EAU DE MIEL ODORANTE DE LONDRES.

Eau. . . . . 1 litre.
Miel . . . . 30 gramm.
Essence de bergamote. . 2 —
Essence de néroli. . . . . 1 —
Teinture d'ambre. . . . . 1 —
— de safran. . . . 250 —

587

EAU DE MUSC DES INDES.

Mêlez :

Esprit-de-vin rectifié. . . 2 litres.
Esprit d'ambrette. . . . . 1 —
Baume de tolu . . . . . . 60 gramm.
Teinture de vanille . . . 30 —
Essence de musc. . . . . 30 —
Essence d'ambre. . . . . 8 —

Eau de rose, quantité suffisante pour
adoucir convenablement le parfum de cette
composition.

588

EAU DES ODALISQUES (BACHEVILLE).

Pour composer 5 litres de ce cosmétique, prenez :

Alcool à 32° . . . . 4 litres.
Eau de rose . . . . 1 —
Cochenille du Mexique. . 2 gramm.
Crème de tartre soluble . 125 —
Styrax . . . . 45 —
Baume liquide du Pérou . 20 —
Baume sec du Pérou. . . 20 —
Galanga . . . . 30 —
Racine de pyrèthre. . . . 45 —

Racine de souchet	45 gramm.
Vanille.	4 —
Ecorce d'orange sèche. .	8 —
Cannelle fine.	4 —
Essence de menthe. . . .	4 —
Racine d'angélique de Bohême.	4 —
Semence d'aneth	4 —

Faites infuser pendant huit jours et filtrez.

« Cette liqueur cosmétique s'emploie en frictions, en lotions, en bains. Pour les lotions, il faut la mêler avec six parties d'eau ordinaire. Elle est encore utile pour entretenir la fraîcheur de la bouche : alors on ajoute à 4 cuillerées d'eau tiède ou froide 25 gouttes de cette liqueur. Si les gencives sont saignantes et gonflées, il est nécessaire de doubler la dose et de se gargariser plusieurs fois par jour. »

589

EAUX DE PUITS (LEUR RENDRE LA PROPRIÉTÉ DE CUIRE LES LÉGUMES, DISSOUDRE LE SAVON).

500 grammes de sous-carbonate de soude peuvent rendre aux usages domestiques 300 litres d'eau de puits.

Le sel de soude est dissous dans **10** litres d'eau froide ; on verse cette solution dans le baquet contenant les 3 hectolitres d'eau de puits ; on brasse cinq minutes, et après 24 à 36 heures, l'eau est purifiée et limpide.

590 à 593

EAU DE ROSE SIMPLE, DOUBLE, TRIPLE, QUADRUPLE.

Si l'on veut obtenir environ 7 kilogrammes 500 grammes d'eau de rose, prendre :

| Pétales de roses récentes. | 7 kil. 500 |
| Eau. . . . . | 20 kil. |

Si l'on veut obtenir cette eau plus forte ou plus chargée d'huile essentielle, on la redistille sur une nouvelle quantité de roses, ou bien l'on en retire un produit moindre à la distillation. Ainsi, comme il y a de l'eau de fleurs d'oranger *simple, double, triple, quadruple*, il peut y avoir

également de l'eau de rose *simple, double, triple* et *quadruple*.

594

EAU SECONDE (FORMULE EMPLOYÉE PAR LES ORFÈVRES).

| Eau. . . . . | 1 litre. |
| Acide azotique . . . . . . | 1 — |

595

AUTRE (employée par les peintres).

| Eau . . . . | 12 kilog. |
| Potasse du commerce. . . | 4 — |

Faites dissoudre.

596

EAU SÉDATIVE (FORMULE DE M. RASPAIL).

Eau sédative ordinaire.

Ammoniaque liquide à 22°	60 gramm.
Alcool camphré	10 —
Sel marin	60 —
Eau ordinaire.	1 litre.

597

Eau sédative moyenne.

Ammoniaque.	80 gramm.
Alcool	10 —
Sel.	60 —
Eau	1 litre.

598

Eau sédative très-forte.

Ammoniaque.	100 gramm.
Alcool	10 —
Sel	60 —
Eau	1 litre.

599

EAUX SÉLÉNITEUSES (PROCÉDÉ POUR FAIRE CESSER LEUR INSALUBRITÉ).

Versez un peu de carbonate de potasse sur ces eaux, et séparez ensuite, au moyen du filtre, le carbonate de chaux précipité.

600

EAU DE SELTZ ARTIFICIELLE.

| Chlorure de calcium cristallisé. . . . . | 38 **centigr.** |

Chlorure de magnésium cristallisé.	57 centigr.
Chlorure de sodium . . .	110 —
Carbonate de soude crist.	90 —
Phosphate de soude crist.	7 —
Sulfate de soude crist. . .	5 —
Acide carbonique	5 vol.
Eau pure.	625 gramm.

Faites dissoudre dans l'eau, d'une part, les sels de soude, et d'autre part les chlorures terreux; mélangez les liqueurs et chargez-les d'acide carbonique; recevez l'eau saline gazeuse qui en résultera dans des bouteilles que vous boucherez aussitôt. Cette eau gazeuse et saline est destinée à remplacer l'eau de Seltz naturelle : elle est plus chargée d'acide carbonique, et, sous ce rapport, elle est souvent préférable. *(Bouchardat.)*

601

POUDRE POUR L'EAU DE SELTZ.

| Bicarbonate de soude. . . | 8 gramm. |
| Acide citrique cristallisé. | 10 — |

Introduisez dans une bouteille pleine d'eau, bouchez tout de suite.

602

EAU DE TOILETTE.

On fait infuser pendant 10 ou 12 jours, dans 800 gr. d'alcool à 22°, les substances suivantes : benjoin, encens, gomme arabique, 10 gr. de chaque; girofle, muscade, 5 gr. ; amandes douces, iris de Florence, 15 gr. ; essence de roses, de bergamote, de citron de Portugal, 10 gouttes. On décante ensuite le mélange; on passe le dépôt avec expression; et, après avoir filtré tout le liquide, on le conserve dans des flacons bien bouchés.

603

EAU-DE-VIE (PRÉPARATION DE L').

Trois-six réduit au titre voulu avec de l'eau. On y ajoute un peu d'huile douce de vin.

604

COLORATION DES EAUX-DE-VIE.

Employer la *mélasse caramélisée;* la liqueur acquiert ainsi une couleur et une saveur agréables.

605

MOYEN DE VIEILLIR L'EAU-DE-VIE.

Ajoutez par litre d'eau-de-vie récente trois gouttes d'ammoniaque liquide : cette substance neutralise la petite quantité d'acide acétique contenu dans l'eau-de-vie, acide qu'elle ne perd qu'en vieillissant.

606

MOYEN D'OTER LE GOUT DE MARC A L'EAU-DE-VIE.

Pour 12 litres d'eau-de-vie laissez infuser pendant 6 jours 30 grammes de genièvre ; passez ensuite.

607

EAU-DE-VIE D'ANDAYE (LIQUEUR).

Pour cinq litres :

| Sucre blanc. . . . . | 2,500 gramm. |

Faites fondre sur le feu dans :

| Eau. . . . . | 1 lit. 3/4 |

Ajoutez :

| Alcool à 33°. . . . . | 2 lit. |

Puis :

Essence de badiane. . . .	1 gramm.
Extrait de jasmin.	4 —
Essence de girofle.	5 gouttes.
— de cannelle . . .	2 —

Filtrez après un mois.

608

EAU-DE-VIE (MOYEN ARTIFICIEL DE LA VIEILLIR).

Pour 10 litres, faites infuser :

| Thé noir. . . . . | 3 gramm. |
| Tilleul (fleurs de) . . . . | 3 — |

Dans :

| Eau . . . . | 150 — |

Laissez refroidir et passez.

Dans 1 litre d'esprit à 33°, faites macérer pendant 24 heures 50 centigr. de macis (capsule qui entoure la muscade); mêlez ce liquide avec l'infusion et versez dans 10 litres d'eau-de-vie. Filtrez après 3 jours. Colorez avec caramel s'il est besoin.

609

EAU-DE-VIE DE COGNAC (MOYEN DE L'IMITER).

On prend une certaine quantité d'esprit-de-vin de très-bon goût à 32°; on fait une infusion de capillaire de Montpellier, à raison de 15 gr. de capillaire pour 2 litres d'eau; on passe l'infusion à la chausse; et, après avoir ajouté 250 gr. de sucre brut pour 2 litres d'infusion, on mêle l'esprit de vin à cette infusion jusqu'à ce qu'il soit descendu de 32° à 18° ou 22°. On ajoute dans le vase qui contient le liquide, et pour une quantité de 20 litres, une poignée de copeaux blancs de sapin bien frais et bien choisis; et, si l'eau-de-vie n'est pas suffisamment colorée, on peut en foncer la couleur avec du caramel. Lorsque l'eau-de-vie a acquis un léger goût de résine, on la soutire et on la met en bouteilles.

610

EAU-DE-VIE DE DANTZIG (LIQUEUR).

Pour 5 litres :

Sucre blanc . . . . 2,500 gramm.

Faites fondre sur le feu dans :

Eau. . . . . 1 lit. 3/4

Ajoutez :

Alcool à 33° . . . . 2 lit.

Puis :

Essence de citrons . . . . 2 gramm.
— de macis. . . . . 5 gouttes.
— de cannelle . . . 2 gout.1/2

Filtrez au papier.

Ajoutez : Feuilles d'or coupées par petits morceaux, 1 feuille par bouteille.

611 ET 612

CONSERVATION DES EAUX-DE-VIE ET PRÉPARATION DES FUTAILLES.

Le choix du bois pour les barriques et sa préparation ne sont pas indifférents. On emploie le plus ordinairement ceux de chêne et de châtaignier. Celui qui vient de Naples est le plus estimé. Ce bois contient, suivant les localités, l'exposition et l'âge des arbres, une plus ou moins grande quantité d'une substance extracto-résineuse qui communique au vin et à l'eau-de-vie un goût particulier qu'on nomme *goût de fût* ou de futaille. On s'en préserve en partie en n'employant que du bois sec, et en exposant à la chaleur, pendant un peu de temps, les parties intérieures des douves, afin de leur faire subir un commencement de carbonisation. Les eaux-de-vie ou esprits, introduits dans des barriques dont le bois contient de ce principe extracto-résineux, acquièrent une légère couleur ambrée, et au bout de quelque temps déposent au fond de la barrique une matière blanchâtre de nature résineuse. Pour corriger ce vice de futaille, on prend 3 kilog. (6 livres) d'acide sulfurique qu'on étend d'un seau d'eau; on le verse dans la barrique; on bouche la bonde, et on la place droite sur un de ses fonds; après une heure, on la tourne sur l'autre fond, et quand celui-ci a été bien imbu de l'eau acidulée, on couche la barrique et on la roule sur elle-même, à plusieurs reprises dans la journée. Le lendemain, on verse la liqueur et on rince la barrique à l'eau pure. Par ce moyen, l'eau-de-vie ni le vin qu'on y met ensuite ne contractent plus ni couleur, ni odeur, ni saveur étrangères. Ce procédé est très-usité dans tout le midi de la France, où nous l'avons fait connaître.

Les eaux-de-vie que l'on veut conserver ou laisser vieillir ne doivent pas être mises dans des vases en bois, parce que, malgré la bonne qualité de celui-ci et les préparations qu'on lui a fait subir : soit le charbonnage interne, soit le lavage à l'eau bouillante, ou celui au moyen de l'acide sulfurique que nous avons indiqué, elles acquièrent à la longue un goût étranger. Il vaut donc mieux les mettre en bouteilles bien bouchées et bien goudronnées, et les tenir couchées et dans un local frais, afin d'éviter la distillation que la chaleur pourrait faire acquérir à l'eau-de-vie, et produire par suite le départ du bouchon ou la rupture du vase.

(Cardelli.)

613

EAUX DE COULEUR POUR FLACONS DE DEVANTURES.

EAU BLANCHE.

Eau pure.	1,000 gramm.
Savon amygdalin	12 —
Pommade aux concombres	90 —

Bien diviser le savon à l'aide de la pommade, puis ajouter l'eau peu à peu.

614

EAU D'UN BLEU MAGNIFIQUE.

Dissolution de sulfate de cuivre dans l'eau; on y ajoute un excès d'ammoniaque.

615

EAU BLEU DE PRUSSE.

Bleu de Prusse.	5 décigr.
Acide oxalique	1 gramm.
Eau.	500 —

616

EAU CHAMOIS.

Perchlorure de fer. . . .	25 gramm.
Eau.	q. s.

617

EAU JAUNE.

Dissolution acidulée de chromate de potasse jaune additionnée de carbonate de potasse.

618

EAU LILAS.

Solution de carbonate d'ammoniaque mêlée à une solution de nitrate de cobalt jusqu'à ce que le précipité se redissolve. Ajoutez ensuite un peu de sulfate de cuivre ammoniacal.

619

EAU POURPRE.

Sulfate de cuivre. . . .	30 gramm.
Carbonate d'ammoniaque	45 —
Eau	1,000 —

620

EAUX ROUGES.

Dissolution de chromate de potasse rouge.

621

AUTRE.

Carmin dissous dans l'ammoniaque.

622

AUTRE.

Décoction de garance additionnée de carbonate d'ammoniaque.

623

EAU VIOLETTE.

Sulfate de cuivre ammoniacal.

Ajoutez :

Eau de lilas.	q. s.

624

EAU ROUGE.

Infusion de fleurs de coquelicot.

625

AUTRE.

Infusion d'oseille.

626

AUTRE.

Infusion de tournesol.

627

EAUX VERTES.

Dissolution de sulfate de cuivre, à laquelle on ajoute :

Acide chlorhydrique . . . q. s.

628

AUTRE.

Dissolution de sulfate de cuivre.

Ajoutez :

Hypochlorite de soude . . q. s.

629

AUTRE.

Solution d'un sel de nickel.

630

AUTRE.

Solution de sulfate de cuivre.

Ajoutez :

Bichromate de potasse. . . . . q. s.

631

AUTRE.

Solution de sulfate de cuivre, à laquelle on ajoute :

Acide azotique . . . . . . q. s.

632 A 636

EAUX DISTILLÉES.

EAU DISTILLÉE DE LAITUE.

Tiges fraîches de laitue. . 5 kilogr.
Eau commune . . . . . 10 —

Pilez les tiges de laitue ; mettez-les avec l'eau dans la cucurbite d'un alambic, et distillez à un feu modéré jusqu'à ce que le produit obtenu soit de 5 kilogr.

On prépare de même les eaux distillées de :

Bourrache,
Plantin,
Pariétaire,
Bluet.

637 ET 638

EAU DISTILLÉE DE COCHLÉARIA.

Feuilles fraîches de cochléaria. 1 kil.
Eau commune . . . . q. s.

Contusez la plante, mettez-la promptement dans un alambic ordinaire, avec assez d'eau pour qu'elle en soit recouverte, et distillez à un feu modéré jusqu'à ce que vous ayez obtenu en produit 1 kilogr.

On préparera de la même manière l'eau distillée de cresson.

639 A 641

EAU DISTILLÉE DE LAURIER-CERISE.

Feuilles récentes de lau-
rier-cerise. . . . . . . 1 kilogr.
Eau commune . . . . . . 2 —

Incisez les feuilles et distillez-les avec l'eau à un feu modéré, jusqu'à ce que vous ayez obtenu , liqueur distillée, 1 kilogr.

On préparera de la même manière les eaux distillées de :

Feuilles de pêcher,
— d'amandier.

Les feuilles de laurier-cerise devront être récoltées au milieu de l'été, et l'on aura le soin de filtrer le produit de la distillation à travers un filtre mouillé pour séparer complétement l'huile essentielle qui pourrait rester en suspension.

642 A 644

EAU DE ROSES.

Pétales de roses pâles . . 1 kilogr.
Eau commune . . . . . . q. s.

Distillez à la vapeur jusqu'à ce que vous ayez obtenu, eau distillée, 4 kilogr.

On préparera de même les eaux distillées de :

Coquelicot,
Nymphæa.

645 A 649

EAU DISTILLÉE DE TILLEUL.

Fleurs sèches de tilleul. . 1 kilogr.
Eau commune . . . . . . q. s.

Distillez à la vapeur jusqu'à ce que vous ayez obtenu, eau distillée, 4 kilogr.

On préparera de même les eaux distillées de :

Mélilot,
Sureau,
Origan,
Serpolet.

650 A 654

EAU DISTILLÉE DE MENTHE POIVRÉE.

Sommités fraîches de
   menthe poivrée..... 1 kilogr.
Eau commune ...... q. s.

Distillez à la vapeur pour obtenir, eau distillée, 1 kilog.

On préparera de même les eaux distillées de :

Hyssope,
Mélisse,
Armoise,
Pouliot.

655 A 660

EAU DISTILLÉE DE LAVANDE.

Sommités fl. fraîches de
   lavande .... 1 kilogr.
Eau commune ...... q. s.

Distillez à la vapeur jusqu'à ce que le produit obtenu soit de 1 kilogr.

On préparera de même les eaux distillées de :

Sauge,
Thym,
Absinthe,
Tanaisie,
Lierre terrestre.

661 A 667

EAU DISTILLÉE D'ANIS.

Semences d'anis..... 1 kilogr.
Eau commune ...... q. s.

Distillez à la vapeur pour obtenir, eau distillée, 400 gr.

On préparera de même les eaux distillées de :

Semences de persil,
   — de fenouil,
   — d'angélique,
Anis étoilé,

Baies de genièvre,
Racine de valériane.

668 A 672

EAU DISTILLÉE DE CANNELLE.

Cannelle de Ceylan...... 1 kil.
Eau commune .... q. s.

Laissez macérer pendant 12 heures; distillez ensuite à feu nu, en faisant bouillir doucement, jusqu'à ce que vous ayez obtenu 4 kilogr. de produit.

On préparera de même les eaux distillées de :

Sassafras,
Cascarille,
Girofle,
Piment.

(Bouchardat.)

673

ÉCLAIRAGE (COMPOSITION D'UN LIQUIDE ÉTHÉRÉ PROPRE A L').

Mélanger ensemble les substances suivantes :

Alcool rectifié ...... 8 kilogr.
Essence de térébenthine
   rectifiée .... 3 —
Ether à 50° .... 1 —
Essence de lavande ... 15 gramm.

La composition de ce liquide est proportionnée de manière à donner une lumière intense, exempte de fumée, même en brûlant sans verre à l'air libre. Il ne donne pas d'odeur et est d'un prix modique.

674

ÉCREVISSES (CONSERVATION DES).

Placer les écrevisses dans un baquet, sur un lit d'orties et d'herbes; sinon, mettez-y 2 centim. d'eau qu'on changera très-souvent. Ne pas couvrir le baquet, qui doit être à une température fraîche dans un caveau ou un cellier.

675

ÉCRITURE (MOYEN DE FAIRE REVIVRE LA VIEILLE).

Prenez un quart de litre d'esprit de vin, 5 ou 6 petites noix de galle réduites en poudre ; on présente ensuite le parchemin ou le papier dont on veut faire revivre l'écriture à la vapeur de l'esprit de vin que l'on fait chauffer, et ensuite on passe sur l'écriture un pinceau ou du coton que l'on a trempé dans le mélange d'esprit de vin et de noix de galle. On peut encore, si l'on a de vieux parchemins ou de vieux papiers dont on ne puisse pas lire l'écriture du tout, ou sans beaucoup de peine, les tremper totalement dans l'eau où l'on aura fait dissoudre de la couperose, et on les laissera sécher; la couperose en fera reparaître l'écriture avec un air neuf.

676

MOYEN DE RESTAURER L'ÉCRITURE EFFACÉE.

On commence par brosser légèrement la lettre avec de l'acide chlorhydrique étendu d'eau; l'acide dont on se sert est celui qu'on vend dans toutes les pharmacies. Dès que le papier est complètement humecté, on le brosse avec une solution saturée de prussiate jaune de potasse, et l'écriture ne tarde pas à reparaître sous la couleur du bleu de Prusse. Pour cette dernière opération, le liquide doit être employé en abondance, et on doit prendre soin de ne pas brosser trop fortement, de peur d'arracher le papier.

Ce résultat est dû à une action chimique des plus simples. En effet, le fer que contient l'encre à écrire étant incorporé aux fibres du papier, l'emploi du prussiate de potasse donne lieu à la formation du bleu de Prusse. Quant à l'acide chlorhydrique, son action n'a d'autre but que de placer le fer dans des circonstances favorables à l'action du prussiate.

Cela fait, on lave la lettre dans l'eau pure, on la met ensuite entre des feuilles de papier buvard, et on achève de la sécher en la tenant simplement devant le feu.

Si l'écrit a une valeur qui en réclame la conservation, on fera bien, avant de le serrer, de le tremper dans une solution de colle de poisson.

Enfin on pourra ajouter un peu de prus-

siate rouge ou prussiate jaune de potasse, cette addition ayant quelquefois pour effet de rendre la couleur plus apparente.

Des lettres devenues illisibles par suite de l'action de l'eau de mer, ont été rendues, par ce procédé, à leur état primitif.

677

ELIXIR DE GARUS.

Safran	32 gramm.
Cannelle	24 —
Girofle	12 —
Muscade	12 —
Aloès	6 —
Myrrhe	6 —
Alcool à 32°	6 kilogr.

Faites macérer pendant 4 jours, distillez à moitié au bain-marie.

D'autre part, faites infuser 60 gr. de capillaire du Canada dans 4 kilogr. d'eau bouillante ; ajoutez à l'infusion filtrée 500 gramm. d'eau distillée de fleurs d'oranger; faites dissoudre à froid, dans ce liquide, 6 kilogr. de sucre blanc ; on réunit ensuite le sirop ainsi obtenu au produit alcoolique de la distillation. On ajoute ordinairement à l'élixir une quantité suffisante de teinture de safran pour lui donner une teinte citrine agréable. Cet élixir constitue une excellente liqueur de table.

678

ÉLIXIR DE LA GRANDE-CHARTREUSE.

Mélisse fraîche	600 gramm.
Hyssope id	640 —
Angélique id	320 —
Cannelle	160 —
Safran	40 —
Macis	40 —

Après 8 jours de macération dans 10 litres d'alcool, distillez. Ajoutez 1250 gr. de sucre.

679

ÉLIXIR DE LONGUE VIE.

On fait macérer pendant 15 jours, dans 1 kilogr. d'eau-de-vie ou d'alcool à 22°

2 gr. de chacune des substances suivantes : agaric blanc, racine de gentiane, racine de rhubarbe, safran, cannelle, zédoaire. Vers la fin de la macération, on ajoute 18 gr. d'aloès et 15 gr. de sucre.

680

ELIXIR ANTIGLAIREUX.

Scammonée.	20	gramm.
Jalep.	20	—
Rhubarbe.	âa 5	—
Calamus aromaticus	âa 5	—
Genièvre.	âa 5	—
Nitrate de potasse	10	—
Sucre	250	—
Alcool à 18°.	1,000	—

Dose : 1 à 2 cuillerées à bouche.

Cette formule a été donnée par M. Clary pour remplacer l'*élixir antiglaireux de Guillé.*

681

ÉLIXIR DE PEPSINE.

Sirop de cerises	60	gramm.
Alcolat de Garus.	45	—
Eau distillée	45	—

Pepsine acidifiée. Quantité suffisante pour faire 10 doses.

Agitez souvent. Après 24 heures de contact, filtrez. *Dose :* une cuillerée à soupe ou un verre à liqueur pendant le repas.

(*L. Corvisart*)

682

ÉMAIL (COMPOSITION DE L').

Silice	31,6
Potasse.	8,3
Oxyde de plomb	50,3.
Oxyde d'étain.	9,8

683

NOUVEAU PROCÉDÉ D'ÉMAILLAGE DU FER.

Un Américain, M. Ch. Stumer, a trouvé, pour recouvrir la surface du fer et d'autres métaux, un émail très-adhérent, non susceptible de se briser par le choc ou par l'application de la chaleur, et qui peut recevoir toutes les nuances de coloration possibles.

Voici deux recettes pour la composition de cet émail.

I

Sable.	448	gramm.
Terre de pipe.	56	—
Salpêtre	21	—

II

Verre blanc	198	—
Sable.	112	—
Oxyde d'étain	208	—
Borax.	168	—
Soude	42	—
Salpêtre	84	—
Argile blanche.	35	—
Magnésie.	28	—
Craie blanche.	7	—
Écailles d'huîtres.	3	—

Dans l'un et l'autre cas, les matières sont pulvérisées et mêlées avec de l'eau gommée.

684

EMBAUMEMENT (PROCÉDÉ D').

POUDRE POUR LES EMBAUMEMENTS.

Poudre de noix de galle.	10	kilogr.
— de tan	1,000	gramm.
— de sel marin	7,500	—
— de nitrate de potasse.	2,500	—
— de romarin	2,500	—
— de lavande.	2,500	—
— de sauge.	3,500	—
— de thym	3,500	—
— de menthe poivrée	3,500	—
— d'aloès succotrin.	2,500	—
— de benjoin.	2,500	—
— de myrrhe.	2,500	—
— de gingembre	230	—
— de girofle.	2,500	—
— de muscade	2,500	—
— de poivre noir.	2,500	—

685

EAU POUR LA CONSERVATION DES CADAVRES (GANNAL).

Sel de cuisine.	1,000	gramm.
Alun	1,000	—
Nitrate de potasse	500	—
Eau.	20	kilogr.

686

PROCÉDÉ SUQUET POUR EMBAUMER.

On injecte dans les vaisseaux une dissolution concentrée d'hyposulfite de soude : on baigne les parties découvertes et les pièces d'anatomie dans une dissolution de chlorure de zinc.

Ce moyen est très-précieux pour faciliter les dissections et conserver les pièces d'anatomie.

Pour embaumer un cadavre, on injecte dans la carotide 4 à 6 litres d'une dissolution de chlorure de zinc à 45°.

687

MÉLANGE POUR CONSERVER LES DÉPOUILLES D'ANIMAUX.

Arsenic	32 parties.
Carbonate de potasse	12 —
Eau distillée	32 —
Savon de Marseille	32 —
Chaux vive	4 —
Camphre	1 —

688

LIQUEUR POUR CONSERVER LES ANIMAUX (GANNAL).

On fait bouillir ensemble 1 kilogr. de sulfate simple d'alumine, 100 gr. de noix vomique en poudre et 3 litres d'eau, jusqu'à ce que le tout soit réduit à 1 litre 1/2 de liquide. Quand ce mélange est refroidi, on tire à clair.

689

ENCAUSTIQUE.

1° *Pour meubles.* Faites fondre dans un vase de cuivre 250 gr. de cire jaune; au moment où elle est bouillante, ajoutez peu à peu, et en remuant, 500 gr. d'essence de térébenthine qu'on aura fait préalablement tiédir. Après avoir versé le mélange dans un pot de faïence, on continue de l'agiter jusqu'à ce qu'il soit complétement refroidi.

690

« On peut donner à cet encaustique l'éclat d'un beau vernis en ajoutant 60 gr. de litharge en poudre à la cire jaune pure, quand elle est fondue. Ce mélange, remué continuellement et exposé à une chaleur modérée, prend bientôt une couleur brune; il faut alors le laisser refroidir. Le lendemain, on enlève le dépôt laissé par la litharge au fond du mélange, et on ajoute à la cire l'essence de térébenthine, dans les proportions indiquées ci-dessus. »

691

2° *Pour parquet.* « Placez sur le feu un vase contenant 3 litres d'eau, dans laquelle on fait fondre 500 gr. de cire jaune coupée en petits morceaux, 125 gr. de savon de Marseille ou de savon vert en pâte, et 100 gr. de potasse blanche. On diminue ou on augmente ces doses, suivant la quantité d'encaustique dont on a besoin. Quand les substances sont dissoutes et bien mélangées, sans être portées jusqu'à l'ébullition, on retire le vase du feu, et on remue le mélange jusqu'à son entier refroidissement. »

692

ENCENS D'ÉGLISE (COMPOSITION DE L').

Oliban	250 gramm.
Benjoin	125 —
Storax	60 —
Sucre	50 —
Nitre	75 —
Cascarille	30 —

Mêlez avec soin.

693

ENCRE NOIRE.

Noix de galle concassées	1,500 gramm.
Protosulfate de fer	1,000 —
Sulfate de manganèse	100 —
Ecorce de chêne	200 —
Gomme arabique commune	500 —
Eau commune	20 kilog.

Faire bouillir pendant deux heures, en remplaçant au fur et à mesure l'eau d'évaporation; laisser déposer trois jours; faire bouillir de nouveau 2 heures en y ajoutant :

Perchlorure de fer. . . .	30 gramm.
Carbonate de fer	60 —

Passer sur un linge avec expression; laisser déposer 8 jours; filtrer au papier et compléter le volume de 20 litres de liquide. Si on veut conserver cette encre, il sera bon de l'additionner de 200 gr. d'alcool à 36° B. ou de 10 gr. d'huile de goudron de houille rectifiée.

(*Robiquet.*)

694

AUTRE.

Chromate de potasse. . .	50 gramm.
Bois de Fernambouc. . .	500 —
Eau.	5 kilog.

Faites bouillir le bois dans l'eau, passez et ajoutez le chromate.

(*Runge.*)

695

AUTRE.

Noix de galle concassées	2 kilog.
Bois de campêche	150 gramm.

Faites macérer pendant 36 heures dans 10 litres d'eau distillée ou d'eau de rivière filtrée; maintenez la température du mélange près de l'ébullition pendant 2 heures; filtrez dans une chausse et ajoutez :

Sulfate de fer.	1,000 gramm.
Gomme arabique.	1,000 à 1,200

que vous aurez fait dissoudre à part dans au moins 5 litres d'eau. Agitez bien le tout et laissez exposé à l'air pendant 2 ou 3 jours. Décantez, aromatisez avec 60 ou 80 gouttes d'huile essentielle de lavande, et mettez en bouteilles.

(*Payen*).

696

ENCRE QUI N'OXYDE PAS LES PLUMES MÉTALLIQUES.

Prenez 50 litres de décoction de bois de campêche et 500 gr. de chromate de potasse. Faites bouillir le bois de campêche dans une quantité suffisante d'eau pour qu'une décoction de 10 kilogr. de bois produise 80 litres de liquide. Lorsque ce liquide est refroidi, ajoutez le chromate de potasse et mélangez vivement.

697

ENCRE AUTOGRAPHIQUE.

Prenez :

Cire vierge.	16 gramm.
Savon blanc	4 —
Gomme laque	4 —
Noir de fumée.	6 cuiller.

Faites fondre la cire et le savon, et avant que le mélange ne s'enflamme, ajoutez le noir de fumée. Laissez brûler 30 secondes; éteignez et ajoutez peu à peu la gomme laque.

Remuez le tout avec une spatule.

698

COMPOSITION D'UNE BONNE ENCRE DE CHINE.

On prend de la gélatine fluide et non susceptible de se prendre en gelée par une longue ébullition; on en précipite une partie par une infusion aqueuse de noix de galle ; on fait dissoudre ce précipité par l'ammoniaque, puis on ajoute le reste de la gélatine altérée; il faut que cette solution soit assez épaisse pour former, avec le noir de fumée, une pâte consistante susceptible d'être moulée.

Le noir de fumée doit être choisi de la plus grande ténuité possible. On peut prendre celui qui, dans le commerce, est connu sous le nom de *noir léger fin*. On le mêle avec une quantité suffisante de la colle préparée; on y ajoute un peu de musc ou quelque autre aromate, pour masquer l'odeur désagréable de la colle; puis on broie le tout avec soin sur une glace à l'aide d'une molette. On donne ensuite à la pâte épaisse ainsi obtenue la forme de bâtons ou parallélipipèdes rectangles, à l'aide de moules en bois incrustés de lettres et dessins qui doivent paraître en relief sur toutes les faces.

On fait dessécher lentement ces bâtons en les tenant recouverts de cendres; enfin, la plupart sont dorés par l'application d'une feuille d'or sur toute leur superficie humectée.

699

AUTRE.

Prenez des féverolles noires séchées, brûlez-les et mettez-les en poudre; mêlez-les avec de l'eau de gomme arabique, formez-en une masse, pressez-la bien et laissez-la sécher.

700

EXCELLENTE FORMULE D'ENCRE INDÉLÉBILE.

Garance	30 gramm.
Indigo	30 —
Eau	q. s.

Faites bouillir le mélange, et, dès que cette décoction a pris une couleur pourpre très prononcée, on y ajoute un huitième de son poids d'acide sulfurique. Cette encre est d'abord pâle sur le papier; mais il suffit de l'exposer quelques moments devant le feu pour qu'elle devienne très noire. Elle est ineffaçable.

701

ENCRE D'HORTICULTURE.

Vert-de-gris	1	partie.
Sel ammoniac en poudre.	1	—
Noir de fumée	1/2	—
Eau	10	—

Mêlez les trois poudres dans un mortier de verre ou de porcelaine, en y ajoutant une partie de l'eau pour obtenir une pâte bien homogène ; après quoi versez-y le reste de l'eau. Cette encre s'emploie spécialement pour écrire sur le zinc, et peut servir, non seulement pour étiqueter les plantes dans les jardins botaniques, mais encore pour marquer des objets placés dans les lieux bas et humides. Il faut avoir soin de l'agiter de temps en temps.

702

AUTRE.

Faites dissoudre une partie de cuivre dans dix parties d'acide azotique, et ajoutez dix parties d'eau.

703

ENCRE D'IMPRIMERIE (ENCRE TYPOGRAPHIQUE).

Noir de fumée et huile de lin bouillie jusqu'à consistance très forte.

704

ENCRE D'ORIENT (TRÈS-BELLE).

Gomme arabiqu en poud.	64 gramm.	
Noix de galle id	32	—
Sulfate de fer.	16	—
Noir de fumée.	16	—
Eau.	q. s.	

Triturez et mélangez les substances, en y ajoutant l'eau jusqu'à consistance d'encre.

705

ENCRE BLEUE.

Mêlez 30 gr. de crème de tartre et autant de vert-de-gris dans 100 gr. d'eau ; le liquide étant réduit à moitié par l'ébullition, ajoutez de la gomme arabique en poudre. Cette encre est d'un beau bleu foncé.

706

ENCRE JAUNE.

Dans 500 gr. d'eau bouillante, faites dissoudre 15 gr. d'alun en poudre et 125 gr. de graine d'Avignon ; quand ce mélange a bouilli pendant une heure, filtrez et ajoutez 4 gr. de gomme arabique. — On peut encore préparer cette encre en faisant dissoudre simplement de la gomme-gutte dans de l'eau aluminée.

707

ENCRE D'OR.

Poudre d'or	5 gramm.
Eau gommée	q. s.

708

ENCRE D'OR (PRÉPARATION DE L').

« On broie dans un mortier de l'or en feuilles avec du miel de première qualité. On délaie le mélange avec de l'eau pure, on décante le liquide, on recueille la poudre qui s'est précipitée au fond du vase, on la lave jusqu'à ce qu'elle ne donne plus aucune odeur, on la fait sécher et on l'enferme dans un flacon. Pour s'en servir, il suffit de la délayer dans de l'eau gommée. On trempe alors une plume neuve dans la préparation et on trace des dessins et des caractères qu'il faut ensuite brunir, quand ils sont secs, avec une dent de loup. »

709

ENCRE ROUGE.

Faites dissoudre 30 centigr. de carmin dans 30 gr. d'ammoniaque et ajoutez un peu de gomme arabique.

710

AUTRE.

Faites infuser pendant trois jours 100 gramm. de bois de Brésil en poudre dans un demi-litre d'eau ; quand ce liquide a été réduit de moitié par l'ébullition, on le filtre et on y ajoute 15 gr. de gomme arabique en poudre et autant d'alun pulvérisé.

711

ENCRES SYMPATHIQUES.

Voici les trois procédés employés :

« On fait dissoudre du chlorure de cobalt dans une suffisante quantité d'eau et on se sert de cette solution pour écrire. Les caractères restent invisibles tant que le papier n'est soumis à aucune action ; mais, lorsqu'on le chauffe, même légèrement, ils apparaissent en bleu. Ils disparaissent peu à peu à mesure que le papier se refroidit et reparaissent de nouveau par la chaleur. »

712

AUTRE.

« Si l'on écrit avec une dissolution d'azotate d'argent suffisamment étendu d'eau, les caractères tracés sur le papier restent invisibles tant que le papier est plié et enfermé de manière à être soustrait aux rayons de la lumière ; mais ils apparaissent et deviennent successivement bruns et noirs dès qu'ils sont exposés à la lumière du jour. »

713

AUTRE.

« On fait dissoudre dans une suffisante quantité d'eau, du sulfate de fer ou vitriol vert. Les caractères tracés sur le papier avec cette dissolution ne paraissent point : pour les rendre visibles, on trempe le papier dans une dissolution d'acide gallique, ou mieux on trempe une éponge dans cette dissolution et on la passe sur le papier où sont tracés les caractères, qui deviennent noirs. »

714

ENCRE VERTE.

Faites infuser dans l'eau gommée un vert-de-gris pulvérisé, du sucre de rue et de safran en égales proportions.

715

ENCRE VIOLETTE.

Mettre dans un vase, sur le feu, 4 kilogr. d'eau et 500 gr. de bois de campêche découpé, et laisser cuire ce mélange jusqu'à ce que le liquide soit réduit à 2 kilogr. Alors passez et ajoutez 100 gr. de gomme arabique et 150 gr. d'alun.

N'altère pas les plumes métalliques.

716

ENCRE A MARQUER LE LINGE.

Limaille de fer	30 gramm.
Acide azotique	50 —

Ajoutez :

Solution de sulfate de protoxide de fer	25 —
Solution d'acétate de plomb	12 —

Il se produira un précipité jaune abondant qui sera recueilli en décantant la liqueur

Appliquer sur le tissu avec des lettres de cuivre.

717

AUTRE.

Azotate d'argent	3 gramm.
Gomme arabique	3 —
Eau distillée	15 —
Noir de fumée	q. s.

718

AUTRE.

Asphalte dissous dans une quantité suffisante d'essence de térébenthine. Broyez avec la dissolution du noir de fumée ou de la plombagine.

719

ENCRE POUR ÉCRIRE SUR LES BOUTEILLES.

Délayez de la céruse dans l'essence de térébenthine.

720

ENCRE ROUGE POUR MARQUER LE LINGE.

Chlorure de platine.	4 parties.
Eau distillée	60 —

On écrit avec cette solution ; puis, lorsque l'écriture est sèche, on passe sur chaque lettre la solution suivante, qui fait prendre aussitôt aux caractères une belle couleur pourpre.

Protochlorure d'étain	4 parties.
Eau distillée	60 —

721

ENCRE VERTE.

Acétate de cuivre brut	10 parties.
Bitartrate de potasse	50 —
Eau	400 —

Réduisez de moitié par l'ébullition et passez.

722

ENCRE BLEUE.

Indigo flor	4 parties.
Carbonate de potasse	4 —
Sulfure d'arsenic	4 —
Chaux vive	8 —
Eau	200 —

Faites bouillir jusqu'à une solution complète, passez et ajoutez :

Gomme arabique en poudre.	8 parties.

723

ENCRE AU BLEU DE PRUSSE.

Triturer avec acide oxalique et eau, quantité suffisante pour une pâte qu'on étend d'eau jusqu'à consistance d'encre.

Observation. — Cette encre peut remplacer le bleu en liqueur pour le linge.

724

ENCRE VIOLETTE.

Faites bouillir **100** gr. de bois de Fernambouc avec **30** gr. de bois d'Inde, et ajoutez de l'alun et de la gomme.

725

ENCRE D'HORTICULTURE.

Solution aqueuse de chlorure de platine.

726

AUTRE.

Sulfate de cuivre	1 partie.
Eau	10 —
Noir de fumée en suspension	q. s.

727

AUTRE.

Vernis au goudron de houille.

728

ENCRE D'ARGENT.

Poudre d'argent	10 gramm.
Eau gommée	q. s.

Cette encre peut être brunie.

729

ENCRE BLEUE EN TABLETTES.

Pour se procurer une encre bleue à la manière de celle que l'on prépare en Chine, on délaie 4 gr. d'indigo fin dans 30 gr. d'acide sulfurique ; on y ajoute 4 gr. d'alun dissous dans une quantité suffisante d'eau, puis on précipite le tout au moyen du sous-carbonate de potasse. Le précipité étant sec, on en fait une pâte avec de la colle de poisson, et on la réduit en morceaux de forme parallélogramique.

730

ENCRE INCORRODIBLE.

Copal en poudre.	5 parties.
Essence de lavande. . . .	32 —

Faites fondre à une douce chaleur.

Colorez avec noir de fumée, indigo, ou vermillon.

Pour écrire sur les flacons à acides.

731

ENCRE EN POUDRE.

Noix de galle.	60 gramm.
Couperose verte	10 —

Le tout en poudre très-fine.

Lorsqu'on veut obtenir de l'encre, il faut verser 10 gr. d'eau froide ou chaude sur 10 gr. de poudre.

732 a 733

ENCRES LITHOGRAPHIQUES.

Il y en a de deux sortes : 1° celle qui sert à écrire ou à dessiner sur la pierre ; 2° celle qui sert à l'impression.

L'encre destinée à écrire ou à dessiner sur la pierre se compose de :

Suif de mouton épuré . .	2 parties.
Cire blanche épurée . . .	2 —
Gomme laque.	2 —
Bon savon	2 —
Noir de fumée	7/8

L'encre destinée à l'impression se compose de :

Savon, suif, mastic en larmes, sel de soude	30 parties.
Gomme laque.	150 —
Noir de fumée.	12 —

On fait fondre le suif, le savon et la cire ; on y met le feu, puis on l'éteint, et l'on projette dans le bain la laque en poudre ou le mastic. On y ajoute ensuite le noir de fumée.

734

ENCRE A DECALQUER.

Encre ordinaire	3 parties.
Sucre candi.	1 —

Faites fondre le sucre candi dans l'encre.

Pour reporter sur une feuille de papier ce qu'on écrit sur une autre.

735

ENCRE CARMINÉE.

On prend 30 centigr. du plus beau carmin ; on y verse 60 gr. d'ammoniaque caustique, et l'on y ajoute 12 gr. de gomme arabique blanche. On laisse reposer le mélange jusqu'à ce que la gomme soit entièrement dissoute.

L'expérience a prouvé que des caractères tracés avec cette encre, il y a quarante ans, se sont conservés sur le papier sans aucune altération.

736

AUTRE.

Acide sulfurique très-étendu d'eau.

Obs. Les caractères deviennent noirs et ineffaçables par la chaleur.

737

AUTRE.

Observation générale. Tout composé incolore peut servir d'encre sympathique, s'il est susceptible de se colorer par l'action d'un réactif (hydrogène sulfuré, gaz ammoniacal, chlore, etc.)

738

AUTRE.

Solution d'acétate de plomb.

Obs. Les caractères noircissent au contact de l'hydrogène sulfuré ou des sulfures alcalins.

739

AUTRE.

Solution d'azotate de bismuth.
Même observation.

740

AUTRE.

Décoction faible de noix de galle.

741

AUTRE.

Décoction faible d'écorces de chêne.

742

AUTRE.

Décoction faible de sumac.

Obs. Les caractères de ces trois dernières compositions apparaissent noirs au contact d'une dissolution de fer au maximum.

743

AUTRE.

Solution étendue de cyanure jaune.
Les caractères apparaissent bleus au contact d'une dissolution de fer.

744

AUTRE.

Solution de sulfate de cuivre.
Obs. Les caractères prennent une belle couleur bleue au contact des vapeurs ammoniacales.

745

ENCRE DE SYMPATHIE.

Acétate de cobalt. . . . . 12 gramm.

Ajoutez dans :

Eau. . . . .   q. s.
Mêlez.

Sel marin. . . . .   30 gramm.

746

AUTRE.

Nitrate de cobalt.   20   —
Eau. . . . .   q. s.
Sel marin.   5   —

Obs. Ces deux solutions donnent une encre paraissant bleue par une légère application de la chaleur ; elle devient ensuite invisible à mesure que les sels de cobalt reprennent l'eau, et reparaissent de nouveau par la chaleur.

747

AUTRE.

Solution de chlorure de cobalt.
Mêlez à une :
Solution de chlorure de fer
Obs. Les caractères paraissent verts par la chaleur.

748

AUTRE.

Solution d'oxyde de nickel.
Obs. Les caractères paraissent verts par la chaleur.

749

ENCRIVORE.

Soluté d'acide oxalique et d'acide tartrique.
Pour enlever les taches d'encre.

750

ENDUIT HYDROFUGE (POUR L'EXTÉRIEUR DES HABITATIONS).

Huile de lin siccative . .   1 kilogr.
Cire jaune . . . .   300 gramm.

Faites fondre et bouillir pendant cinq minutes.

Ajoutez :

Blanc de plomb en poudre   1 kilog.

Faites bouillir encore cinq minutes.

Employez immédiatement. — Préservatif contre l'humidité.

751 et 752

ENDUITS HYDROFUGES.

POUR PIERRE, BOIS OU VERRE.

1° On mélange avec de l'huile de lin, de manière à former une pâte assez consistante, 13 parties de brique cuite pulvérisée et 1 partie de litharge.

2° On mêle de la même manière, avec de l'huile de lin, 10 p. d'argile jaune cuite et 10 p. de débris de porcelaine très-finement pulvérisée, 1 p. de sable fin de quartz et 1 p. de litharge.

753

POUR CUIRS BRUTS. — IMPERMÉABLE.

On prend 10 part. de résine blanche ou brai sec qu'on fait fondre à petit feu, et quand la matière cesse d'augmenter de volume et devient transparente, on y ajoute peu à peu, et en remuant, 18 ou 20 p. d'huile d'olives; on passe ensuite le mélange à travers un tamis de crin, pendant qu'il est encore chaud.

En appliquer plusieurs couches.

754

POUR TOILES ET CORDES.

On fait fondre 10 part. de résine, on y ajoute 15 p. d'huile de poisson, de navette ou de colza et on passe le tout à travers une grosse toile. Cet enduit convient aux toiles à voiles et aux cordages : il s'applique chaud sur les toiles et les cordes.

755

POUR LES MURS EN PLATRE.

Faites fondre parties égales de résine chaude et d'huile de colza, en deux couches; après la deuxième couche, on en donne une troisième très-légère avec un mélange de 2 p. d'huile de lin additionnée de litharge, de 2 p. de résine blanche

purifiée et de 1 p. de blanc de craie finement pulvérisé.

Appliquer bouillant.

756

ENDUIT POUR LES BOIS DESTINÉS A ÊTRE PLACÉS SOUS TERRE.

On prend 50 parties de résine, 40 part. de craie en poudre et lavée, 300 part. de sable blanc, 4 part. d'huile de lin, une partie d'oxyde rouge de cuivre et une partie d'acide sulfurique. On chauffe ensemble dans un vase de fer la craie la résine, le sable et l'huile de lin; on y ajoute ensuite l'oxyde rouge de cuivre et l'acide sulfurique ; on agite bien le tout et on applique toute chaude la composition ainsi obtenue sur le bois avec un fort pinceau à gros crins raides. Si l'enduit est trop épais, on le délaie quelque peu en y ajoutant de l'huile de lin. Cet enduit sèche promptement et il forme ensuite un revêtement aussi dur que la pierre. On l'emploie avec beaucoup d'avantage, non seulement pour les pieux et tuteurs, mais encore pour les châssis et caisses en bois; en un mot, pour tous les ouvrages en bois qui sont destinés à être mis en contact avec la terre humide.

757

ENDUIT POUR LES TOILES A TABLEAUX (EXCELLENTE COMPOSITION).

Terre de pipe	1	partie.
Baryte	1	—
Oxyde de zinc	1	—
Céruse	1	—
Craie ou carbonate de chaux	2	—
Glu	1	—
Térébenthine de Venise ou autres résines	1	—
Caoutchouc dissous	4	—
Huiles grasses	2	—
Huiles végétales ou essentielles	4 4	—
Huiles minérales	3	—
Huiles animales	1	—

(*Garneray.*)

13

758

ENGRAIS (VALEUR COMPARATIVE DES PRINCIPAUX).

Equivalent.	Nombre de kilog. pour 1 hectare.
Bon fumier (type de comparaison) 100	30,000

759 A 763

ENGRAIS VÉGÉTAUX INFÉRIEURS AU FUMIER.

Pulpe de betterave	106	31,740
Paille d'avoine.	143	42,900
Paille de froment récente.	167	50,100
Paille d'orge.	174	52,200
Paille de seigle.	235 1/2	70,650

764 A 780

ENGRAIS VÉGÉTAUX SUPÉRIEURS AU FUMIER.

Tourteau de lin	7 2/3	2,307
Tourteau de colza.	8	2,439
Touraillons	9	2,640
Tourteau de chenevis. . .	9 1/2	2,830
Herbes marines sèches . .	16 1/2	4,983
Paille de pois	22 1/2	6,750
Feuilles de bruyères sèches	23	6,900
Varech sec.	29	8,670
Paille de lentille.	40	12,060
Fanes de carottes	47	14,000
Balles de froment	47	14,000
Fanes de pommes de terre.	72 3/4	21,816
Varech frais	74	22,200
Pulpe de pomme de terre pressée	76	22,800
Fanes de betteraves. . . .	80	24,000
Paille de froment ancienne .	82	24,600
Paille de sarrasin	83 1/2	25,050

781 A 783

ENGRAIS ANIMAUX INFÉRIEURS AU FUMIER.

Excréments solides des vaches	125	37,500
Engrais flamand liquide. .	210 1/2	63,150
Eau de lavage des fumiers.	671	201,333

784 A 805

ENGRAIS ANIMAUX SUPÉRIEURS AU FUMIER.

Chiffons de laine.	2 1/4	0,666
Plumes.	2 1/2	0,780
Râpure de corne.	2 3/4	0,834
Guano	2 3/4	0,858
Bourre de poils de bœuf. .	3	0,870
Chair séchée à l'air. . . .	3	0,978
Pain de creton.	3 1/4	
Sang sec.	3 1/4	0,978
Colombine	3 3/4	1,440
Os secs.	5 3/4	1,710
Marc de colle des fabriques	10 3/4	3,240
Sang et liquide des abattoirs	13 1/3	3,990
Urine de cheval	15 1/3	4,590
Excréments de chèvres . .	18 1/2	5,550
Poudrette des Vertus . . .	25 1/2	7,680
Excréments de moutons. .	36	10,800
Urine de vache	41	12,300
Urine d'homme	55 1/2	16,650
Excréments solides de cheval	73	21,900
Résidu de colle d'os	73 3/4	22,725
Urine de porc.	174	52,200
Urine de cheval.	270	81,000

806 A 814

ENGRAIS MIXTES.

Suie de houille	29 1/2	8,886
Suie de bois	34 3/4	10,434
Noir animalisé.	36 1/2	11,007
Noir animal des raffineries	37 1/2	11,310
Fumier des auberges du Midi.	50 1/2	15,189
Excréments mixtes du cheval.	54	16,200
Id. du porc	63 1/2	19,050
Id. des vaches	97 1/2	29,250
Coquilles d'huîtres	125	37,500

815

ÉPILATOIRES.

(Préparations souvent dangereuses).

ÉPILATOIRE DE PLENCK.

Chaux vive en poudre. . .	48 gramm.	
Amidon en poudre.	40	—
Sulfure d'arsenic en poud.	1	—

Mêlez, et, avec une suffisante quantité d'eau, faites une pâte molle, que vous appliquerez sur la partie que vous voudrez dégarnir de poils.

816

RUSMA DES ORIENTAUX.

Chaux vive	60 gramm.
Realgar	16 —

Faites bouillir le tout dans un kilogr. de lessive.

Observation. — Cette préparation est tellement dangereuse qu'une plume qu'on y plonge un instant perd immédiatement ses barbes.

817

AUTRE.

Mercure	60 gramm.
Orpiment en poudre	30 —
Litharge, id.	30 —
Amidon, id.	30 —

(*Laforest.*)

Passez le tout au tamis de soie et faites une pâte avec de l'eau de savon.

818

AUTRE.

Iris en poudre	90 gramm.
Chaux vive	250 —

819

AUTRE.

Chaux vive	30 gramm.
Nitre	4 —
Lessive des savonniers	125 —
Orpiment	12 —

On fait évaporer en consistance convenable. (*Colley.*)

820

AUTRE.

Chaux vive	30 gramm.
Gomme en poudre	60 —
Orpiment	4 —

(*Delcroix.*)

821

AUTRE, DE MARTINS.

Sulfure sulfuré de calcium	30 —

On recouvre d'une couche de 1 à 2 millimètres la partie que l'on veut épiler; après 8 à 10 minutes on lave à l'eau froide ou chaude, et la peau se trouve dénudée comme avec le meilleur rasoir.

Les ongles, le crin, les plumes, la bourre de laine, la corne, les fanons de baleine, sont dissous, détruits par le sulfure sulfuré de calcium comme les cheveux.

822

AUTRE.

Hydrosulfate de soude	3 gramm.
Chaux vive en poudre	10 —
Amidon	10 —

Mêlez.

Pour appliquer cette poudre, on délaye avec un peu d'eau. Après 4 à 5 minutes, son effet est produit.

Cet épilatoire revient au précédent.

(*Boudet.*)

823 A 832

ESPRIT D'ABSINTHE.

Feuilles et sommités d'absinthe	1 kilogr.
Alcool à 80°	3,000 gramm.
Hydrolat d'absinthe	1,000 —

Laissez macérer 4 jours et distillez au bain-marie jusqu'à ce que vous ayez obtenu 2,500 gr. de produit.

Préparez de même les esprits de :

Basilic,	Menthe,
Hyssope,	Romarin,
Lavande,	Sauge,
Marjolaine,	Thym.
Mélisse,	

833 A 838

ESPRIT D'ANIS.

Séminoïdes d'anis	1 partie.
Alcool à 56°	8 —

Laissez macérer 2 jours et distillez 6 parties du produit. (*Guibourt.*)

De même pour les esprits de :

Badiane,	Coriande,
Piment,	Fenouil.
Carvi,	

859 A 846

ESPRIT DE CANNELLE.

    Cannelle fine pulvéris. gros-
        sièrement . . . . 500 gramm.
    Alcool à 80° . . . . 4,000 —

4 jours de macération et l'on distille au bain-marie de manière à retirer tout l'alcool.

De même pour les esprits de :

Angélique,	Macis,
Acore,	Muscade,
Bois de Rhodes,	Sassafras.
Girofle,	

847 A 851

ESPRIT DE CITRON.

    Zestes frais de citron . . . 500 gramm.
    Alcool à 80° . . . . 2,000 —

10 jours de macération et l'on distille à siccité.   (*Codex.*)

De même pour les esprits de :

Bergamote,	Oranger,
Cédrat,	Fleurs d'oranger.

852 A 854

ESPRIT DE COCHLÉARIA.

    Feuille de cochléaria . . . 4,500 gramm.
    Alcool à 80° . . . . 3,000 —

On distille 2,500 gr. de liqueur.
              (*Codex.*)

De même pour les esprits de :

Cresson ordinaire,	Raifort.
Cresson de Para.	

855

ESPRIT DE LAVANDE COMPOSÉ, DE LONDRES.

Prenez :

    Esprit de lavande . . . . 750 gramm.
    Esprit de romarin . . . . 500 —
    Cannelle en poudre . . . . 30 —
    Noix muscades . . . . . . 30 —
    Râpure de santal rouge . 4 —

Après 15 jours de macération, filtrez.

856

ESSENCES. — ANTIGOUTTEUSE (DE LE-BEHOT, PHARMACIEN A DIVES-SUR-MER).

Chaque 30 gr. de cette essence contiennent les principes suivants :

    Iodure de potassium . . . . 20 centigr.
    Semences de colchique . . 40 —
    Gaïac . . . . 8 gramm.
    Bicarbonate de soude . . . 40 centigr.

Dans les 30 gr., on compte ordinairement 6 cuillerées à café ; c'est par chaque cuillerée à café :

    Iodure de potassium . . . 33 milligr.
    Semences de colchique . . 66 —
    Gaïac . . . . 333 —
    Bicarbonate de soude . . . . 66 —

Cette essence ne contient aucune des substances qui, comme la coloquinte, produisent de violentes irritations. Le colchique même n'y entre qu'à la dose magistrale, et sa propriété irritante est mise à néant par un produit d'une excellence démontrée. Nous avons fait usage, dans plusieurs cas de goutte fixée aux articulations, de l'essence de M. Lebehot, et l'action physiologique de ce médicament a été aussi manifeste pour nous que celle du sulfate de quinine dans les fièvres intermittentes. De tels résultats devraient assurer à M. Lebehot le concours de tous les médecins praticiens.

857

ESSENCE DE MUSC.

    Musc en vessie, que l'on
        coupe par petits mor-
        ceaux . . . . 153 gramm.
    Civette . . . . 30 —
    Esprit d'ambrette . . . . . 4 litres.

On met le tout dans un matras, et on l'expose au soleil pendant 2 mois, en choisissant les mois les plus chauds : si cette préparation a lieu l'hiver, il faut la faire au bain-marie.

858

ESSENCE DE SAVON D'ITALIE A LA ROSE.

    Savon blanc . . . . 10 parties

Alcool à 25°. . . . .   34 —
Eau de rose . . . .   34 —

Faites digérer à une douce chaleur et filtrez. Si, au lieu d'eau de rose vous employez l'eau de fleurs d'oranger double, vous avez de l'essence à cette dernière odeur.

859

ESSENCE DE SAVON DE BAVIÈRE, A LA BERGAMOTE.

Savon blanc du commerce.   1 partie.
Alcool à 18° (eau-de-vie
  faible) . . . .   4 —
Huile essentielle de ber-
  gamote . . . .   quant. suf.

Agissez comme pour le précédent.

860

ESSENCE DE SAVON DE VIENNE, A LA LAVANDE.

Savon de Venise . . . . .   90 gramm.
Sel de tartre . . . .   4 —
Alcool à 0,910° de densité.   560 —
Eau distillée de lavande. .   185 —

Faites digérer et filtrez.

On peut varier ces essences à l'infini.

861

ESSENCE DE VÉTIVER.

On prend 1 kilogr. de vétiver, on coupe cette racine en morceaux très-petits, puis on l'arrose avec un peu d'eau, seulement pour l'humecter; on couvre le tout, on laisse 24 heures en repos, puis on pile après ce temps la racine dans un mortier; l'eau a développé l'arôme d'une manière remarquable. Lorsque la racine est écrasée, on la couvre d'alcool à 35 ou 40°, et on laisse macérer; huit à dix jours après cette époque, on retire le liquide. On soumet le vétiver à l'action de la presse, et on filtre le tout à travers un papier de soie. Au bout d'une quinzaine de jours, on filtre de nouveau.

862

ÉTAMAGE INDESTRUCTIBLE.

M. Darcet a indiqué un procédé curieux pour perpétuer l'étamage, en sorte qu'une fois étamé, on pourra conserver un vase de cuivre ou de bronze sans la moindre altération. C'est de mettre dans le baquet contenant l'eau de relavage quelques morceaux d'étain et des cristaux de crême de tartre en petite quantité. La faible portion de tartrate d'étain qui se forme est décomposée à mesure par le bronze ou le cuivre des vases auxquels il existe des rayures ou des parties usées. Il résulte de cette opération un étamage perpétuel qui permet aux aliments d'y séjourner.

863

ÉTAMAGE POLYCHROME.

Alliage de six parties d'étain et d'une de fer; économique, salubre et très durable.   (*Biberel*).

864

ÉTOFFES (PROCÉDÉ D'IMPRESSION EN RELIEF.)

Pour fixer les tontisses de laine sur étoffes, à la manière des papiers veloutés, mais assez solidement adhérentes pour supporter le lavage, M. Perrot emploie à cet effet un mordant composé de gutta-percha blanchie au chlore et dissoute dans l'essence de térébenthine ou dans le sulfure de carbone ou *acide sulfocarbonique*. On imprime ce mordant au moyen d'un rouleau gravé en creux et on fait passer l'étoffe dans une caisse remplie de tontisse soulevée en poussière et qui ne s'attache qu'aux endroits recouverts de mordant. Cette étoffe, inattaquable par l'eau, peut être pliée, et ne manque pas de souplesse.   (*Perrot.*)

865

MÉLANGE POUR LE DÉGRAISSAGE DES ÉTOFFES.

Savon noir . . . .   125 gramm.
Miel. . . . .   150 —
Eau-de-vie. . . . .   400 —

Lavez l'étoffe dans ce mélange, puis passez à l'eau pure.

866 et 867

TEINTURE DES ÉTOFFES DE LAINE.

Noir Sedan.

Sumac.	25 kilogr.
Campêche.	25 —

Après la teinture :

Couperose verte	25 —

Noir Elbeuf.

Sumac.	15 kilogr.
Campêche.	30 —
Bois jaune.	5 —
Couperose verte.	12 —
Couperose bleue	12 —

868

APPRÊTS DES ÉTOFFES DE LAINE, DE SOIE.

Mouiller ou frotter les étoffes, au moyen d'une éponge fine, avec une dissolution de colle de poisson ou de gomme adragante : on prépare cette dissolution en faisant fondre une petite quantité de colle ou de gomme dans de l'eau pure. Ensuite on tend sur un châssis l'étoffe ainsi préparée, et on la fait sécher le plus promptement possible, soit en l'exposant au soleil, soit en la plaçant dans une chambre chauffée.

869

APPRÊTS DES GAZES.

On les rince, puis on les dispose bien tendues sur un châssis, et l'on passe une seule fois sur toute la surface de la gaze une éponge imbibée d'une dissolution de gomme.

870 et 871

APPRÊTS DES DENTELLES, TULLES, ETC.

« On fait dissoudre dans de l'eau bouillante 40 gr. de borax et 200 gr. de gomme laque pour un litre d'eau, en ayant soin de ne mettre la gomme dans l'eau que lorsque le borax y est parfaitement dissous. On maintient le mélange à l'état d'ébullition et on l'agite jusqu'à ce que la dissolution soit complète. On plonge ensuite les dentelles dans cette dissolution, ou bien on les mouille, soit avec la main, soit avec une éponge fine, et on les tend pour les faire sécher. Quand on veut donner plus de fermeté aux dentelles, on ajoute à la solution, pendant qu'elle est encore bouillante, une certaine quantité d'amidon ou de gélatine qu'on aura fait dissoudre préalablement à part, et on agite le tout. »

F

872

FARDS (POUR LA PEAU).

FARDS BLANCS.

Sous-azotate de bismuth uni à la craie de Briançon.

873

AUTRE.

Blanc de céruse mêlé de gomme adragante.

874

AUTRE.

Fleurs de zinc mêlé à la craie de Briançon.

875

FARDS ROUGES.

Carmin.	8 gramm.
Talc	125 —

Plus on augmente la quantité de talc, plus le rouge blanchit.

876

VINAIGRE DE ROUGE.

Carmin suspendu dans du vinaigre à l'aide d'un peu de mucilage.

877

AUTRE.

Cochenille en poudre . .	12 gramm.
Belle laque en poudre. .	90 —
Alcool	190 —
Vinaigre de lavande distillée	500 —

Après dix jours d'infusion, en ayant soin d'agiter souvent la bouteille, coulez et filtrez.

878

FARINES (ANALYSE DES). NOUVEAU PROCÉDÉ.

On choisit un tube de verre ou de cristal d'une hauteur de 20 centim. et de 2 à 3 centim. de diamètre, puis on y introduit 10 gr. de farine, et ensuite du chloroforme pour emplir à peu près le tube; on bouche ce dernier et on l'agite pendant une minute. Après un repos plus ou moins long, dans un lieu frais, le tube étant dans une position verticale, la séparation est effectuée. La farine est venue se placer au-dessus du chloroforme, tandis que les substances *étrangères*, ajoutées frauduleusement ou non, forment le dépôt et occupent le fond du tube.

(*Cailletet*, de Charleville.)

879

FER (PROCÉDÉ POUR EMPÊCHER LA ROUILLE DU).

1° Chauffer le fer assez fortement;
2° Le plonger dans un bain de suif;
3° Le graisser légèrement lorsqu'il est refroidi, avec de l'huile siccative de lin;
4° L'essuyer ensuite.

880

AUTRE.

On fait dissoudre à une douce chaleur, et mieux au bain-marie, 60 gr. de sandaraque et 2 gr. de camphre dans un demi-litre d'esprit de vin avec un demi-verre d'essence de térébenthine. On délaie une certaine quantité de noir de fumée dans ce vernis, et l'on se sert de ce mélange pour donner deux couches aux objets de fer; quand ceux-ci, exposés à une douce chaleur, sont parfaitement secs, on y passe une troisième couche avec le vernis seul.

881

TREMPE DU FER.

Eau	4 litres.
Sel marin	500 gramm.
Ail	100 —
Sulfate de cuivre	100 —
Suie de bois	500 —

On trempe le fer rouge dans ce mélange.

882

FERBLANC.

Tôle mince recouverte sur ses deux faces d'une couche très mince d'étain pur.

883

NETTOYAGE DU FERBLANC.

Cendres de bois	100 gramm.
Huile quelconque	quant. suf.
pour faire une pâte liquide.	

884

FERBLANC EN ACIER.

L'emploi de l'acier au lieu du fer procure au ferblanc qui en résulte un coup-d'œil plus flatteur; on peut le rendre à volonté doux et flexible ou dur, rigide ou élastique, suivant les applications qu'on se propose.

La tôle d'acier doit être préparée avec grand soin; le paquet doit être recouvert par une barre plus aciérée que les autres, et il ne faut pas surchauffer l'acier, qui perdrait ses qualités.

Aussitôt que les tôles sont laminées, on les débarrasse de l'oxyde à leur surface par un décapage, on les recuit comme d'habitude; mais il faut veiller tout particulièrement à ce qu'elles ne se refroidissent pas trop promptement quand on les retire du four à recuire. Ces tôles sont étamées par les procédés ordinaires ; seulement, il faut pour cela 10 p. 100 environ d'étain en moins qu'avec le fer au charbon de bois, et, malgré cela, l'aspect, lorsque les ferblancs sont terminés, est bien supérieur. Les fersblancs sont nettoyés, polis et apprêtés par les procédés usuels.

Quand on veut produire les tôles ou ferblancs élastiques, l'usine doit être pourvue d'un réfrigérant, où l'on doit entretenir un grand abaissement de température par les moyens que fournissent aujourd'hui les sciences physiques et chimiques, mais en rejetant ceux qui donnent de l'humidité. Le râtelier sur lequel on réunit les plaques chaudes est introduit rapidement dans le réfrigérant, où elles se trempent et deviennent élastiques sans le moindre préjudice pour les surfaces de l'étain. Si l'on veut rendre les bords doux, tandis que le corps des plaques reste raide et élastique, ces bords sont plongés dans un bain peu profond d'étain en fusion qui fait disparaître la trempe et les adoucit jusqu'à la hauteur où elles sont plongées.

885 ET 886

FILS (ARGENTURE DES FILS AVANT LE TISSAGE).

Les fils, après avoir été lavés avec beaucoup de soin, sont trempés pendant quelque temps dans une solution d'acide gallique; on les plonge ensuite dans l'eau distillée contenant 1/5 de son poids d'azotate d'argent. L'acide gallique dont les fils sont imprégnés réduit le sel d'argent; par suite, le métal se précipite sur ces fils avec une forte adhérence et en conservant tout son brillant métallique.

L'opération n'est pas terminée là, car on n'a de cette manière revêtu les fils que d'une couche très légère d'argent. Pour obtenir une enveloppe métallique tenace et durable, il faut tremper les tissus, faiblement métallisés par la première opération, dans un bain préparé comme suit : on prend d'une part 2 parties d'acide gallique, 2 de chaux vive et 5 de glucose; on les dissout dans 650 parties d'eau distillée et on filtre; d'autre part on ajoute à 650 parties d'eau distillée 20 parties d'azotate d'argent et 20 parties d'ammoniaque liquide. Ces deux solutions étant mélangées par portions égales au moment de s'en servir, constituent le bain destiné à donner une argenture solide aux fils. On plonge dans ce bain les plantes textiles, on les porte de là dans une dissolution bouillante de crème de tartre ; enfin, on lave les tissus ainsi métallisés et on les fait sécher.

(Ch. Gaillard.)

887

FLEURS NATURELLES (PROCÉDÉ POUR LES ARGENTER ET LES DORER).

Le plus difficile est de rendre la fleur conductrice de l'électricité; la mine de plomb serait ici d'un mauvais usage. Alors prenez du fulmi-coton, que vous ferez dissoudre dans l'éther, de façon à avoir un collodion très liquide; vous ajouterez une dissolution d'azotate d'argent ; vous tremperez la fleur dans ce collodion ainsi préparé. Au bout de quelques instants, vous la retirerez; l'éther se vaporisera et il restera sur la fleur une couche mince d'argent; la fleur pourra alors recevoir un dépôt métallique d'or ou d'argent à l'aide d'une pile très faible (comme bain d'or ou d'argent, on emploie les bains ordinaires). Ce procédé s'applique également aux fruits.

888

CONSERVATION DES FLEURS.

Mettre les fleurs dans l'eau bouillante, de manière que les deux tiers environ de leur tige baignent dans le liquide. Lorsqu'elles ont recouvré leur fraîcheur, on retranche la partie qui a été atteinte par l'eau chaude, et on les replace avec de l'eau froide dans le vase destiné à les recevoir.

1° « On lave une certaine quantité de sablon fin, de manière à en isoler toutes les matières étrangères, et, après qu'on l'a fait sécher, on le passe à travers un tamis. On met au fond d'un vase de terre, de forme convenable, une couche de sable; on y étend la fleur avec ses feuilles et une grande partie de sa tige, et l'on y verse du sable peu à peu, en ayant soin d'étendre à mesure les diverses parties de la fleur, de façon qu'elles ne soient ni gênées ni froissées : on continue de verser du sable jusqu'à ce que la fleur soit couverte d'une couche de 0ᵐ,02 ou 0ᵐ,03. Alors on porte le vase dans une étuve chauffée à 45° environ, et on l'y laisse pendant un jour ou deux, plus ou moins, suivant que la plante est plus ou moins épaisse. Si l'on ne dispose pas d'une étuve, on peut exposer le vase à la chaleur du soleil pendant 7 ou 8 jours. Dans tous les cas, dès que la dessication est opérée, on fait couler doucement le sable en inclinant le vase, et l'on retire la fleur avec précaution.

2° On se procure du grès réduit en poudre très fine, et on le met sur le feu dans une bassine; après l'avoir fait fortement chauffer en le remuant toujours, on y ajoute 10 gr. d'acide stéarique et 10 gr. de blanc de baleine pour 10 ou 12 kilog. de sable. On brasse alors fortement le mélange, puis on le retire du feu, et, quand il est refroidi, on le froisse entre ses mains, de manière que tous les grains de sable soient également graissés. On met une couche de ce sable dans une caisse dont le fond est à coulisse et sur lequel est disposé un grillage en fer à larges mailles. C'est sur cette couche de sable qu'on arrange les fleurs en les étendant et les moulant avec soin dans du sable qu'on verse peu à peu, mais en suffisante quantité pour qu'elles en soient bien couvertes. On place ensuite la caisse dans un four ou une étuve chauffée à 40 ou 45°; et 24 heures suffisent pour opérer la dessication complète. Alors on fait glisser le fond de la caisse dans sa coulisse, le sable tombe à travers le grillage, sur lequel restent seules les fleurs dans la position où on les avait placées. Il suffit de les épousseter légèrement ou de frapper quelques petits coups sur la tige pour faire tomber le sable qui peut y être resté attaché. »

889

PROCÉDÉ DE CONSERVATION DES PLANTES AVEC LEUR FORME HABITUELLE ET L'ÉCLAT DE LEURS FLEURS, PAR RÉVEIL ET BERJOT.

On prend du sable blanc en grains égaux, que l'on passe au tamis de crin ; on le lave à grande eau pour enlever les particules les plus ténues, et on continue le lavage jusqu'à ce que l'eau sorte parfaitement limpide. On fait alors dessécher le sable au soleil ou à l'étuve, et mieux on le porte à 150° environ, en agitant constamment dans une bassine; on y verse alors pour 25 kilog. de sable un mélange fondu de 20 gr. d'acide stéarique et 20 gr. de blanc de baleine; on brasse fortement et on froisse avec les mains de manière à graisser convenablement chaque grain de sable.

On met alors une couche de ce sable dans une caisse dont la longueur et la largeur peuvent être variables, mais haute de 12 centimètres environ; le fond de cette caisse est à coulisse et doit pouvoir s'enlever avec facilité. Sur le fond se trouve un grillage en fil de fer à mailles très larges; la couche de sable étant bien établie, on y dispose les plantes, en ayant le soin d'étaler les feuilles et de *mouler* les corolles dans du sable que l'on verse avec précaution; on recouvre les plantes de sable, et il vaut mieux s'en tenir à cette couche unique; on a le soin de mettre le moins de sable possible sur les feuilles et les tiges; on recouvre la caisse d'une feuille de papier, et on porte à l'étuve ou dans un four chauffé à 40 ou 45° environ. La dessication s'opère très rapidement; lorsqu'on la suppose finie, on enlève le fond de la caisse; le sable traverse le treillage en fil de fer, et les plantes restent dessus; on les brosse avec un blaireau, et on les conserve comme nous le dirons tout à l'heure.

Le sable graissé adhère très-peu aux plantes, et il est toujours facile à enlever ; il suffit le plus souvent de frapper de petits coups pour que le sable tombe, à condition toutefois que les plantes n'aient pas été cueillies encore humides ; nous avons remarqué également qu'il valait mieux les cueillir avant que l'anthèse fût complétement opérée ; elle peut être achevée en plongeant la plante par sa base dans une petite quantité d'eau ; pour les plantes un peu charnues, le vide hâte singulièrement la dessication.

Cependant nous devons ajouter que le sable, graissé ou non, ne peut être employé pour conserver les plantes qui sont recouvertes d'un enduit visqueux, par exemple les *hyocsiamus* ; dans ce cas, il faut absolument se servir des grains de millet ou de riz.

On peut, à la rigueur, superposer deux couches de plantes ; mais il n'est pas prudent d'en mettre davantage ; la caisse à fond mobile nous rend de grands services ; en se servant d'une caisse ordinaire, on risque de blesser les plantes en les retirant du sable.

L'éclat des plantes est parfaitement conservé par ce procédé ; les fleurs blanches elles-mêmes conservent leur aspect mat ; on aurait pu croire *à priori* qu'il en serait autrement, puisque le blanc est dû à l'interposition de l'air. Les fleurs jaunes et bleues se conservent très bien ; mais les couleurs violettes et rouges se foncent légèrement.

La plante desséchée, abandonnée au contact de l'air, reprend un peu d'humidité et se flétrit ; pour la conserver, on la place dans des bocaux, au fond desquels on a mis de la chaux vive séparée de la plante par du papier de soie et recouverte de mousse ; on ferme hermétiquement le bocal avec un disque de verre, que l'on fait adhérer au moyen d'un mastic de gomme laque ou de caoutchouc.

Ce procédé de conservation des plantes peut rendre quelques services pour dessécher quelques fleurs ou plantes employées en médecine ; telles sont la violette, la mauve, le bouillon blanc, les tiges de mélisse, de menthe, de ciguë, etc. L'odeur est parfaitement conservée et souvent exaltée ; mais c'est surtout pour la conservation des plantes destinées aux collections des écoles de pharmacie et de médecine et aux colléges que ce procédé peut être utile ; il rendra également de grands services aux horticulteurs qui voudront conserver des fleurs rares, ainsi qu'aux naturalistes voyageurs, qui pourront ainsi rapporter les plantes avec leur aspect naturel, ce qui rendra la détermination plus facile.

890

COLLE POUR FLEURS ARTIFICIELLES.

Farine,   Sucre,
Gomme,   Eau.

Quantité suffisante pour faire une colle épaisse.

891

FONTE (PROCÉDÉ POUR DONNER AUX OUTILS DE FONTE LES QUALITÉS DE L'ACIER).

Il faut stratifier les objets en fonte dans des vaisseaux cylindriques de métal avec de l'oxyde de fer pulvérisé, soit natif, soit artificiel, ou bien avec du sable contenant le même oxyde. Les vases sont posés debout dans un fourneau approprié à cet usage et soumis à une chaleur uniforme.

La fonte de fer est d'abord cassante, ce qui est dû au carbone qu'elle contient ; mais la forte chaleur à laquelle elle est exposée, vidée par l'oxyde pulvérisé, l'en sépare promptement ; l'oxygène de l'oxyde de fer s'échappe, soit à l'état oxyde de carbone, soit à celui d'acide carbonique. Par ce moyen très-simple, les outils de fonte acquièrent les qualités de l'acier fondu.   (*Lucas*, de Sheffield.)

892

FOSSES D'AISANCES (DÉSINFECTION DES).

Sulfate de fer.	100 gramm.
Sulfate de chaux.	130 —
Sulfate de zinc.	5 —
Charbon végétal	5 —

20 gr. de ce mélange, jetés chaque jour dans la fosse, la désinfectent.

(Siret.)

893

AUTRE.

> Chlorure de zinc . . . . .   250 gramm.
> Eau chaude. . . . .   10 litres.

Répandre ce mélange ou l'employer en lavage à l'aide d'une éponge.

894

AUTRE.

> Sulfate de zinc. . . . . .   125 gramm.
> Eau . . . .   20 litres.

Même emploi.

895

FOURBISSAGE DU CUIVRE (LIQUEUR POUR LE).

> Eau. . . . .   2 litres.
> Terre pourrie. . . . . . .   60 gramm.
> Acide oxalique. . . . . .   15 —
> Acide sulfurique. . . . .   15 —

Mélangez.

896

FOURMIS (DESTRUCTION DES).

Échauder la fourmilière sur place.

897

AUTRE.

Saupoudrer la fourmilière de chaux vive et y verser de l'eau.

898

AUTRE.

1 gramme d'aloès par litre d'eau, dont on lotionne les troncs et les rameaux des arbres infectés.

899

AUTRE.

Entourer le tronc de l'arbre d'une lisière mouillée d'essence de térébenthine.

900

AUTRE.

L'odeur de marc de café bouilli, de feuille d'absinthe, de lavande, chasse les fourmis des cuisines, des armoires et des appartements.

901

FOURRURES (MOYEN DE LES CONSERVER).
Mêlez.

> Poudre de fleurs de *Pyre-*
>   *thrum caucasicum* . .   20 gramm.
> Camphre en poudre . . .   2 —

En saupoudrer les fourrures.

(Dr B. Lunel.)

902

FRAISES (CONSERVATION DES).

Même procédé que pour les framboises.

903

FRAMBOISES (CONSERVATION DES).

Même procédé que pour les abricots, mais sirop à 25°, et 2 minutes seulement d'ébullition.

904

FROMAGES (CONSERVATION DES).

Les fromages gras et demi-gras doivent être renfermés dans un endroit frais et peu éclairé, pour que les mouches et autres insectes n'y pénètrent point. Les fromages maigres, durs et demi-durs, au contraire, doivent être conservés dans un magasin spécial, bien aéré, où règne une température modérée.

« Si on s'aperçoit que les fromages gras ou demi-gras commencent à se gâter, on pratique au milieu un trou dans lequel on introduit de la craie pulvérisée et bien sèche, qui absorbe l'humidité, cause de fermentation putride; on arrête ainsi leur décomposition. Pourtant, il faudra se hâter de les livrer immédiatement à la consommation.

» Pour garantir les fromages du contact des mouches et éviter les ravages des vers, les os de boucherie calcinés au feu et réduits en poudre sont d'un effet certain. Les fromages sont saupoudrés de cette poudre calcaire inoffensive ; il vaut encore mieux y plonger entièrement les fromages placés dans une caisse de bois, sans couvercle ; les mouches ne pourront les atteindre et y déposer leurs œufs qui engendrent les vers. Le poussier de charbon de bois est aussi un excellent préservatif pour la conservation des fromages ; mais, comme l'action desséchante du charbon est très-énergique, on fera tremper les fromages ainsi conservés, avant de les manger, dans du vin blanc ou dans du vinaigre blanc, très-affaibli, ce qui en ramollit la pâte et lui communique une meilleure saveur. Les vieux fromages, dont la croûte est dure, bien qu'ils n'aient pas été conservés dans la poudre charbonneuse, peuvent aussi être trempés dans le vin blanc, qui les améliore sensiblement. Lorsque les mites apparaissent sur les fromages, on applique sur la partie qu'elles ont envahie, de l'huile ou de la cendre de bois de chêne ; elles meurent immédiatement.»

905

FRUITS (CONSERVATION DES).

PRODUITS CONSERVÉS DANS LE MIEL.

Après avoir blanchi les fruits préparés pour ce mode de conservation, on les plonge dans du miel de bonne qualité rendu liquide par une douce chaleur. Quand les pots sont parfaitement refroidis, on les recouvre d'un parchemin pour les conserver dans un lieu frais.

906

FRUITS CONSERVÉS DANS LE SIROP VINAIGRÉ.

On conserve ainsi les fruits récoltés dans un état de maturité trop peu avancé pour qu'ils puissent être soumis avec avantage aux autres moyens de conservation. — On ajoute à une certaine quantité de vinaigre blanc, de la meilleure qualité, proportionnée au nombre des fruits qu'ont veut conserver, du sucre blanc en poudre, en quantité suffisante pour que, au bout de quelques jours, l'acide ne domine pas trop. C'est dans ce sirop vinaigré que l'on met les fruits entiers après les avoir blanchis. En quelques semaines, le sirop les a parfaitement pénétrés, ils prennent un goût particulier et très-agréable. On prépare ainsi plus spécialement les cerises, les groseilles, les abricots, les poires, etc.

907

FRUITS AU JUS ET AU SIROP, CONSERVÉS PAR LA MÉTHODE D'APPERT.

On n'obtient le plus souvent que des produits qui deviennent promptement acides et perdent alors toute leur saveur naturelle. Divers perfectionnements récemment introduits assurent le succès complet de l'opération. « Le bouchage impénétrable des vases et la durée de l'ébullition de ces vases dans un bain-marie chauffé à la température voulue, sont les deux principaux éléments de succès. L'emploi d'un sirop blanc clarifié, ayant une densité déterminée pour chaque espèce de fruit, est encore un perfectionnement important du procédé primitif. Ces trois conditions doivent toujours être remplies ; les autres manipulations varient un peu, mais seulement dans le mode de préparer les fruits avant de les mettre en bouteilles.

908 A 910

Les pommes, poires et raisins peuvent être conservés crus, pendant plusieurs mois au plus, dans des fruitiers spéciaux. Les poires et les pommes communes, certaines espèces de raisins, de prunes, de cerises, de figues, etc., doivent être desséchées au four ou dans des étuves.

911

CONSERVATION DES FRUITS PAR LA GUTTA-PERCHA PURIFIÉE, PROCÉDÉ MÈNE.

« Lorsqu'on dissout de la gutta-percha dans le sulfure de carbone, le liquide se sépare en trois couches : la couche supérieure renferme des matières mucilagineuses, la couche inférieure contient des matières terreuses et autres impuretés ; quant à la couche du milieu, elle est parfaitement limpide et renferme le principe le plus pur de la gutta-percha. C'est avec le liquide de cette couche du milieu, qu'on sépare facilement des deux autres au moyen d'un siphon, qu'on pourra conserver à l'état frais les fruits verts.

» Pour cela, on cueille les fruits un peu avant leur maturité complète ; on fait sécher leur surface, on la brosse ; on les plonge dans l'esprit de vin, puis on les trempe à plusieurs reprises dans le liquide de gutta-percha provenant de la couche du milieu, dont nous venons de parler ; on peut ensuite placer les fruits dans des caisses ou dans un buffet où la température ne s'élève pas à plus de 10 degrés centigrades.

» Pour manger le fruit ainsi couvert de cette légère couche de gutta-percha, on l'enlève avec un couteau, on lave la surface avec un peu d'alcool, et on trouve un fruit qui, malgré le temps et les voyages, a conservé sa saveur et son parfum comme à l'état frais. »

912
FULMINATE D'ARGENT.

Argent . . . .   2 gr. 50 c.

Faites dissoudre dans :

Acide azotique à 34° . . .   46 gramm.

Faites chauffer avec :

Alcool à 36° . . . .   60 —

913

FULMINATE DE MERCURE.

Vif-argent . . . .   1 gramm.

Dissous dans :

Acide azotique à 34° . . .   12 —

Ajouter :

Alcool à 36° . . . .   11 —

On fait chauffer le mélange au bain-marie jusqu'à production de vapeurs blanches et épaisses. Par le refroidissement, il se dépose une poudre blanche cristalline qu'on lave à l'eau froide et qu'on sèche avec précaution.

914

Observation. Le maniement de ces fulminates est des plus dangereux. Tout frottement entre deux corps durs en détermine l'explosion, surtout quand il est sec et chaud. 1 centigramme de fulminate d'argent, jeté sur des charbons ardents, produit une détonation égale à celle d'un coup de pistolet.

G

915 à 918

GALVANOPLASTIE.

Pour reproduire des reliefs et des creux en métal par l'action d'un courant galvanique, il faut :

1° *Pour déposer le métal.* — Une pile électrique dont le pôle négatif soit en communication avec les objets soumis à l'opération et le pôle positif avec la solution du métal.

2° *Si les objets sont mauvais conducteurs* (terre, plâtre, cire, etc.), y appliquer d'abord à la brosse de la mine de plomb ou d'autres poudres métalliques.

3° *Pour donner plus de dureté et d'homogénéité au métal déposé,* — employer la gutta-percha pour matière plastique des moules.

919 et 920

APPAREILS.

Ils sont simples ou composés.

Dans l'appareil simple, l'objet sur lequel le métal doit se déposer fait partie du circuit galvanique.

Dans l'appareil composé, la pile se trouve en dehors du bain à décomposer.

« Lorsqu'on se sert d'un *appareil composé*, on peut attacher au pôle positif des lames du même métal que celui qui se précipite et qui entre en dissolution en quantité à peu près égale à celle qui se dépose au pôle négatif. On obtient ainsi une dissolution constante. La pile de Daniel, et mieux de Wollaston, est celle qu'il convient d'employer dans ce cas.

» Lorsqu'on se sert d'un *appareil simple*, c'est ordinairement un vase de verre contenant une dissolution du métal qu'on veut déposer : du cuivre, par exemple. Au centre de ce vase, on en place un autre, poreux, contenant de l'acide sulfurique étendu de douze à quinze fois son poids d'eau ; on plonge dans ce liquide une lame de zinc amalgamée. Les moules se trouvent dans la dissolution métallique, et sont en communication avec le zinc au moyen d'un fil de laiton. La dissolution de sulfate de zinc s'épuisant à mesure que le dépôt métallique s'opère à la surface du moule, on doit l'entretenir à un degré constant de saturation, en ajoutant de temps à autre des cristaux de sulfate de cuivre dans la dissolution métallique. »

921 a 923

PROCÉDÉ D'ARGENTURE DE CHRISTOFLE.

Pour obtenir des bas-reliefs d'argent propres à orner des vases, coffres, etc.

Faire un moule élastique en prenant 20 parties de caramel dissous dans assez d'eau chaude pour faire une pâte qui, par le refroidissement, devient solide.

On verse cette composition chaude sur le modèle, on laisse refroidir et l'on sépare le modèle du moule ainsi formé.

(Aujourd'hui cette composition est souvent remplacée par la gutta-percha).

A l'aide du moule élastique, on fait un moule en cire en y versant la composition suivante :

Cire jaune	24 parties.
Axonge	12 —
Résine	4 —

Ce mélange est employé tiède.

Après le refroidissement, on détache le moule en cire du moule élastique, et on le trempe rapidement dans du *sulfure de carbone saturé de phosphore* ; on laisse égoutter et l'on souffle en même temps sur la cire pour accélérer la volatilisation du sulfure de carbone.

On plonge alors le moule dans la dissolution suivante :

Eau distillée	1 litre.
Azotate d'argent	10 gramm.

Au moyen d'un pinceau de blaireau, on fait pénétrer cette dissolution dans l'intérieur du moule. Le phosphore réduit l'argent, et le moule, devenu conducteur de l'électricité, peut être recouvert galvaniquement d'une couche d'argent de l'épaisseur voulue.

924 a 926

PROCÉDÉ DE GALVANOPLASTIE POUR OBTENIR DES MÉDAILLES.

Trois procédés.

1° Agir directement sur la médaille en la recouvrant d'une couche très-mince de corps gras qui empêche l'adhérence ; on obtient ainsi une image en creux sur laquelle on opère de nouveau pour la reproduction en relief ;

2° On prend l'empreinte de la médaille avec un alliage fusible qui donne le creux, l'épreuve galvanoplastique produit le relief ;

3° On prend l'empreinte avec du plâtre que l'on métallise par les procédés indiqués plus haut.

927

STATUETTES EN GALVANOPLASTIE.

On fait un moule en plâtre que l'on revêt intérieurement avec de la plombagine en poudre ; on plonge le moule dans la dissolution de cuivre et l'on fait passer le courant électrique ; lorsque la couche est assez épaisse, on enlève le moule qui laisse le cuivre en relief.

On obtient ainsi des objets d'art, des fruits, des végétaux, etc.

928

BAINS POUR LES DIFFÉRENTS MÉTAUX.

Pour l'or.

Sulfure d'or dissous dans le sulfure de potassium neutre.

929

AUTRE, ELKINGTON.

Cyanure d'or dissous dans le cyanure de potassium.

Obs. Procédé coûteux et difficile à préparer.

930 A 937

PROCÉDÉS EMPLOYÉS SUCCESSIVEMENT PAR RUOLZ.

1° Cyanure d'or dans le cyanure simple de potassium.

2° Cyanure d'or dans le cyanoferrure (prussiate de potasse).

3° Cyanure d'or dans le cyanoferrure rouge.

4° Chlorure d'or dans les mêmes cyanures.

5° Chlorure double d'or et de potassium dans le cyanure de potassium.

6° Chlorure double d'or et de sodium dans la soude.

7° Enfin sulfure d'or dans le sulfure de potassium neutre.

Tous ces procédés réussissent bien.

938

BAIN D'ARGENT.

Cyanure d'argent dissous dans le cyanure de potassium.

S'applique avec la plus grande facilité sur l'or, le platine, le bronze, l'étain, le cuivre, le fer, l'acier, etc.

939

GANTS DE PEAUX (NETTOYAGE DES).

Lait	1,000	—
Carbonate de soude . . .	5	—

Imbibez du mélange une flanelle dont on frotte les gants tendus sur les doigts ou sur des baguettes. Essuyez avec une flanelle bien sèche.

940

AUTRE.

Savon en poudre.	100 gramm.

Imbibez d'eau une flanelle qu'on passe sur le savon en poudre. On en frotte ensuite les gants comme ci-dessus.

941

GANTS COSMÉTIQUES AU BOUQUET.

Cire vierge	15 gramm.	
Blanc de baleine.	15	—
Savon blanc	15	—
Graisse de cerf.	30	—
Ou bien graisse de rognons de mouton	28	—
Ou bien encore de saindoux	4	—

Mincez séparément chacune de ces substances, faites-les fondre au bain-marie, et, lorsqu'elles seront fondues, ajoutez :

Huile d'olive	46 gramm.	
Pommade rosat.	46	—
Benjoin.	4	—
Baume du Pérou.	4	—
Essence de roses ou autres.	q. q. gout.	
Eau de miel, de bouquet, etc	15 gramm.	

Agitez jusqu'à ce que le mélange soit parfait. Puis, lorsque la masse est bien chaude, retournez des gants blancs à l'envers, étendez-les sur une petite planche et, à l'aide d'un pinceau trempé dans cette pommade, enduisez-les bien fortement. Retournez-les ensuite, soufflez dedans pour les dilater et tenir leur parois écartées. Terminez par les mettre sécher dans un endroit chaud.   (*Mme Celnart.*)

942 ET 943

PROCÉDÉ POUR BLANCHIR LES GANTS D'UNI-FORME EN CASTOR, ETC., POUR L'ARMÉE.

On fait fondre 500 gr. de sel de soude (prix : 0,35 c.) dans 3 litres d'eau bouillante qu'on laisse refroidir totalement ; ensuite on y fait tremper les gants, quelle qu'en soit la quantité, pendant quelques heures. On les frotte dans cette eau comme une linge précieux, puis on les lave de nouveau avec du savon dans de l'eau froide ; ensuite on les rince comme il faut et on les serre entre deux linges pour en absorber l'humidité. Après quoi on les étend en large et on les laisse sécher à demi ; puis on les frotte avec la composition suivante.

On fait fondre dans un litre d'eau froide :

2"0 gr. de blanc d'Espagne, prix . . . . 03 c.		
250 gr. de terre de pipe . . 05		
65 gr. de sucre. 10	33 centim.	
250 gr. d'amidon 10		
25 gr. de savon de Marseille 05		

On fait dissoudre chaque ingrédient séparément.

Cela fait, on prend une brosse dure qu'on imbibe de cette composition, et on frotte le gant en long sur toutes ses faces, puis on le laisse sécher aux trois quarts et on l'étend en large. Lorsque le gant est entièrement sec, on le frotte dans les mains et on le bat pour en faire sortir la poussière ; ensuite on le brosse en long avec une brosse passablement dure.

Toutes ces compositions peuvent servir pour plusieurs fois et se conservent très-bien.

944

GIBIER (CONSERVATION DU).

Commencer par le vider et ensuite boucher soigneusement avec du papier gris toutes les ouvertures naturelles, celles qu'on a faites pour vider l'animal et les plaies produites par l'arme du chasseur.

945

GLACES PEINTES DE LA CHINE (PROCÉDÉS POUR LES IMITER.)

Sur les glaces peintes qui viennent de la Chine, la peinture se trouve entre la glace et son tain, tenant également à l'un et à l'autre d'une manière qui parait incompréhensible aux personnes qui ne se sont jamais exercées à ce genre de travail.

Voici le procédé pour imiter ces glaces.

On prend une feuille de l'étain le plus pur ; on dessine et l'on peint en détrempe, non à l'huile, sur cette feuille les sujets que l'on désire : on laisse bien sécher la peinture deux ou trois jours, et l'on prend ensuite cette feuille d'étain, que l'on applique derrière une glace, comme lorsqu'il s'agit de la mettre au tain. La feuille étant appliquée, la peinture parait à travers la glace, forme un tableau très-agréable, recouvert du plus beau vernis, et que rien ne peut plus endommager.

Pour appliquer la feuille d'étain sur la glace dont on veut former son tableau, on met sa feuille d'étain peinte sur une table d'ardoise ou de marbre, bordée de trois côtés seulement à la hauteur d'un demi-pouce ; et cette bordure est mastiquée, de peur que le mercure ne s'écoule par les jointures. On dispose la table en pente très-douce, du côté opposé à celui qui n'est point bordé : on prend alors du mercure, que l'on verse en tas sur la feuille, peinte ou non (si c'était une glace qu'on voulût étamer) ; on étend cette feuille de manière qu'elle ne fasse pas le moindre pli, et avec une patte de lièvre, on l'étend légèrement, promptement et exactement sur l'étain : ensuite on prend la glace, et observant de la tenir bien parallèle au plan de la table, on la pousse en glissant sur la feuille d'étain. Le mercure s'insinue dans l'étain, et s'y amalgame. La feuille d'étain s'attache aussitôt à la glace, et la peinture parait au travers aussi belle, aussi fraîche que si rien n'avait passé dessus.

La glace étant ainsi étamée, on la retourne, en posant un coussin sous une de ses extrémités, on la met en pente douce, afin de faire écouler ce qu'il peut y avoir encore de mercure : on peut même presser la glace entre deux plaques, après avoir mis du papier des deux côtés, et mettre quelque poids pour faire tout écouler le mercure. Lorsqu'on n'en voit plus sortir du tout, la glace est en état d'être montée On peut étamer le verre blanc, ainsi que les glaces; mais il faut que l'un et l'autre soient parfaitement nets; ce que l'on fait avec du sable fin bien sec, ou avec de la cendre.

946 A 950

GLACES (NETTOYAGE DES).

Il peut se faire :

1° A l'aide d'indigo pulvérisé ;

2° De terre à foulon pulvérisée ;

3° De blanc d'Espagne délayé dans du vinaigre étendu d'eau ;

4° D'eau-de-vie étendue d'eau.

951

GLACE ARTIFICIELLE (JULIA FONTE-NELLE).

Procédé de Boutigny et Dumeilet.

L'appareil nécessaire se compose :

1° D'une boîte en bois de chêne de 36 centim. de longueur, de 81 millim. de largeur, et de 162 millim. de hauteur. Toutes ces mesures prises de dedans en dedans.

2° De deux boîtes en ferblanc, construites dans la même forme, mais ayant chacune 33 centim. de longueur, 16 millim. de largeur, et 176 millim. de hauteur.

La boîte en bois est destinée à recevoir le mélange frigorifique; les deux boîtes en ferblanc devront contenir l'eau qu'on se propose de convertir en glace.

Le mélange frigorifique se compose de 1 kilog. 500 gram. d'acide sulfurique affaibli par une addition d'eau telle qu'il ne marque plus que 41° à l'aréomètre ou pèse acide. Dans le cas où on n'aurait pas cet instrument à sa disposition, on arriverait à ce résultat en mêlant ensemble sept parties en poids d'acide sulfurique du commerce, qui indique en général 66 degrés à l'aréomètre, avec cinq parties d'eau également en poids.

Quelques détails sont indispensables sur cette première opération.

Au moment ou se fera le mélange d'acide et d'eau qui vient d'être indiqué, il se manifestera un très grand dégagement de calorique, et la température de la liqueur s'élèvera considérablement. Il faudra donc éviter toute précipitation en versant l'eau dans l'acide ou l'acide dans l'eau, et surtout n'employer pour cette opération qu'un vase de grès qui présentera une résistance convenable.

Lorsque la température du mélange aura été ramenée à celle de l'atmosphère dans laquelle on opérera, ou, en d'autres termes, lorsqu'il sera refroidi, il sera propre à l'usage auquel il est destiné. On le versera donc à la dose de 1 kilog. 500 gram. dans la boîte de bois, et on y ajoutera à l'instant même 2 kilogr. de sulfate de soude bien pulvérisé. On agitera un instant ce mélange à l'aide d'un bâton, et on y plongera les deux boîtes de ferblanc préalablement remplies d'eau pure et nette.

Ces deux boîtes doivent être placées de manière à laisser entre elles et les parois intérieures de la boîte en bois un léger intervalle, afin que le mélange d'acide et de sel puisse circuler librement autour des boîtes de ferblanc.

L'effet de ce mélange est tel qu'un thermomètre qui y serait plongé indiquerait presqu'à l'instant un abaissement de 13 degrés et au-delà : au bout de 10 minutes, l'eau contenue dans les boîtes de ferblanc commencera à se troubler, et bientôt des glaçons se formeront contre les parois intérieures; quinze minutes après, l'eau des boîtes et le mélange frigorifique seront ramenés à une température commune, et dès-lors ce dernier ne sera plus utile pour la continuation de l'opération. Il conviendra donc de procéder à un nouveau mélange qu'on substituera au premier, et

15

dans lequel les boîtes de ferblanc devront être plongées de nouveau. Les glaçons augmenteront bientôt de volume, ils seront adhérents aux parois intérieures, et il sera indispensable de les en détacher soigneusement. Cette opération se fera avec une grande facilité, en pressant plusieurs fois entre les doigts, pour les rapprocher l'une de l'autre, les feuilles de ferblanc qui composent les grands côtés des boîtes; par ce moyen, la partie de l'eau qui ne sera point encore convertie en glace, se mettra directement en contact avec les parois de ferblanc, et elle recevra immédiatement l'effet des mélanges frigorifiques Cette petite opération est de la plus grande importance, et le succès dépend presque entièrement de son exécution

En général, après 40 ou 50 minutes, l'eau est totalement convertie en glace; si, contre toute attente, on n'était arrivé qu'imparfaitement à ce résultat, il faudrait recourir à un troisième mélange, et procéder comme on l'a indiqué pour les deux premiers.

Chacune des deux boîtes contiendra une tablette de glace très pure et très solide, du poids de 750 grammes.

Il reste à présenter quelques observations générales.

Lorsqu'on opérera pendant l'été, il sera très utile de préparer ces mélanges dans une cave dont la température constante est à peu près de + 10 degrés : on emploiera de l'eau sortant du puits, et on mettra à la cave, avant d'en faire usage, l'acide et le sulfate de soude.

Les diverses manipulations qui viennent d'être indiquées exigent quelques précautions, afin de ne pas faire rejaillir sur ses vêtements, et surtout sur son visage, quelques portions du mélange frigorifique. Une seule goutte de ce mélange, composé d'acide sulfurique, qui s'introduirait dans les yeux, produirait un effet funeste, et les vêtements qui en seraient atteints seraient brûlés.

Enfin on devra apporter quelques soins dans le choix du sulfate de soude, et éviter d'employer celui qui serait effleuri. L'inob-servation de cette recommandation a dû contribuer à faire échouer l'opération.

Si on ne voulait pas faire immédiatement usage de la glace, on l'envelopperait avec un morceau d'étoffe de laine, ou avec de la paille, et on la placerait dans le lieu le plus frais dont on pourrait disposer.

952

EXPÉRIENCE POUR FAIRE DE LA GLACE EN GRAND ET DANS TOUTES LES SAISONS.

On prend 2 kilogr. 500 gramm. de sulfate de soude, et 2 kilogr. d'acide sulfurique à 36 degrés; on les mêle ensemble dans un baril et on y plonge ensuite un vase en verre ou en métal, rempli d'eau : l'on prépare deux autres mélanges semblables et on y réitère deux autres fois l'immersion du même vase; dès-lors, l'eau est congelée. Si l'on opérait avec une grande dose de mélange, la congélation aurait lieu à l'instant même, tandis qu'avec les quantités prescrites, le baril et le vase lui cèdent une partie de leur calorique.

Il est aisé de voir que le froid produit est dû au calorique qu'absorbe le sulfate de soude en s'unissant à l'acide sulfurique et passant à l'état liquide. On peut tirer parti de ces mélanges en saturant l'acide sulfurique par la soude, et faisant évaporer cette solution jusqu'à une très légère pellicule ; le produit sera du sulfate de soude qui pourra être employé pour de nouvelles expériences.

953 a 958

MÉTHODE POUR PRODUIRE DES DEGRÉS DE FROID EXTRAORDINAIRES.

On produit des degrés de froid considérables par le simple mélange de la glace ou de la neige avec les sels déliquescents, ainsi qu'avec quelques acides, tels que le nitrique, le sulfurique, etc.; c'est sur cette propriété qu'est fondé l'art du glacier. Nous allons exposer les mélanges les plus efficaces.

1° Une partie d'acide sulfurique avec quatre de glace produisent un degré de de 20 degrés au-dessous de zéro.

2° Sept parties de neige et quatre d'acide nitrique produisent un abaissement de température de — 43; et un mélange de six parties de sulfate de soude, quatre d'hydrochlorate d'ammoniac, deux d'hydrochlorate de potasse et quatre d'acide nitrique, porte la température à — 42.

3° Parties égales de sel de cuisine (hydrochlorate de soude) et de neige ou de glace, abaissent la température à — 18°. Ce sont ces proportions que les limonadiers emploient pour la préparation des glaces.

4° Si l'on expose séparément dans le mélange n° 2 deux parties de neige et trois d'hydrochlorate de chaux, et, qu'après avoir attendu qu'elles aient été portées à la température de ce mélange, on les mêle. le froid qu'elles produisent est de 27 degrés.

5° En exposant dans ce dernier mélange frigorifique, et séparément, une partie de neige et deux de ce sel, on obtient un degré de froid de 54 degrés.

6° Si l'on fait les mêmes expériences avec huit parties de neige et dix d'acide sulfurique affaibli, l'abaissement de la température est porté à son maximum, qui est de 68 degrés.

Cette production de froid est facile à expliquer : les corps solides ne peuvent passer à l'état liquide qu'en absorbant du calorique qu'ils prennent aux corps avec lesquels ils sont en contact. Or, ici les sels, en se fondant, en enlèvent à la neige ou à la glace, et en abaissent la température à tel point qu'on peut porter celle de la glace jusqu'à 50°; elle devient si dure, que, réduite seulement à — 20°, on peut la tailler et la réduire en poudre. (1) Nous allons joindre ici les tableaux des mélanges frigorifiques de M. Walker.

(1) Le froid, considéré par rapport aux êtres sensibles, n'est qu'une sensation relative, qui s'excite en eux lorsque le principe calorifique agit sur leurs organes avec moins d'intensité que dans d'autres circonstances antérieures ou avec une intensité plus faible qu'il ne conviendrait à leur constitution.

TABLEAU

Des mélanges frigorifiques propres à rafraîchir les boissons sans le secours de la glace.

MÉLANGES.		Abaissement du thermomètre.	Degrés de froid produits
	part.es		
Hyd. chlor. d'ammon.	5	de + 10°	21°, 11.
Nitrate de potasse.	5	à — 11°, 11.	
Eau.	16		
Hyd. chlor. d'ammon.	5	de + 10°	23°, 50.
Nitrate de potasse.	5	à — 13°, 50.	
Sulfate de soude.	8		
Eau.	16		
Nitrate d'ammoniac.	1	de + 10°	26°
Eau.	1	à — 16°	
Nitrate d'ammoniac.	1	de + 10°	23°, 88
Carbonate de soude.	1	à — 13°, 88.	
Eau.	1		
Sulfate de soude.	3	de + 10°	2°, 11.
Acide nitrique étendu.	2	à — 13°, 11.	
Sulfate de soude.	6	de + 10°	22°, 22.
Hyd. chlor. d'ammon.	4	à 12°, 22.	
Nitrate de potasse.	2		
Acide nitrique étendu.	4		
Sulfate de soude.	6	de + 10°	20°.
Nitrate d'ammoniac.	5	à — 10°.	
Acide nitrique étendu.	4		
Phosphate de soude.	9	de + 10°	21°, 11.
Acide nitrique étendu.	4	à — 10°, 11.	
Phosphate de soude.	9	de + 10°	16°, 11.
Nitrate d'ammoniac.	6	à — 6°, 11	
Acide nitrique étendu.	4		
Sulfate de soude.	8	de + 10°	27°, 77.
Acide hydrochlorique.	5	à — 17°, 77.	
Sulfate de soude.	5	de + 10°	2°, 11.
Ac. de sulfurique étendu.	4	à — 16°, 11.	

Nota. Si ces substances sont mélangées à une température plus élevée que celle qui est mentionnée dans le tableau, l'effet sera proportionnellement plus grand, si l'on fait usage de celui des mélanges qui est le plus puissant. Lorsque l'air est à plus de 30 degrés, le thermomètre descendra à 17 degrés, et alors le froid produit sera de 48°.

TABLEAU

Des mélanges frigorifiques composés de glace, de neige, de sels et d'acides.

MÉLANGES.		Abaissement du thermomètre.	Degrés de froid produits
	parties.		
Neige ou glace pulvérisée.	2	à — 20.	» »
Hydrochlorate de soude.	1		
Neige ou glace pulvérisée.	5	à — 24.	» »
Hydrochlorate de soude.	1		
Hydrochlorate d'ammon.	1		
Neige ou glace pulvérisée.	24	à — 28.	» »
Hydrochlorate de soude.	10		
Hydrochlorate d'ammon.	5		
Nitrate de potasse.	5		
Neige ou glace pulvérisée.	12	à — 31.	» »
Hydrochlorate de soude.	5		
Nitrate d'ammoniac.	5		

MÉLANGES.	Abaissement du thermomètre.	Degrés de froid produits
	parties	
Neige. 3 Acide sulfurique étendu. 2	de 0 à — 30.	30
Neige. 8 Acide hydrochlorique. 5	de 0 à — 33.	33
Neige. 7 Acide nitrique étendu. 4	de 0 à — 34.	34
Neige. 4 Hydrochlorate de chaux. 5	de 0 à — 40.	40
Neige. 2 Hyd ochlorate de chaux cristallisé. 3	de 0 à — 45.	45
Neige. 3 Potasse. 4	de 0 à — 46.	46

Nota. La raison des omissions que l'on remarque dans la dernière colonne, est que le thermomètre descend, au moyen de ces mélanges, au degré indiqué dans la colonne précédente, et qu'il ne descend jamais plus bas, quel que soit le degré de température auquel ces substances sont mélangées.

TABLEAU

Des mélanges frigorifiques pris dans les tableaux précédents, et combinés de manière à produire le degré de froid le plus intense.

MÉLANGES.	Abaissement du thermomètre.	Degrés de froid produits
	parties.	
Phosphate de soude. 5 Nitrate d'ammoniac. 3 Acide nitrique étendu. 4	de — 32 à — 36.	4.
Phosphate de soude. 3 Nitrate d'ammoniac. 2 Acides mêlés et étendus. 4	de — 36 à — 46.	10.
Neige. 3 Acide sulfurique étendu. 2	de — 32 à — 43.	11.
Neige. 8 Acide sulfurique étendu. 3 Acide nitrique étendu. 5	de — 23 à — 46.	23.
Neige. 1 Acide nitrique étendu. 1	de — 27 à — 47.	20.
Neige. 5 Hydrochlorate de chaux. 4	de — 7 à — 44.	37.
Neige. 4 Hydrochlorate de chaux. 3	de — 12 à — 48.	36.
Neige. 2 Hydrochlorate de chaux. 3	de — 9 à — 55.	46.
Neige. 1 Hydrochlorate de chaux cristallisé. 2	de — 34 à — 54.	22.
Neige. 4 Hydrochlorate de chaux cristallisé. 3	de — 40 à — 58.	18.
Neige. 8 Acide sulfurique étendu. 10	de — 54 à — 64.	10.

Nota. Les substances désignées dans la première colonne doivent être refroidies, avant leur mélange, à la température requise, au moyen de l'une des compositions frigorifiques désignées dans les tableaux précédents.

GLACES COMESTIBLES.

Crèmes aromatisées ou fruits réduits en purée, qu'on prépare dans des vases d'étain, dits *sorbetières*, qui contiennent une épaisse couche de glace pilée et salée (250 gr. de sel gris par kilogramme de glace) ; 1/10 de salpêtre augmente la congélation.

GLU ÉCONOMIQUE.

Mélangez, à l'aide de la chaleur :

Colophane	100 gramm.
Huile d'olive	50 —
Glu pure	150 —

GLU MARINE (POUR CALFATER LES NAVIRES).

Dans un vase clos, laissez pendant 3 ou 4 jours du caoutchouc en contact avec de l'huile de goudron. Décantez le liquide et dissolvez-y à chaud trois fois son poids de gomme laque. Quand on veut l'employer, le faire fondre à une température de 120°.

GLU TRANSLUCIDE (POUR SOUDURES TRANS-LUCIDES, MORCEAUX DE VERRE, ETC.).

Faites fondre 75 centigr. de caoutchouc dans 60 gr. de chloroforme, ajoutez 15 gr. de mastic et laissez macérer pendant 8 jours. Cette glu s'applique au pinceau et à froid.

GRAIN MOISI (MOYEN DE LE RÉTABLIR).

Il faut l'immerger dans une quantité double d'eau bouillante et le laisser dans le liquide jusqu'à ce qu'il soit refroidi. On fait ensuite sécher le grain, qui a recouvré alors son état naturel.

996

GRAVURE (PROCÉDÉ POUR AVOIR SUR-LE-CHAMP COPIE D'UNE).

Eau . . . .   25 gramm.
Alun . . . .   5 —
Faites dissoudre, ajoutez :
Savon . . . .   5 —

Mouillez avec ce mélange une toile ou un papier, appliquez sur la gravure et mettez en presse.

997

GRAVURES EN RELIEF OU EN CREUX (MOYEN DE LES OBTENIR PAR L'ACTION DE LA LUMIÈRE).

La gélatine, convenablement imprégnée d'un chromate ou d'un bichromate, se gonfle dans l'eau d'environ six fois son volume ; mais, quand elle a été soumise à l'action de la lumière, elle perd tout à fait cette propriété. M. Poitevin a profité de cette action de la lumière, dans le cas dont il s'agit, pour obtenir immédiatement des gravures en relief ou en creux. Voici, selon ce savant, comment il faut procéder.

On applique une couche plus ou moins épaisse de dissolution de gélatine sur une surface plane, sur du verre, par exemple, et après l'avoir laissée sécher, on la plonge dans une dissolution d'un bichromate dont la base n'ait pas d'action directe sur la gélatine ; on laisse sécher de nouveau et on impressionne, soit à travers un cliché photographique, soit à travers un dessin positif, soit même au foyer de la chambre noire. Après l'impression, dont la durée doit varier suivant l'intensité de la lumière, on plonge dans l'eau la couche de gélatine ; alors toutes les parties qui n'ont pas reçu l'action de la lumière se gonflent et forment des reliefs, tandis que celles qui y ont été soumises, ne prenant pas d'eau, restent en creux.

On transforme ensuite cette surface de gélatine gravée en planches métalliques en la moulant, ou en plâtre, avec lequel on obtient, par les procédés connus, des planches métalliques, ou bien on la moule directement par la galvanoplastie après l'avoir métallisée. Par ce procédé, les dessins négatifs au trait fournissent des planches métalliques en relief pouvant servir à l'impression typographique, tandis que les dessins positifs donnent des planches en creux pouvant être imprimées en taille-douce.

998

Un autre procédé a été encore imaginé par M. Poitevin. On étend sur une surface de métal, de pierre ou de papier, quelques couches de matières gommeuses ou mucilagineuses mélangées avec un chromate, et, après leur dessication, on les impressionne à travers les négatifs des dessins à reproduire ; puis, à l'aide d'un tampon ou d'un rouleau, on les recouvre d'encre grasse noire ou colorée. On lave ensuite à grande eau : l'encre reste fixée aux parties impressionnées par la lumière, et sur les autres elle se dissout immédiatement et disparaît.

999

GRAVURE HÉLIOGRAPHIQUE OU PAR LA LUMIÈRE (PROCÉDÉ NICÉPHORE NIEPCE).

Il consiste à graver sur une plaque de zinc ou de cuivre l'image que les rayons du soleil viennent y tracer. La manière d'opérer est des plus simples. On étend au moyen d'un rouleau, sur la plaque métallique, un vernis composé de bitume de Judée dissous dans l'essence de lavande. On place sur ce vernis la vignette qu'on veut reproduire, on la couvre d'un verre et on l'expose à la lumière. Après une exposition d'une ou deux heures on enlève la vignette et l'on répand sur la plaque un dissolvant, composé d'huile de pétrole et d'essence de lavande, qui attaque toutes les parties de la couche non impressionnées par la lumière, c'est-à-dire celles correspondant au noir du dessin original. On verse ensuite de l'eau sur la plaque, on la sèche et l'opération est terminée.

1000

PROCÉDÉ TALBOT.

On frotte avec un linge imbibé d'un mélange de potasse caustique et de blanc d'Espagne, puis avec un linge sec, une plaque d'acier, de cuivre ou de zinc, qu'on recouvre ensuite d'un vernis composé de gélatine dissoute dans l'eau et additionnée de bichromate de potasse. Après avoir fait sécher cette couche à l'aide d'une lampe à esprit de vin, on expose la plaque à la lumière, en y appliquant le dessin qu'on veut reproduire. Une solution de perchlorure de fer, qui n'agit que sur les parties préservées de la lumière, forme le mordant qui attaque le métal.

1001

PROCÉDÉ PAUL PRETSCH.

Un mélange de gélatine et de produits chimiques sensibles à la lumière est répandu sur une plaque de verre. Le dessin original — photographique ou autre — est placé à la surface de cette couche et exposé aux rayons lumineux. Après une exposition dont l'expérience indique la durée, on voit l'image reproduite sur la glace. On plonge alors celle-ci dans un bain où elle prend instantanément un ton plus vif, et dans les parties correspondant aux ombres, il se forme un grain en relief, c'est-à-dire que toutes les parties de l'image (les noirs et demi-teintes de l'original) où la lumière n'a agi que faiblement ou pas du tout, se gonflent et s'élèvent sous forme de granulation, tandis que toutes les autres restent inattaquées. La suite du procédé est tout à fait mécanique. On prend un moule de l'image à l'aide d'un mélange de gutta-percha avec de l'huile et certaines substances résineuses; au moyen de la pile on obtient ensuite une reproduction en cuivre de ce moule; enfin on reproduit, encore par la pile, cette matrice, pour avoir définitivement une planche en creux

1002

GRAVURE SUR VERRE (PROCÉDÉ DE).

Etendez sur le verre, avec un pinceau doux, une couche de vernis de graveur. Quand ce vernis sera sec, tracez dessus, avec une pointe de métal, le dessin que vous aurez choisi. Appliquez ensuite sur les parois découvertes une couche légère d'une pâte très-molle avec du fluate de chaux en poudre et de l'acide sulfurique concentré. Cette pâte agira sur le verre partout où il n'y a pas de vernis. Au bout de quelques heures, il n'y aura plus qu'à débarrasser, par un lavage, le verre des matières, vernis et pâtes, qui le salissent.

1003

AUTRE.

Vernissez et dessinez comme ci-dessus; mettez ensuite dans un vase en plomb, sur un feux doux, du fluorure de calcium en poudre et de l'acide sulfurique concentré, et posez le verre préparé sur l'orifice de ce vase. L'acide fluorhydrique qui se dégagera sous forme de vapeur attaquera les parois du verre non garanties par le vernis, et quelques minutes suffiront pour obtenir une gravure suffisamment profonde.

1004

GUÊPES (PROCÉDÉ POUR LES DÉTRUIRE).

Placez sur l'entrée du guêpier une cloche à melon, en verre blanc, sous laquelle on met une cuvette remplie aux deux tiers d'eau de savon. Moyen infaillible.

1005

GUTTA-PERCHA (PROCÉDÉ POUR LA RECUEILLIR).

Cette substance gommo-résineuse est fournie par l'*icosandra percha*, grand arbre de la famille des sapotacées, qui croît dans la presqu'île de Malacra et dans les îles de l'Asie, surtout à Sumatra. Le suc, appelé *gutta*, se recueille en incisant l'écorce et en recevant le liquide qui en découle dans des jattes appropriées à cet usage. Ce suc, épaissi et solidifié par l'action du temps et de l'air atmosphérique, constitue la *gutta-percha*.

1006

DISSOLVANT DE LA GUTTA-PERCHA.

La gutta-percha est inattaquable par les alcalis ; elle ne se laisse pas davantage attaquer par les acides. Les acides fluorique, muriatique et acétique, pas plus que l'alcool, n'ont d'action sur elle. L'acide sulfurique concentré l'attaque seul ; mais le sulfure de carbone, l'essence de térébenthine, l'éther et le chloroforme ont la propriété de la dissoudre. Soumise à l'action de l'eau bouillante, elle devient molle, malléable et ductile, quoique exempte de viscosité. C'est dans cet état qu'elle obéit aux doigts qui la façonnent et prend sans résistance toutes les formes qu'on lui impose. Elle les garde en se refroidissant à la température de l'atmosphère et acquiert par degrés, dans cette transition, une ténacité, une solidité à toute épreuve ; sa durée est pour ainsi dire sans limite.

1007

En mêlant une partie de gutta-percha et deux de caoutchouc, on obtient une matière très-résistante qui convient pour les objets qui exigent moins de rigidité que la gutta seule.

H

1008

HANNETONS (DESTRUCTION DES).

DESTRUCTION DES LARVES OU VERS BLANCS.

Lorsqu'on met la charrue dans une luzerne, la faire suivre de dindons qu'on aura laissés à jeun à dessein : ils détruiront tous les vers blancs mis à découvert.

1009

AUTRE.

Semer à la fin de l'été sur le champ empesté de vers blancs du colza (50 litres par hectare). Vers la fin de l'automne, le colza est enterré par un labour profond : le contact du colza pourri fait pourrir les larves de hanneton.

1010

AUTRE.

Planter dans les jardins, près des plantes infestées, des fraisiers ou des laitues, qui attirent les larves. Dès qu'on voit ces plantes se flétrir, on les arrache d'un coup de bêche.

1011

DESTRUCTION DU HANNETON A L'ÉTAT D'INSECTE PARFAIT.

Secouer les arbres le matin avant le lever du soleil.

Faire cette opération partout à la fois dans le même canton.

1012

HERBIER (FORMATION D'UN).

1° Développer une à une les plantes fraîches sur des feuilles de papier pur collé ;

2° Les superposer en les séparant par des lits de 3 ou 4 feuilles de papier bien sec et par des planchettes ;

3° Les soumettre à une pression modérée.

1013

Observation. Deux ou trois jours après on remplace le papier des plantes qui sont sèches par des feuilles de papier très fort Les accompagner d'étiquettes indiquant le nom générique, le lieu natal, la famille, etc.

« La plupart des botanistes plongent d'abord les plantes dans l'alcool, et ils les y laissent jusqu'à ce que leurs couleurs soient seulement très affaiblies; d'autres les immergent pendant quelques minutes dans l'eau bouillante, en ayant soin d'opérer à l'abri des rayons solaires; immédiatement au sortir de ce bain, ils trempent les plantes dans de l'eau très froide, les font ensuite ressuyer entre des feuilles de papier brouillard, et enfin les font sécher dans une étuve close, après les avoir mises dans de nouvelles feuilles de papier. »

Voir *Conservation des Fleurs.*

1014

HERBORIGRAPHIE.

Sous ce nom, M. Bax a indiqué un procédé très simple pour obtenir les empreintes des herbes et des feuilles. On passe sur la plante que l'on veut représenter une brosse imbibée d'encre d'imprimerie; on place le végétal sur une feuille de papier dans un cahier; on presse dessus en passant et repassant la main, et l'opération est terminée.

1015

HOMARDS (CONSERVATION DES). Voy. *Poissons.*

1016

HOUILLE ARTIFICIELLE.

Enfermez dans un appareil spécial des matières végétales (feuilles, tiges de plantes, sciure de bois) enveloppées d'argile humide, comprimez-les fortement et maintenez-les à une température de 200 à 300°. M. Baroulier, auteur de cette découverte, empêche ainsi la décomposition des matières. Après un certain temps, on a de la houille qu'on peut à peine distinguer de la houille naturelle.

1017

HUILE (MOYEN DE L'EMPÊCHER DE RANCIR).

Mettez sur le vase ou la bouteille contenant l'huile, 50 grammes de très-bonne eau-de-vie, de manière que le vase soit bien rempli. Bouchez avec soin.

1018

PROCÉDÉ POUR ÉPURER L'HUILE A BRULER.

L'huile de colza projetant une lumière très-vive sans répandre ni odeur ni fumée, lorsqu'elle est bien épurée, nous la conseillons préférablement à toute autre.

L'opération se résume à trois manipulations :

1° L'épuration ;
2° La filtration ;
3° La décantation.

Les produits qui en résultent sont :

1° L'huile épurée ;
2° L'huile rousse ;
3° Un sédiment nommé *fèves acides.*

ÉPURATION.

On prend une quantité donnée d'huile brute, que l'on met dans une cuve défoncée d'un bout et placée sur chantier; on mêle à cette quantité de l'acide sulfurique (huile de vitriol), dans la proportion de 2 kilogr. 1/2 d'acide pour 100 kilogr. d'huile. Au moment du contact des deux liquides, il se produit une vive effervescence, et il faut alors agiter le mélange avec une large spatule de bois pendant environ trois heures; ce temps écoulé, l'acide n'a ordinairement plus d'action sur l'huile, qui est devenue blanche et remplie de petits points noirs.

A cette époque de l'opération, on verse sur le tout environ un tiers d'eau chaude, en volume; on continue d'agiter la masse pendant dix minutes, et on la laisse reposer ensuite huit jours. L'addition de l'eau n'a d'autre but que de s'emparer de l'acide et d'entraîner au fond de la cuve toutes les impuretés que contient l'huile.

1019

FILTRATION.

Après huit jours de repos, on procède à la filtration, ce qui s'opère dans une cuve de même capacité que celle dans laquelle on a fait le mélange : cette cuve diffère de la première en ce qu'elle est divisée par un faux fond de 25 millim. d'épaisseur; placé aux deux tiers de la hauteur, ce fond est criblé de trous faits en forme d'entonnoir, ayant environ 2 cent. de diamètre à la partie supérieure et 1 cent. à la partie inférieure; ces trous doivent être remplis avec du coton en poil d'une qualité très-commune, que l'on introduit avec assez de force pour qu'il ne puisse pas remonter. On verse ensuite l'huile pardessus, et elle filtre à travers le coton, très-limpide et blanche comme de l'eau; dans cet état, elle est dépouillée de toutes ses impuretés et ne laisse échapper ni fumée ni odeur.

1020

DÉCANTATION.

La décantation se fait au moyen d'un robinet placé de manière à obtenir toute l'huile épurée, sans permettre à l'huile rousse, dont la couche est immédiatement au-dessous, de s'écouler. Quant au dépôt qui se trouve au fond de la cuve, on l'obtient facilement après avoir décanté l'huile rousse, et laissé écouler l'eau par un second robinet.

1021 A 1065

HUILES VOLATILES, dites *Essences, Huiles éthérées, Huiles distillées, essentielles, Oléolats.*

HUILE VOLATILE DE FEURS D'ORANGER.

Fleurs d'oranger. . . . . 500 gramm.
Eau. . . . . 15 kilogr.

On met les fleurs dans un bain-marie en toile métallique, qu'on plonge dans la cucurbite d'un alambic contenant de l'eau en ébullition ; on ajoute promptement le chapiteau et le réfrigérant, et l'on distille jusqu'à ce qu'il cesse de passer de l'huile essentielle ; on reçoit le produit dans un récipient florentin. On enlève l'huile qui surnage l'eau aromatique. On filtre s'il est nécessaire.   (*Codex*).

On prépare de même les huiles volatiles de :

Absinthe,	Lavande
Ache,	Limettes,
Anisette,	Marjolaine,
Ammi,	Marrube,
Anis,	Mélisse,
Aunée,	Menthe,
Aurone,	Maroute,
Basilic,	Matricaire,
Balsamite,	Orange (essence de
Bergamote,	Portugal),
Bigarades,	Origan,
Camomille,	Pouliot,
Carvi,	Romarin,
Citron,	Rue,
Coriande,	Sabine,
Cresson de Para,	Sariette,
Cubèbe,	Sauge,
Cumin,	Semencontra,
Fenouil,	Serpolet,
Genièvre,	Tanaisie,
Hyssope,	Thym,
Laurier-cerise,	Valériane.

1066

HUILE CAMPHRÉE.

Huile d'olive . . . . 100 gramm.
Camphre en poudre.   .   12   —

1067

HUILE ESSENTIELLE DE CANNELLE.

Prenez de la cannelle de Ceylan, concassez-la et faites-la macérer pendant un jour dans environ dix fois son poids d'eau ; ajoutez-y du sel marin et distillez rapidement. Cessez l'opération quand vous apercevrez que l'eau qui passe n'est plus laiteuse. Séparez l'huile de la première eau et distillez jusqu'à quatre fois de suite sur la même cannelle, afin d'en extraire l'huile entièrement.

1068

HUILE DE CAMPHRE.

Dissolvez du camphre dans de l'acide azotique; la substance qui vient nager à la surface du liquide est l'huile de camphre, qu'on employait autrefois, à l'extérieur, comme détersive.

1069

HUILE DES CÉLÈBRES (LÉO NAQUET), POUR LA CONSERVATION DES CHEVEUX.

Ajoutez à un litre d'huile d'olive superfine :

> 8 clous de girofle entiers.
> 14 gr. de cannelle en bois coupé par petits morceaux.

Faites bouillir pendant une heure jusqu'à réduction d'un quart.

Réparez le liquide perdu en ajoutant 15 gr. de bois de cannelle en racine, et autant de bois de santal. Laissez infuser le tout pendant 10 minutes; clarifiez et ajoutez 15 gr. d'essence de Portugal. Il est bon d'opérer dans des vases de faïence brune.

1070

HUILE DE MACASSAR, POUR LES CHEVEUX.

Huile de noix de bœuf . .	4	litres.
Huile de noisette	2	—
Esprit-de-vin à 33°	1/2	—
Esprit de musc	50	gramm.
Essence de bergamote . .	50	—
Esprit de Portugal.	30	—
Essence de rose	54	—

Chauffer au bain-marie (dans un vase brun fermé) pendant une heure, laisser ensuite infuser pendant 8 jours dans le même vase, en remuant deux ou trois fois par jour. On colore en rouge l'huile de Macassar avec de l'orcanette.

1071

HUILE PHILOCOME, D'AUBRIL.

Cette composition se fait à froid. Il faut d'abord de l'huile de noisette et de l'huile d'amande par égales parties, ainsi que de la moelle de bœuf. Les huiles, obtenues sans le secours du feu, se broient sous la mollette et s'amalgament avec la moelle.

1072

HUILE DE ROSE, LIQUEUR.

Pour 5 litres :

Sucre blanc.	2,500	gramm.

Faites fondre sur le feu dans :

Eau	1 lit. 3/4	

Ajoutez :

Alcool à 33°.	2	—

Puis :

Essence de rose.	8	gouttes.

Colorer en rose avec teinture de cochenille.

1073

HUITRES (CONSERVATION DES). Voyez *Poissons*.

1074

HYDROMEL.

Miel excellent	15	kilogr.
Eau.	45	litres.

On fait bouillir ce mélange sur un feu clair, en ayant soin de l'écumer, jusqu'à ce que le liquide ait pris, par l'évaporation, une consistance telle qu'un œuf se soutienne dessus. On fait alors deux parts: « l'une est mise de côté dans une cruche de grès et déposée dans un lieu frais, pour qu'elle fermente le plus lentement possible; l'autre est versée dans un baril de grandeur convenable dont elle ne doit remplir que la moitié. Le baril est placé au coin du feu, sur un chevalet; un morceau de grosse toile est posé sur la bonde, qui n'est pas autrement bouchée. Une fermentation tumultueuse ne tarde pas à s'établir et se prolonge pendant trois mois. Une écume épaisse et abondante sort incessamment par la bonde et coule dans une terrine mise sous le baril pour la recevoir. Le vide causé par la sortie de cette écume est rempli à l'aide du liquide mis à part dans la cruche à cet effet. Lorsque la fermentation s'est apaisée, on ajoute à l'hydromel 2 ou 3 litres de vin vieux, et l'on suspend dans le baril, qu'on descend à la cave, un nouet de linge fin contenant de la cannelle concassée et quelques clous de girofle. Au bout d'un an, l'hydromel est bon à mettre en bouteilles ; il faut l'y laisser un an encore, si l'on tient à le boire tout à fait bon ; il gagne en vieillissant, comme les vins de liqueur, auxquels il ressemble sous beaucoup de rapports. »

I

1075

IMPERMÉABILITÉ DES TISSUS.

On fait dissoudre 1 kilogr. d'alun dans 32 kilogr. d'eau ; on fait dissoudre, d'un autre côté, 1 kilogr. d'acétate de plomb dans une égale quantité d'eau ; on mélange les deux liquides, et l'on obtient un précipité, sous forme de poudre, qui est un sulfate de plomb. On décante le liquide qui retient en dissolution l'acétate d'alumine, et l'on y plonge l'étoffe que l'on veut rendre imperméable. On la malaxe quelques instants et on la laisse ensuite sécher à l'air libre.

1076

INCOMBUSTIBILITÉ DU BOIS.

Tremper le bois dans une forte solution d'alun et de sulfate de fer.

(*Faggot*.)

1077

AUTRE.

Appliquer sur le bois plusieurs couches de silicate de potasse, composé très-pur (verre soluble.)

(*Fulchs*.)

1078

AUTRE.

Chlorhydrate d'ammoniaque . . . . } aa part. égales.
Phosphate d'ammoniaque . . . . }

(*Gay-Lussac*.)

1079

AUTRE.

Borate de soude. } aa part. égales.
Sel ammoniac . . }

(*Idem*.)

1080

AUTRE.

Alun	60 gramm.
Sulfate d'ammoniaque. .	60 —
Acide borique (dissous dans 1 litre d'eau). . .	30 —
Gélatine	19 —
Empois	6 —

(*De Breza*.)

Préserver non-seulement les objets du feu, mais des ravages des insectes.

1081

AUTRE.

Dissolution de chlorure de calcium.

(*H. Masson*.)

1082 A 1085

INSECTICIDES (POUDRES).

Les racines pulvérisées de trois plantes et les fleurs d'une quatrième détruisent très bien les parasites, surtout les punaises.

1° La racine de l'*actée cimifuge* (famille des renonculacées).

2° La racine de la *cimicaire* (même famille).

3° La racine de la *vératre cévadille* (*veratrum sabadilla*). Cette dernière est précieuse.

4° Les fleurs, réduites en poudre, du *pyrethrum caucasicum*. La meilleure de toutes.

1086

INSTRUMENTS TRANCHANTS (PROCÉDÉ TRÈS-SIMPLE POUR LES FAIRE COUPER).

Eau.	100 gramm.
Acide chlorhidrique . . .	9 —

Laissez tremper une demi-heure dans ce mélange la lame des instruments à repasser (rasoirs, couteaux, etc.) ; faites sécher quelques heures et passez sur la pierre à rasoirs.

Cette opération, qui a quelquefois amélioré de mauvaises trempes, n'altère pas la qualité des instruments tranchants.

1087

AUTRE.

Eau	100 gramm.
Acide sulfurique très concentré.	5 —

Même manière d'opérer.

1088

IVOIRE (NETTOYAGE DE L').

Brossez l'ivoire avec de la pierre-ponce très-finement pilée et délayée dans de l'eau, puis renfermez-le sous une cloche de verre exposée au soleil.

1089

ENCRE POUR ÉCRIRE SUR L'IVOIRE.

Curcuma.	8 gramm.
Solution gommée	q. s.
Ajoutez :	
Azotate d'argent.	10 centigr.

1090

PROCÉDÉ POUR ARGENTER L'IVOIRE.

Plongez un morceau d'ivoire poli dans une dissolution d'azotate d'argent cristallisé étendu d'eau distillée, jusqu'à ce qu'il ait acquis une couleur jaune brillante ; retirez-le ensuite de cette solution, plongez-le dans un vase de verre rempli d'eau distillée, et l'exposez dans cette eau à l'action des rayons directs du soleil. Après 2 ou 3 jours, l'ivoire deviendra noir, mais en le frottant un peu il prendra le brillant et l'éclat d'un morceau d'argent.

1091

MOYEN D'IMITER L'IVOIRE ET L'OS.

Il suffit de traiter l'albâtre ou autres variétés de sulfates de chaux par le moyen suivant :

« On taille ou sculpte les objets désirés dans des blocs d'albâtre ou de plâtre crû, ou bien on les moule en plâtre cuit et on les place ensuite sur des supports en fer dans un four, où on les maintient pendant 48 heures à une température qu'on porte graduellement de 120 à 175°. Cette calcination en chasse l'eau et les rend opaques, blancs et cassants. On les expose ensuite à l'air pendant 3 à 4 heures, puis on les plonge dans un bain de vernis dur ordinaire ou d'huile d'olive, ou de tout autre matière grasse, ou de cire en fusion, jusqu'à ce qu'ils en soient saturés. En cet état, on les immerge un instant dans l'eau chauffée de 30 à 50°, en répétant cette immersion de quart d'heure en quart d'heure jusqu'à saturation complète ; après quoi on les abandonne dans l'eau jusqu'à ce qu'ils aient acquis le degré de dureté convenable. Le temps requis pour cet effet dépend des dimensions des objets : ceux d'un petit volume n'exigent que 2 heures, les gros jusqu'à 10 heures. Si on veut avoir des articles colorés, on les plonge dans des bains colorés au lieu d'eau pure. Les articles, après avoir été traités de la manière ci-dessus décrite, peuvent être polis avec de la craie ou de la terre pourrie, et sur le tour si leur forme le comporte. »

K

1092

KALÉIDOSCOPE.

« Dans un tube de métal ou de carton noirci intérieurement sont placées deux lames de verre couvertes sur leur seconde surface d'un vernis noir, ou simplement doublées de papier noir. Ces deux lames sont plus ou moins inclinées l'une à l'égard de l'autre, ou, en d'autres termes, elles forment ensemble un angle de 45 degrés environ, et sont maintenues d'une manière fixe dans cette position. L'une des extrémités du tube est fermée par une lame de carton qui est percée à son centre d'une petite ouverture servant d'oculaire, c'est-à-dire que c'est là qu'on applique l'œil pour regarder. A l'autre extrémité du tube est un espace, une certaine capacité comprise entre deux lames de verre, dont l'une, qui est un verre transparent, est placée à l'intérieur, et l'autre, qui est un verre dépoli, est placée à l'extérieur et ferme le tube. C'est dans cette capacité que doivent être placés les objets les plus divers, en petits fragments : verres colorés et de toute nuance, petites feuilles de plantes, petits morceaux de dentelles et de papiers de couleur, petits coquillages, etc. »

1093

KIRSCH DE MÉNAGE.

On concasse une certaine quantité de noyaux de cerises qu'on laisse infuser, ainsi que leurs amandes, dans de l'eau-de-vie jusqu'au temps de la pleine maturité des abricots. Alors on ajoute au mélange des noyaux d'abricots, sans les amandes; on laisse encore infuser 60 jours, puis on filtre la liqueur.

1094

KIRSCHWASER (SANS DISTILLATION).

Alcool à 33°	9 lit. 1/2.
Cerises de bois (sèches).	500 gramm.
Pruneaux	250 —
Amandes amères.	125 gramm.
Feuilles de cerisier. . .	25 —

« Pilez les cerises, les pruneaux et les amandes amères, en y ajoutant du sous-carbonate de magnésie en excès, c'est-à-dire autant qu'il en faudra pour absorber l'eau de végétation en totalité ; d'autre part, faites une infusion de feuilles de cerisier avec 3 litres d'eau bouillante ; ajoutez à cette infusion encore très chaude 9 litres 1/2 d'alcool, ce qui le réduira à 20°, et terminez en mélangeant la pâte formée avec le sous-carbonate de magnésie et les ingrédients qui y ont été mélangés. Agitez et filtrez. »

L

1095

LAINE (MOYEN DE LA PRÉSERVER DES VERS).

Poudre de fleurs de *pyrethrum caucasicum*. . .	10 gramm.
Lavande	20 —
	(Dr B. Lunel.)

1096

LAIT (CONSERVATION DU)

« Pour conserver le lait frais pendant 2 ou 3 jours, au printemps et en automne, il faut placer le vase qui le contient dans un lieu bien aéré, où nulle émanation nuisible ne puisse parvenir et où règne une température assez basse. On doit le laisser en repos dans le même vase où il a été placé originairement. Les vases de zinc et de cuivre jaune, tenus parfaitement propres, retardent la fermentation du lait, mais dans une limite très-restreinte. Les vases de ferblanc, de verre, de grès, ou mieux de tôle ou de fonte, émaillés à l'intérieur, leur sont préférables. Les vases de fer non émaillés, et, par conséquent, les vieux vases de ferblanc dont l'étamage est altéré par l'usage, communiquent assez vite au lait une saveur très-désagréable.

1097

Le lait peut être encore conservé frais en le faisant bouillir tous les jours ; mais après 4 ou 5 ébullitions une partie du lait s'est évaporée, sa saveur est perdue.

1098

Le remplissage complet et le bouchage hermétique du vase, en verre ou en ferblanc, ont encore pour résultat certain de prévenir la congélation et la fermentation putride du lait pendant 2 ou 3 jours, si les récipients sont entourés de fragments de glace ou d'un liquide réfrigérant

1099

CONSERVES DE LAIT (LIGNAC).

Le lait, aussitôt qu'il est trait, reçoit 60 gr. de sucre blanc par litre, puis il est mis dans une chaudière peu profonde et à fond plat, et chauffé au bain-marie. On ne doit faire chauffer à la fois qu'une petite quantité de lait, à peu près une couche de 1 centimètre. On l'agite sans cesse avec une palette de bois jusqu'à ce qu'il ait perdu par l'évaporation le cinquième de son volume primitif. On en remplit des boîtes de fer blanc qu'on laisse plongées pendant une demi-heure dans un bain-marie à la température de 100°, puis on soude les boîtes.

Lorsqu'on veut faire usage de ces con-serves, on délaie une certaine quantité de lait dans 4 ou 5 fois son volume d'eau tiède.

1100

PROCÉDÉ MABRU.

On fait usage de bouteilles ordinaires à vin dont le goulot est muni d'un petit tube d'étain ou de plomb. On remplit de lait les bouteilles ainsi que le tube, et on les plonge dans un bain-marie dont on élève la température jusqu'à 100°. Quand tout l'air intérieur a été expulsé, on aplatit fortement le tube en le pinçant, on le coupe et on achève de fermer la coupure à l'aide d'un grain de soudure.

1101

CRÈME DE LAIT (CONSERVATION DE LA).

La crème doit être mise dans des vases à orifice étroit où elle est moins exposée à l'air. Dans les grandes chaleurs, elle est sujette à bouillonner : on évite cet inconvénient en suspendant le vase qui la contient dans de l'eau de puits bien fraîche. La crème fraîche, ou pour mieux dire nouvelle, est très-bonne à manger ; pour peu qu'elle ait 1 ou 2 jours en été, 3 en hiver, elle prend un goût de fromage, puis de rance, très-désagréable : cette crème vieillie ne saurait faire que de très-mauvais beurre. La crème contracte facilement l'odeur des objets qui l'environnent ; il faut donc éviter de la placer dans des circonstances où elle pourrait contracter une odeur étrangère.

1102

POUDRE DE LAIT.

On prend les substances suivantes :

Lait	1 kilogr.
Bicarbonate de soude . . .	2 gramm.
Eau	32 —
Sucre pulvérisé	500 —

On triture le bicarbonate de soude et on le fait dissoudre dans l'eau ; puis on verse cette dissolution dans le lait ; on met ensuite le mélange sur un feu modéré et on l'agite sans cesse. Lorsque le volume du liquide est diminué des trois quarts, on y ajoute, par partie, en remuant vivement, la totalité du sucre. Quand il est bien mêlé, on retire la masse du feu et on la divise dans des assiettes, par couches de l'épaisseur de 1 centimètre, puis on la fait sécher dans une étuve. Au bout de quelques jours, on gratte la pâte desséchée à l'aide d'un couteau ; on la réduit en poudre très-fine ; cette poudre, passée au tamis de soie, doit être ensuite enfermée dans des flacons de verre bien bouchés.

La poudre de lait peut s'employer à la dose de 25 à 30 gr. pour 500 gr. d'eau chaude dans une infusion de café ou de thé.

1103

MOYEN D'EMPÊCHER LE LAIT DE TOURNER.

Ajoutez 1 gramme de bicarbonate de soude dans 1 litre de lait.

1104

AUTRE.

Mettez dans une terrine de 15 à 20 litres de lait, 15 à 20 grammes de raifort sauvage.

1105

LAIT DE CHAUX.

Eau.	10 kilogr.
Chaux	1/2 —

1106

LAIT DE CIRE (POUR LUSTRER LES MEUBLES).

Eau	500 gramm.
Potasse.	200 —

Faites fondre à une douce chaleur.

Ajoutez :

Cire blanche.	120 —

Faites bouillir le tout 1/2 heure. Cette préparation se fige par le refroidissement et devient comme du savon blanc. Pour lustrer les meubles, on la broie avec de l'eau.

1107

LAIT DU JAPON.

Huile d'amandes douces ou d'aveline.	125 gramm.
Huile de tartre par défaillance	60 —
Huile de rhodia.	2 gouttes.
Huile de jonquille nouvelle	30 gramm.

Mêlez le tout ensemble pour enduire légèrement le visage avant de se coucher.

1108

LAIT INSTANTANÉ.

Faire évaporer à petit feu du lait frais, jusqu'à ce qu'il soit réduit en poussière fine qu'on renferme dans des vases bien bouchés. Si l'on veut une tasse de lait, dissolvez cette poudre dans une quantité proportionnelle d'eau.

1109

LAIT VIRGINAL (EAU DE TOILETTE).

Benjoin en larmes	75 gramm.
Storax calamite.	100 —
Girofle	15 —
Cannelle.	15 —
Muscades.	2 —
Musc.	40 centigr.
Ambre	50 —
Alcool à 33°.	3 litres 1/2

Concassez les aromates et faites-les infuser pendant quinze jours dans un vase bien bouché et exposé au soleil. On agitera le mélange une fois par jour, puis on décante et on filtre au papier.

1110

LAITONS.

LAITON DE ROMILLY.

Cuivre.	70 parties.
Zinc	30 —

1111

LAITON DE BELGIQUE.

Cuivre.	61 parties.
Zinc	36 —

| Plomb . . . . | 2,5 parties |
| Etain . . . . | 0,5 — |

1112

LAITON POUR LA DORURE.

Cuivre.	80 parties.
Zinc.	16 —
Plomb	2 —
Etain.	2 —

1113

LAITON POUR GARNITURE D'ARMES.

Cuivre	80 parties.
Zinc	17 —
Etain	3 —

1114

LARD (CONSERVATION DU).

« Après que le lard a été dans le sel pendant 12 ou 15 jours, on l'en retire pour le placer dans une caisse qui puisse en contenir trois ou quatre pièces, en ayant soin de mettre une couche de foin au fond de la caisse et d'entourer chaque pièce de lard d'un lit de foin. Quand la caisse est bien remplie et foulée avec du foin dans toutes les parties, on la ferme et on dépose dans un lieu sec, à l'abri des insectes et surtout des rats et des souris. »

1115 A 1117.

LÉGUMES (CONSERVATION DES).

1° *Produits comprimés.*

Dans ce procédé on comprime les substances alimentaires au moyen d'une presse d'une assez grande puissance; mais cette compression enlève les parties nutritives de la substance, et il ne reste au légume que le tissu ou grappe, sujet à la fermentation et la moisissure dès qu'on l'expose au contact de l'humidité.

2° *Produits desséchés.*

« La dessication s'opère dans un four tiède, ou mieux dans une étuve dont la température est élevée graduellement de 35 à 60 ou 65° au plus. Les légumes sont étendus par couches minces sur des châssis en bois, garnis d'un canevas, ou d'un tissu métallique étamé; il faut les sécher très-promptement et complétement, pour prévenir la fermentation. On les remue de temps en temps pendant cette opération, de manière à dessécher également toutes leurs parties, en évitant qu'ils ne se collent entre eux. En exposant alternativement les légumes à l'air et à la chaleur, la dessication est plus prompte et plus assurée; les légumes conservent ainsi plus de saveur et plus de souplesse. Les pommes de terre desséchées à leur véritable point doivent être cassantes sous les doigts et produire par leur frottement un bruit semblable à celui des coquilles de noix remuées : elles sont blondes, cornées, demi-transparentes et de bon goût. Ces conditions sont de rigueur; elles peuvent servir de base pour apprécier le point de la dessication complète des autres légumes. Les légumes desséchés sont renfermés et conservés dans des boîtes de bois ou de carton, ou dans des tonneaux propres, secs et bien fermés, afin d'empêcher l'humidité d'y pénétrer. »

On conserve encore les légumes dans la saumure liquide, dans la saumure vinaigrée, etc.

1118

LESSIVE ALSACIENNE.

Faites dissoudre 1,000 parties de savon dans 50,000 d'eau chaude, et ajoutez 15 parties d'essence de térébenthine et 30 d'ammoniaque. Pour laver le linge, il vous suffira de le faire tremper quelques heures dans ce mélange; après quoi vous le frotterez entre les mains pour enlever la crasse, et on rincera.   (*Kampmann.*)

1119

LESSIVE (NOUVELLE).

« On prend 1 kilogr. de savon dont on fait, avec un peu d'eau et l'application de la chaleur, une bouillie qu'on étend de 45 litres d'eau et à laquelle on ajoute une cuillerée à bouche d'essence de térébenthine et deux cuillerées d'ammoniaque, puis on fouette le tout avec un petit balai. On y introduit alors le linge sec et on l'y laisse macérer deux heures avant de le savonner; seulement il faut avoir soin de couvrir le cuvier. L'eau de savon peut être réchauffée et servir une seconde fois; mais il faut y ajouter une demi-cuillerée d'essence de térébenthine et une cuillerée d'ammoniaque. Après que le linge a été savonné, on le rince à l'eau tiède et on le passe au bleu. »

Ce procédé donne des résultats économiques dans le blanchissage du linge, en même temps qu'il le rend plus blanc, tout en dispensant de l'emploi de la brosse, dont l'usage est si destructeur.

1120 A 1123

LETTRES EN MÉTAL (PROCÉDÉ POUR LES FIXER SUR TOUTES LES SUBSTANCES).

Les lettres ou objets découpés dans du métal en feuilles, ou obtenus par voie galvanoplastique, sont fixés sur ces surfaces à l'aide des compositions suivantes :

« 1° On mélange ensemble 15 parties de vernis au copal, 5 d'huile grasse siccative, 3 de térébenthine, 2 d'essence, 5 de colle de nerfs dissoute au bain-marie, et 10 d'hydrate de chaux;

» 2° On mélange 15 parties de vernis à la sandaraque ou au galipot à 5 d'huile cuite, 5 de térébenthine et d'essence mélangés, et 5 de glu marine ou colle navale, et l'on ajoute 10 de blanc d'Espagne et de blanc de plomb sec;

» 3° On mélange 15 parties de vernis au copal et à la gomme laque mêlés ensemble à 5 d'huile siccative, 3 de solution de caoutchouc ou de gutta-percha, 7 d'huile de goudron, et 10 de ciment romain et de plâtre en poudre mêlés ;

» 4° A 15 parties de vernis au copal et à la colophane, on ajoute 5 de térébenthine et d'essence, 2 de colle de poisson en poudre, 3 de limaille de fer, et 10 d'ocre ou de terre pourrie. »

1124

LEVAIN (MANIÈRE PROMPTE DE S'EN PROCURER).

Faites bouillir pendant 1 heure, 500 gr. de farine de bonne qualité, 125 gr. de cassonnade brune et un peu de sel dans 10 litres d'eau.

Après 24 heures, ce levain peut être employé. Un litre suffit pour 9 kilogr. de pain.

1125

LEVURE DE BIÈRE ARTIFICIELLE.

Miel	300 gramm.
Eau à 50°	3 litres.
Crème de tartre.	60 gramm.
Malt	1000 —

Mêlez bien. Après deux ou trois heures, la fermentation arrive.

1126

AUTRE.

Farine de seigle ou d'orge, quantité suffisante;

Eau tiède, idem.

Faites une pâte molle que vous soumettez à la chaleur (25 à 30°); bientôt cette préparation devient aigre et peut remplacer la levure.

Le levain de pâte est également utilisable.

1127

LIMACES (DESTRUCTION DES).

Semez à la volée, comme de la semence, 2 à 3 hectolitres de chaux vive par hectare. Cette opération doit être faite par un temps calme, un peu avant le lever du soleil. Renouvelez cette opération quelques heures après.

1128

AUTRE.

Eau de chaux répandue à l'aide d'un arrosoir sur les endroits infestés.

17.

1129

AUTRE.

Pour la petite culture, saupoudrez de sel le terrain infesté.

1130

AUTRE.

4 à 5 hectolitres de chaux fraîche réduite en poudre, par hectare, doivent être répandus au moment de la germination.

Moyen sûr et peu coûteux pour les grandes cultures.

1131

LIMONADE GAZEUSE EN POUDRE.

Sucre râpé.	50 gramm.
Acide citrique.	3 —

Faites un paquet bleu. D'autre part :

Bicarbonate de soude . .	2 gramm.

Faites un paquet blanc.

Lorsqu'on veut en faire usage, on fait dissoudre le sucre et l'acide dans 1,000 gr. d'eau, puis on ajoute le sel, et l'on boit pendant le dégagement de gaz qui a lieu.

1132

LIMONADE SÈCHE.

Acide citrique	5 gramm.
Sucre.	150 —
Essence de citron.	10 gouttes.

Mêlez. Une cuillerée pour un verre d'eau.

1133

AUTRE.

Acide tartrique.	30 gramm.
Sucre pulvérisé	125 —
Essence de citron. . . .	10 gouttes.

On mêle ces substances pour 3 litres d'eau.

1154

AUTRE.

Acide oxalique	1 gramm.
Sucre blanc	60 —

Essence de citron. . . . 10 gouttes.

On mêle ces substances pour un litre d'eau.

1155

LIMONADE VINEUSE OU AU VIN.

On frotte 500 gr. de sucre sur l'écorce de deux citrons et on met ce sucre au fond d'un vase de porcelaine où l'on verse de l'eau chaude en quantité suffisante pour le faire fondre. On ajoute ensuite deux litres de bon vin rouge ou blanc; on passe le mélange à la chausse.

1156

LINGE EMPESÉ (PROCÉDÉ POUR LUI DONNER PLUS DE FERMETÉ ET D'ÉCLAT).

Empois bouillant.	1 litre.
Acide stéarique	30 gramm.

Mêlez.

1157

LIQUEUR RASPAIL.

Racine et semences d'angélique	30 gramm.
Calamus aromaticus. . .	4 —
Noix de muscade.	1 décigr.
Myrrhe.	2 gramm.
Cannelle	2 —
Girofle	1,2 décigr.
Aloès.	1,22 —
Vanille.	1,2 —
Safran	0,4 —

On laisse digérer quinze jours au soleil avec de l'eau-de-vie, on agite de temps en temps, on ajoute 500 g. de sucre et l'on filtre.

1158

LIQUEURS (MOYEN DE LES VIEILLIR.)

Quelle que soit l'espèce de liqueur, eau-de-vie ou autre, il suffit de plonger les vases qui les contiennent, pendant quarante-huit heures, dans un bain de glace; ainsi se trouve accélérée la combinaison intime des éléments de la liqueur, qui acquiert alors les qualités dues à la vieillesse.

1139

PROCÉDÉ POUR COLORER LES LIQUEURS,
D'APRÈS LEBEAU ET JULIA FONTENELLE.

Couleur rouge.

Cochenille	16 gramm.
Alun de Rome	1 —
Eau commune.	250 —

On réduit la cochenille et l'alun en poudre fine, on fait bouillir l'eau et on la jette dessus; on peut faire par ce moyen un rouge plus ou moins foncé, en y mettant plus ou moins d'eau ou de cochenille, suivant le besoin.

1140

Violet.

On mêle une partie de bleu en liqueur avec deux du rouge ci-dessus.

1141

Cramoisi.

Cette couleur s'obtient avec l'orseille, en l'étendant avec plus ou moins d'eau; mais il faut y ajouter un peu d'alun pour rendre la couleur plus solide.

1142

Vert.

On dissout une partie de curcuma avec deux de bleu en liqueur et un peu d'alun.

1143

Jaune.

On prend du safran que l'on fait macérer dans l'alcool en plus ou moins grande quantité, selon que l'on veut un jaune clair; on peut encore se servir de curcuma.

1144 A 1147

COLORATION DES RATAFIAS.

1° En bleu, par la dissolution d'indigo dans l'acide sulfurique;

2° En vert, par le mélange de cette dissolution et de l'infusion de safran;

3° En jaune, par l'infusion de safran;

4° En rouge, rose et ses nuances, par l'infusion alcoolique de la cochenille.

1148 A 1156

PROCÉDÉ DES ALLEMANDS POUR COLORER
LES LIQUEURS.

Teintures rouges.

Bois de santal.	31 gramm.
Alcool à 34°.	2 litres.

Filtrez après 48 heures.

AUTRE.

Bois de Fernambouc râpé	375 gramm.
Alcool	2 litres.

AUTRE.

Baie de myrtile.	500 gramm.
Alcool	2 litres.

Après deux jours de digestion, passez avec expression et filtrez.

AUTRE.

Cochenille en poudre . .	92 gramm.
Alcool	2 litres.

Après deux jours de digestion, ajoutez :

Alun de Rome en poudre.	8 gramm.

Filtrez.

Pour faire avec cette teinture une couleur violette, on y ajoute par 500 gr. 8 gr. d'esprit de sel ammoniac.

Couleur jaune.

Safran	32 gramm.
Alcool.	2 litres.

AUTRE.

Racine de curcuma en poudre	125 gramm.
Alcool	1 litre.

Avec cette teinture et le bleu, on fait le meilleur vert.

Couleur bleue.

Indigo en poudre très-fine	16 gramm.
Acide sulfurique à 66° . .	62 —

Quand la solution aura été complète à l'aide d'une douce chaleur, ajoutez-y :

Eau pure.	185 gramm.

AUTRE.

On peut employer aussi la teinture de tournesol et celle de violettes.

Couleur verte.

Cette couleur s'obtient par le mélange des teintures jaune et bleue.

1157

LITHOGRAPHIE HÉLIOGRAPHIQUE (PROCÉDÉ PAR LEQUEL ON ARRIVE A FAIRE FAIRE UN CLICHÉ LITHOGRAPHIQUE AUX RAYONS DU SOLEIL).

On reçoit l'image sur une pierre ordinaire à lithographier ou sur une plaque de zinc recouverte d'iode. La pierre ou la plaque de zinc, au lieu d'être passée au mercure, doit être immédiatement recouverte de gomme arabique en solution épaisse, noircie avec du noir de fumée et mise à l'abri de la lumière, jusqu'à ce que la couche de gomme soit sèche ; alors on plonge la pierre dans un bac d'eau pour la dissoudre et la laver. On la place ensuite sur la presse et on y passe le rouleau ; voici ce qui arrive : les parties d'iode décomposées par la lumière ont été soulevées par la gomme qui s'est introduite par dessous et a *préparé la pierre*, c'est-à-dire qu'elle lui a communiqué la faculté de repousser l'encre grasse, tandis que les parties d'iode non décomposées prennent parfaitement la graisse, soit que l'iode reste, soit qu'il s'en aille sous l'éponge du mouilleur ; on obtient ainsi le blanc pur et des épreuves parfaites dans toutes leurs parties ; mais cette opération est délicate et ne peut être faite que par un très-habile lithographe. La plaque de zinc se traite absolument de la même manière que la pierre. Le grand tour de main consiste à ne presque pas charger d'encre son rouleau. On peut même charger son dessin à l'encre grasse s'il tire à l'empâtement, et le préparer à l'acide ou plutôt à l'hydrochlorate de chaux.

(*Jobard*, de Bruxelles.)

1158

LUTS (COMPOSITION DES.)

LUT BLANC.

Craie	30 gramm.
Farine de froment	10 —
Sel blanc	10 —
Eau	77,50

1159

AUTRE.

Craie pulvérisée.	10 gram m
Farine de seigle.	20 —
Blancs d'œufs	q. s.

Pour former une pâte liquide.

116

LUT ARGILEUX, POUR LES VAPEURS ACIDES.

Argile réfractaire délayée	20 gramm.
Crottin de cheval haché .	10 —
Sable.	40 —

1161

LUT FERRUGINEUX, POUR UNIR LES TUYAUX DE FER.

Sel ammoniaque.	200 gramm.
Fleurs de soufre.	100 —
Limaille de fer fondu . .	1600 —

1162

LUT CALCAIRE ALBUMINEUX.

Sang de bœuf et chaux hydratée.

1163

LUT CALCAIRE ET AU BLANC D'ŒUF.

Blanc d'œuf et chaux hydratée.

On fait une bouillie claire dont on recouvre des bandes de toile destinées à lutter les appareils à distillation.

1164

LUT CASÉEUX AVEC LA CHAUX.

Fromage frais ou récemment séparé du petit lait, pétri avec la chaux hydratée. — Un des meilleurs luts connus.

1165

AUTRE.

Faites un mélange de chaux et de lait. Long à sécher, mais fort bon. (*Carbonell.*)

1166

LUT ALCALIN ALBUMINEUX, POUR APPAREIL A DISTILLATION.

Sang de bœuf et cendres de bois neuf.

— Faire une pâte épaisse. — Très-dur en séchant.

1167

LUT GRAS.

Terre glaise.	64 gramm.
Litharge	8 —
Huile de lin.	q. s.

M

1168

MARASQUIN (LIQUEUR).

Pour 5 litres :

Sucre blanc.	2500 gramm.

Faites dissoudre sur le feu dans :

Eau.	1 lit. 3/4.

Ajoutez :

Alcool à 33°.	2 —

Puis :

Essence d'amandes amè-res	10 gouttes.
Essence de rose	4 —
— de cannelle. . .	2 —
Néroli	4 —

Filtrez après un mois.

1169

MARASQUIN DE ZARA.

Cette liqueur, dit M. Lebeau, vient ordinairement de la Dalmatie, où on la prépare avec les cerises de Magalil, que l'on écrase et fait fermenter. Mais comme cette qualité ne se trouve point à Breslau, on suit le procédé suivant :

Framboises.	3 kilog.
Cerises aigres, écrasées avec les noyaux	2 —
Fleurs d'oranger fraîches	1 kilogr.
Alcool	12 litres.
Eau	4 —

Ajoutez aux 10 litres de produit :

Eau	8 litres.
Sirop de sucre.	7 k. 500 g.

1170

MARBRES ARTIFICIELS.

On prend du gypse (plâtre) ou de l'albâtre. Après que ces matières ont reçu la forme que l'on désire leur donner, on les place dans une étuve chauffée à 80° ou 100° *Fahrenheit* (de 28° à 30° centigr.), et, dès qu'elles sont desséchées d'une manière convenable, on les immerge dans une solution chaude de borate de soude et de bisulfate de potasse préparée, en ajoutant environ 500 gr. de borax, 8 à 10 gr. de sulfate potassique par 4 litres 1/2 d'eau. Après l'immersion, on replace les objets à l'étuve, et lorsqu'ils sont de nouveau desséchés, on les expose à la température de 250° *Fahrenheit* (126° centig.), de manière à en chasser la totalité de l'eau. On les laisse alors refroidir au point de pouvoir les toucher légèrement avec la main, et on les plonge dans une solution chaude de borax, à laquelle on a préalablement ajouté de l'acide azotique concentré, dans la proportion de 10 à 30 gr. par 4 litres 1/2 de solution. La dureté et la blancheur des produits obtenus dépendent surtout de la qualité de l'acide azotique dont on se sert pour cette opération ; il est donc essentiel de n'employer, pour arriver au but que l'on se propose, que de l'acide très-concentré. De plus, on fait usage d'une solution à une température voisine du point d'ébullition, afin d'obtenir une saturation plus complète des objets que l'on y plonge. Ces objets sont ensuite remis à l'étuve; puis un jour ou deux après cette opération, on les chauffe doucement et on les enduit d'un vernis composé avec du baume du Canada dissous dans l'essence de térébenthine ou de l'huile de naphte.

1171

MARBRE COLORÉ.

On peut obtenir un marbre coloré en opérant comme il vient d'être dit et en substituant à la solution de borax et d'acide azotique une solution de borax et d'une matière colorante, avec de l'acide azotique ou un autre acide ou nitrate. Ainsi, pour produire un marbre bleu, on peut se servir d'une solution de borate de soude, contenant également de l'indigo et du nitrate de fer.

1172

MARBRE DIVERSEMENT COLORÉ.

Pour obtenir un marbre diversement coloré, il faut avoir recours à une double opération : ainsi, les objets sont d'abord préparés avec une couleur bleue, et suivant le procédé ci-dessus décrit ; puis, après leur dessication, on recommence une nouvelle opération, en les immergeant cette fois dans une solution de borax contenant en outre une matière colorante rouge et de l'acide nitrique. Les deux couleurs, bleue et rouge, forment de la sorte des veines tantôt bleues, tantôt rouges.

(Saint-Clair Massiat.)

1173

MÉTHODE POUR DONNER AUX BUSTES ET AUX STATUES EN PLATRE L'APPARENCE DU MARBRE.

« On dissout dans 3 litres d'eau 6 hec-togr. d'alun, et on chauffe le tout jusqu'à ce que l'alun soit dissous ; le buste ou l'objet en plâtre doit être parfaitement séché. et dans cet état on le plonge dans le liquide, où on le laisse quinze à trente minutes ; ensuite on le suspend au-dessus du liquide pour le laisser égoutter. Quand il est refroidi, on verse dessus une partie de la solution, on l'applique au moyen d'une éponge ou d'un linge, et on continue cette opération jusqu'à ce que l'alun ait formé une couche cristallisée sur toute la surface. On le met ensuite à sécher, et, quand il est parfaitement sec, on le polit avec du papier sablé (papier de verre), et on le frotte avec un linge légèrement mouillé. »

1174

NETTOYAGE DU MARBRE.

Cire blanche.	125 gramm.
Orcanette pulvérisée. . .	32 —

Faites fondre à une douce chaleur, passez à travers une toile et ajoutez :

Térébenthine.	125 gramm.

Remuez jusqu'à refroidissement.

Étendre une petite quantité de ce mélange sur un tampon de coton et frotter vivement le marbre.

1175

CIMENT POUR LE MARBRE.

Pour raccommoder un objet de marbre cassé, on réunit les deux parties qu'on veut coller ensemble, après les avoir enduites d'un mélange de 2 part. de cire et de 1 part. de résine avec 2 part. du même marbre pulvérisé. Il faut que le marbre soit bien sec et le ciment légèrement amolli par la chaleur. On rebouche les fentes des marbres avec de l'eau de colle, dans laquelle on mélange de l'albâtre en poudre pour le marbre blanc; de l'ardoise, pour le gris; de l'ocre pour le marbre rouge ou brun. On polit ensuite la surface avec de la pierre ponce très-fine, du tripoli et du blanc d'Espagne.

1176

PROCÉDÉ POUR VERNIR LES MARBRES.

On peut vernir les marbres avec un mélange de cire blanche et d'essence de térébenthine.

1177

MARRONS ET CHATAIGNES (CON-
SERVATION DES).

Après avoir laissé quinze jours les marrons dans leurs enveloppes épineuses, on
les débarrasse et on les étend à l'ombre
sur un plancher pour leur faire perdre
l'excès de leur eau de végétation. On reconnaît qu'ils sont suffisamment ressuyés
lorsque le plancher qu'ils recouvrent n'offre plus de traces d'humidité. Alors on
renferme les marrons dans des boîtes de
ferblanc se bouchant bien, et l'on place
les boîtes dans un lieu sec et aéré, jamais
à la cave. Comme ces boîtes, qui ne doivent pas contenir plus de 4 ou 5 kilogr. de
marrons, ne fatiguent point et peuvent
être établies à moins de 2 fr. pièce, la dépense première n'est pas excessive et n'a
besoin d'être renouvelée que partiellement et de loin en loin.

1178

MASTIC AU CAOUTCHOUC, DE
MAISSIAT.

Caoutchouc. . . . .   60 gramm
Suif . . . .   4 —

Faites fondre à une très-douce chaleur
en remuant sans cesse. — Lorsque la fusion est complète, ajoutez peu à peu de la
chaux éteinte et tamisée, et retirez du feu
lorsque la consistance du mélange est convenable.

Excellent ciment pour luter les appareils de chimie, pharmacie, etc.

1179

MASTIC BITUME OU PIERRE SEYSSEL, POUR
LES CONSTRUCTIONS.

Bitume . . . .   4 kilogr.
Huile de lin. . . . . . .   2 —

Huile grasse. . . . .   1 kilogr.
Litharge . . . .   1 —
Mélangez et ajoutez :
Essence de térébenthine.   1 —

1180

MASTIC DE CORBEL, POUR LES JOINTS DE
TERRASSE).

Ciment fin. . . . .   8 kilogr.
Céruse. . . . .   1 —
Litharge . . . .   1500 gramm.
Huile grasse. . . . . . .   1500 —
Huile de lin. . . . . . .   q. s.

Faire une pâte.

1181

MASTIC DE FONTAINIER.

On fait fondre 100 gr. d'arcanson et on
y incorpore 200 gr. de ciment de brique
en poudre fine, en ajoutant cette dernière
substance par petites portions, de manière que le mélange s'opère parfaitement. Remuer au moment où l'on emploie
ce mastic, qui sert à faire les joints des
tuyaux, des pierres, à boucher les fissures
des fontaines filtrantes.

1182

MASTIC DE VITRIER.

Blanc d'Espagne . . . .   500 gramm.
Céruse pulvérisé. . . . .   125 —

Mêlez dans un mortier avec de l'huile
de lin siccative, en versant celle-ci peu à
peu jusqu'à ce que le mélange ait pris la
consistance d'une pâte molle.

1183-1184

AUTRE :

On mêle à chaud parties égales de vernis d'imprimeur, de blanc d'Espagne pulvérisé ou de litharge. Ce mastic sèche en
quelques heures et est très-tenace.

« En faisant fondre dans un vase de fer
2 parties de poix commune avec 2 parties
de gutta-percha, on obtient un excellent
mastic qui peut être conservé, soit liquide

au-dessous d'une couche d'eau, soit séché et durci pour le faire fondre en cas de besoin. Il n'est pas attaqué par l'eau, et adhère très-solidement au bois, à la pierre, au verre, à la porcelaine, à l'ivoire, au cuir, aux papiers, à la laine, aux tissus de chanvre, de lin ou de coton, ce qui le rend propre à une foule d'applications.

1185

MASTIC HAMELIN.

Litharge et minium. . .	9 parties.
Pierre tendre	50 —
Silice.	50 —

On emploie 4 litres 60 d'huile pour chaque 50 kilogr. 70.

Ce ciment n'a pas besoin d'être peint ; il blanchit graduellement et arrive, au bout de 4 mois, à la teinte exacte de la pierre.

1186

MASTIC HYDROFUGE.

Cire jaune	1 partie.
Huile de lin lithargée. .	3 —

Pour préserver les murs de l'humidité, on le fait pénétrer, à l'aide d'une chaleur très-intense, dans les pores des pierres.

(*Thénard* et *d'Arcet*).

1187

AUTRE.

Résine.	2 parties.
Huile de lin lithargée . .	1 —

1188

AUTRE PLUS BRILLANT.

Jetez de la crème de tartre en poudre sur la surface des boiseries, puis frottez bien légèrement avec une brosse très-douce en blaireau ou en poils de chèvre.

1189

MASTIC POUR LES CHAUDIÈRES A VAPEUR, INTERSTICES DES PIERRES.

Sable de rivière	20 parties.
Litharge	2 —

Chaux vive.	1 partie.
Huile de lin.	q. s.

1190

MASTIC POUR BOUTEILLES.

Cire jaune.	20 gramm.
Colophane.	60 —
Poix résine.	60 —

Faites fondre la cire, ajoutez les résines et plongez les bouteilles.

1191

MASTIC POUR EMPREINTES.

Poix noire.	100 gramm.
Axonge	10 —
Sable à mouler.	30 —

Faites fondre la poix, avec laquelle on mêle l'axonge, puis on ajoute le sable et l'on mélange bien avant de le retirer du feu.

1192

MASTIC AU CASÉUM POUR MOULAGE ET EMPREINTES ET CONTRE L'INFILTRATION DES EAUX.

Chaux en poudre non fusée	1 kilogr.
Fromage de lait crêmé . .	750 gramm
Trois blancs d'œufs.	
Cassonade.	3 kilogr.
Colle de poisson.	120 gramm.

Les quatre dernières substances doivent être mises dans du petit lait et remuées ensemble ; on les mêle ensuite avec la chaux vive, de manière à ce que tout soit bien homogène. Avec cette pâte, rendue assez liquide pour être étendue en couche, on en donne une première impression et on la recouvre le lendemain d'une couche de solution d'alun. On donne ensuite une seconde couche, dont les proportions et les substances sont les suivantes. Cette espèce de peinture peut remplacer utilement et économiquement la peinture à l'huile.

Chaux.	1	kilogr.
Blanc d'Espagne.	1	pain
Blanc de plomb.	1/4	—
Fromage.	500	gramm.
Céruse.	125	—
Petit lait.	500	—

Opérez comme ci-dessus et étendez au pinceau ; pour mouler des ornements, il suffit de rendre la pâte plus ferme.

(*Chevalier*).

1193

MASTIC POUR RACCOMMODER LA PORCE-LAINE, LA FAIENCE, LE VERRE, LE CRIS-TAL.

On prend 250 grammes de caillé de lait écrémé, on le lave jusqu'à ce que l'eau qui sert au lavage reste limpide; puis, après avoir exprimé toute l'eau, on mélange ce caillé avec six blancs d'œuf ; d'un autre côté, on exprime le jus d'une quinzaine de gousses d'ail et on l'ajoute aux deux premières substances; on triture alors le tout fortement dans un mortier, en y ajoutant par petites portions de la chaux vive en poudre très fine, de manière à obtenir une pâte sèche et bien liée. Lorsqu'on veut se servir de ce mastic, on en prend une partie qu'on broie sur une glace avec une molette et un peu d'eau; lorsqu'il est bien broyé, on le pose sur les fragments qu'on veut réunir ou dans les fentes que l'on veut boucher; on ajuste avec soin et on fixe avec force les objets réunis, et on laisse sécher à l'ombre. Ce mastic résiste au feu et à l'eau bouillante, si on a la précaution de le bien laisser sécher. Il convient aussi à la faïence, au verre et au cristal.

1194

MASTIC POUR SOUDER DES MÉTAUX AU VERRE, A LA PORCELAINE.

Argile épaisse. . . . . . .   2 parties.
Huile de lin bien pure . .   1   —

Mêlez et chauffez 5 minutes.

1195

AUTRE.

Argile épaisse. . . . . . .   2 parties.
Térébenthine   1   —

Les objets mastiqués doivent être tenus en contact 2 ou 3 jours.

1196

MATIÈRES ANIMALES ET VÉGÉ-TALES (CONSERVATION DES).

Eau. . . . . 4,000 gramm.
Chlorure de zinc 500   —

Les substances sont immergées 4 jours dans cette solution, puis séchées à l'air.

(*William Burnetts*).

1197

PROCÉDÉ DU DOCTEUR TRANCHINA, DE NA-PLES.

Injecter une solution de 1 kilog. d'arsenic blanc dans 10 kilog. d'eau, ou mieux d'eau-de-vie.

1198 A 1201

PROCÉDÉ GOADBY (5 FORMULES).

Formule ordinaire.

Sel gris . . . . 125 gramm.
Alun. 60   —
Sublimé. . . . . 1 décigr.
Eau. . . . . 1,000 gramm.

Pour les tissus délicats.

Sel gris. . . . . 125 gramm.
Alun. 60   —
Sublimé. . . . . 2 décigr.
Eau. . . . . 2,000 gramm.

Pour les tissus contenant du carbonate de chaux (os).

Sel gris . . . . 250 gramm.
Sublimé. . . . . 1 décigr.
Eau . . . . 1,000 gramm.

Pour les parties qui ont de la tendance au ramollissement, à la moisissure.

Alun. . . . . 250 gramm.
Acide arsénieux. 1   —
Eau. 1,000   —

Pour les parties nerveuses.

Sel gris . . . . 150 gramm.
Sublimé 1   —
Acide arsénieux 1   —
Eau. 1,000   —

Observation. Les pièces du Musée de chirurgie de Londres sont conservées presque exclusivement aujourd'hui par ces procédés.

1202

MATIÈRE PLASTIQUE (NOUVELLE).

Blanc d'Espagne	10 parties.
Solution de colle forte	2 —
Térébenthine de Venise	2 —

Cette pâte peut se mouler. Elle devient dure comme de la pierre. Pour la travailler à la main, s'enduire les doigts de l'huile de lin.

1203 A 1206

MAILLECHORT.

Pour couverts.

Cuivre	50 parties.
Nickel	25 —
Zinc	25 —

Pour garnitures de couteaux.

Cuivre	55 parties.
Nickel	22 —
Zinc	23 —

Pour laminer..

Cuivre	60 parties.
Nickel	20 —
Zinc	20 —

Pour sellerie, éperons.

Cuivre	57 parties.
Zinc	20 —
Nickel	20 —
Plomb	3 —

Voy. *Pakfung.*

1207

MÉDAILLES ANTIQUES (PROCÉDÉ DE RESTAURATION DES).

Plonger les médailles d'argent dans l'acide chlorhydrique, puis dans l'ammoniaque; les frotter ensuite avec une toile jusqu'à ce qu'elles soient bien nettoyées.

1208

PROCÉDÉ POUR DONNER LA COULEUR D'OR AUX MÉDAILLES.

Verdet	25 gramm.
Thulie	12 —
Borax	6 —
Nitre	6 —
Sublimé	8 décigr.

Mélangez.

1209

MELONS (CONSERVATION DES).

S'il est cueilli à l'état de maturité, mis dans une glacière, peut y rester frais et mangeable plus d'un mois.

S'il est cueilli avant maturité, le ressuyer 24 à 48 heures à l'air, puis le mettre dans un tonneau rempli de sable ou de grès, ou de sciure de bois et de charbon en poudre, le tout bien sec et placé à l'abri de la lumière, de l'humidité, de la gelée et de la chaleur. Dans ces conditions, le melon peut se conserver 20 jours environ.

1210

MERCURE (NETTOYAGE DU).

Le mercure sali par la poussière ou par la présence de corps étrangers se nettoie très-aisément. Il suffit de le faire passer à travers une peau de chamois, ou un linge très-serré, plié en double et mouillé; s'il est sali par des matières grasses, on le lave à plusieurs reprises dans une eau chargée de potasse caustique.

1211

MÉTAUX.

MÉTAL ARGENTIN DE PARIS.

Étain	85,44
Plomb	0,06
Antimoine	14,50

1212

MÉTAL D'ALGER POUR COUVERTS, PLANCHES A GRAVER LA MUSIQUE.

Étain	60
Plomb	34,6
Antimoine	5,4

1213

NETTOYAGE DES MÉTAUX.

Eau	500 gramm.
Savon noir	60 —

Délayez et ajoutez :

Terre pourrie porphyrisée	100 —

Alcool à 33° . . . . 60 gramm.
Essence de térébenthine . 100 —
Huile blanche . . . . . . 30 —

Agitez et mettez en bouteilles bien bouchées.

Excellente composition pour nettoyer les objets de cuivre, les ustensiles de cuisine. Ne contient nul acide.

1214

MÉTAL DE LA REINE POUR THÉIÈRES ANGLAISES.

Etain. . . . . '73,36
Plomb 8,88
Antimoine 888
Bismuth 8,88

1215

DIFFÉRENTS ALLIAGES DES MÉTAUX.

OR, ALLIAGE.

L'or et le fer s'unissent en toutes proportions. 1/12 de fer donne à l'or un aspect grisâtre et le rend plus dur.

1216

OR GRIS DES BIJOUTIERS.

Alliage d'or et de fer dans les proportions de 1/5 à 1/6.

1217

OR VERT DES BIJOUTIERS.

Or . . . . 71 parties.
Argent . . . . 29 —

1218 A 1221

AUTRES ALLIAGES D'OR.

Le zinc, le bismuth, le plomb, rendent l'or cassant, un demi-millième de plomb en fait autant.

Le cuivre s'allie à l'or en toutes proportions ; il rehausse la couleur de l'or, le rend dur et moins ductile.

1222 A 1225

ALLIAGE D'ARGENT.

C'est surtout avec le cuivre qu'il forme les alliages les plus importants.

Voici le titre des alliages les plus connus en France.

	Argent.	cuivre
Monnaies d'argent.	900	100
Médailles	950	50
Vaisselle et argenterie . .	950	50
Bijouterie	800	200

1226

ALLIAGES D'ARGENT, DE FER, DE COBALT ET DE NICKEL.

Argent . . . . 2,000 parties.
Fer . . . . 7 —
Cobalt . . . . 4 —
Nickel . . . . 1 —

La malléabilité de cet alliage est celle de l'argent presque pur.

(*Germain Barruel.*)

1227

ALLIAGE D'ARGENT ET D'ALUMINIUM.

Argent pur . . . . 100 parties.
Aluminium . . . . 5 —

Cet alliage est aussi dur que l'argent monétaire. (*Tissier.*)

Pour les alliages de cuivre, de plomb, d'étain, de bismuth, etc., voy. le mot *Alliages*, n° 35.

1228

MIEL (CONSERVATION DU).

Le placer dans des tonneaux neufs et bien fermés, de 50 à 60 kilogr.

1229

AUTRE.

Le mettre dans des pots de grès ou de faïence recouverts de toile imbibée d'eau-de-vie. — Recouvrir le tout d'un parchemin solidement attaché.

1230 A 1234

MOISISSURE (MOYEN DE L'EMPÊCHER SUR LES SUBSTANCES ALIMENTAIRES). Confitures, herbes cuites, conserves, etc.

Bien cuire ces substances, les bien comprimer ; couvrir les confitures d'une légère couche de miel ; les herbes cuites, de beurre fondu ou de saindoux ; couvrir les conserves d'une feuille de parchemin.

Sur les chaussures, harnais, etc.

Les frotter avec de l'huile de térébenthine.

Dans les tonneaux.

Solution de chaux-vive, de chlorure de chaux, de soude et de potasse.

Procédé pour faire disparaître des conserves alimentaires la saveur de moisissure.

Employer quelques gouttes de vinaigre ou de jus de citron.

PROCÉDÉ POUR EMPÊCHER LA MOISISSURE DES ÉTOFFES DE SOIE.

Plonger l'étoffe dans le mélange suivant :

Eau . . . . 4 kilogr.
Alcali volatil. . . . . . 200 gramm.

Rincez à l'eau pure, laissez sécher et repassez.

1235

MONTRES, PENDULES (PRÉPARATION DE L'HUILE POUR LES MONTRES, PENDULES ET AUTRES MACHINES DÉLICATES.

L'huile destinée à diminuer le frottement dans les machines délicates doit être complètement exempte de tout acide et de tout mucilage. Elle doit pouvoir supporter, sans se congeler, un degré de froid très-intense ; enfin, elle ne doit être autre chose que l'*élaïne* ou le principe huileux de la graisse solide, et être entièrement exempte de *stéarine* ou de *graisse solide*.

Il n'est nullement difficile de séparer l'*élaïne* de toutes les huiles fixes, et même des graines qui les fournissent, en employant le procédé recommandé par M. Chevreul, et qui consiste à mettre l'huile dans un matras (boule de verre surmontée d'un long col) avec huit fois son poids d'alcool (esprit-de-vin) et faire bouillir le tout. On décante alors le liquide, et on le laisse refroidir ; la stéarine se sépare ; on décante de nouveau, et l'on fait évaporer la dissolution alcoolique restante, jusqu'à

ce qu'il ne reste qu'un cinquième de son volume primitif ; c'est alors de l'élaïne pure ; elle doit être sans saveur et ne contenir aucun acide, ce qu'on reconnaît en y plongeant un papier coloré avec de la teinture de tournesol, et dont la couleur ne doit pas changer. Enfin, l'élaïne doit avoir la consistance de l'huile d'olive grasse.

1236 à 1238

MORDANTS (POUR IMPRESSION DE TISSUS, TEINTURE).

MORDANT N° 1.

Eau. . . . . 100 litres.
Faites dissoudre.

Alun . . . . 40 kilogr.
Cristaux de soude . . . . 4 —
Acétate plombique. . . . 40 —

MORDANT N° 2.

Eau. . . . . 100 litres.
Faites dissoudre :

Alun . . . . 27 kilogr.
Cristaux de soude . . . . 2 —
Acétate plombique . . . . 20 kil. 250

MORDANT N° 3.

Eau. . . . . **100 litres.**
Faites dissoudre .

Alun . . . . 20 kil. 250
Cristaux de soude . . . . 2 — 280
Acétate plombique . . . . 13 — 500

Pour préparer ces mordants, on introduit dans un baquet l'alun préalablement pulvérisé ; on y verse la quantité d'eau nécessaire pour en favoriser la dissolution ; puis on ajoute à la liqueur ainsi obtenue le carbonate sodique et enfin l'acétate plombique. On remue le tout pendant 1 heure au moins. Le mordant refroidi et le dépôt de sulfate plombique obtenu, on décante la partie claire, que l'on conserve dans des vases en grès.

1239

MOUCHES (MOYEN DE S'EN DÉBARRASSER).

Cet insecte salit de ses déjections toutes les choses qu'il touche. La mine de plomb (arsenic gris), la poudre de cobalt, l'orpin, et les divers liquides empoisonnés, à l'aide desquels on tente de réduire les mouches, sont toujours dangereux ; car il est impossible d'empêcher celles qui n'en meurent pas immédiatement d'aller tomber sur des aliments auxquels elles communiquent des propriétés nuisibles.

De tous les moyens usités pour tuer à la fois un grand nombre de mouches, un des plus simples consiste à poser debout sur une table deux planchettes enduites intérieurement de miel, et très-voisines l'une de l'autre ; quand on voit les mouches rassemblées en foule compacte et occupées de leur repas, on rapproche brusquement les deux planchettes, et on les écrase ainsi par centaines.

L'huile de laurier est tout à fait antipathique aux mouches. En passant une légère couche de cette huile sur les cadres dorés et dorures qui ornent les appartements, on les garantit du contact des mouches pour tout l'été.

1240

PAPIER TUE-MOUCHES.

Papier très-épais, trempé dans une décoction de quassie (*quassia amara*) qui constitue un amer des plus énergiques.

1241

COMPOSITION EXCELLENTE POUR DÉTRUIRE LES MOUCHES.

Faites bouillir 8 parties de quassie dans 500 gr. d'eau, passez et ajoutez 125 parties de mélasse à la liqueur. Cette préparation se met dans des assiettes, et les mouches trouvent la mort là où elles croient ne rencontrer qu'un aliment.

1242

MOYEN D'EMPÊCHER LES MOUCHES ET TAONS DE PIQUER LES CHEVAUX.

Frottez le corps des chevaux avec les feuilles de marrube noir. On obtient aussi de bons effets de la morelle, de l'absinthe, des feuilles de noyer.

1243

MOULAGE (PROCÉDÉS DE).

MOULAGE DU VISAGE D'UNE PERSONNE VIVANTE.

« Après avoir fait prendre au modèle une position horizontale, on entoure la tête d'une serviette. Le visage est d'abord enduit d'une légère couche d'huile, et les cheveux, les sourcils, les cils, sont graissés avec de la pommade. Les yeux et la bouche du modèle doivent être fermés. Si l'on craint de mettre du plâtre dans les narines, il est nécessaire, pour ne pas interrompre la respiration, d'y placer deux tuyaux de plume. Ensuite, avec un pinceau fin, on pose sur le visage du plâtre délayé dans de l'eau tiède en commençant par le front et les joues, et en finissant par les yeux, les narines et la bouche. Aussitôt que la couche de plâtre dont on a revêtu le visage est assez épaisse et que le plâtre est pris, on enlève le moule, qui se détache facilement, si le visage a été partout parfaitement graissé. Cette opération doit être conduite avec assurance et célérité. »

Observation. — L'opération du moulage sur une personne vivante exige les plus grandes précautions, car on a eu à déplorer des accidents redoutables.

1244

MOULAGE DU VISAGE D'UNE PERSONNE MORTE.

« On applique d'abord avec le pinceau une très-légère couche de plâtre qu'on laisse sécher avant d'en mettre davantage : si l'on surchargeait la face, les formes, déjà amollies par la mort, s'affaisseraient davantage, et il n'y aurait plus de ressemblance.

» Pour tirer l'épreuve du moule ainsi obtenu, on attend que ce moule soit bien sec; on enduit alors tout l'intérieur d'une légère couche d'huile et on l'emplit de plâtre très-liquide, qu'on laisse sécher pendant une heure dans un endroit sec; ensuite on brise le moule à l'aide d'un ciseau et d'un petit maillet, en ayant soin d'enlever les morceaux aussi grands qu'on le peut. Cette opération exige beaucoup de précautions, car un coup donné inconsidérément endommagerait l'épreuve. Cette manière d'opérer s'appelle mouler à *creux perdu*, parce qu'on est obligé de sacrifier le moule pour avoir l'épreuve. On nomme moules à *bon creux* ceux qui sont composés de plusieurs pièces et qui permettent de tirer autant d'épreuves que l'on veut. Les moules à bon creux se font sur l'épreuve originale qu'on a obtenue par le creux perdu. »

1245

MOULAGE D'OISEAUX, REPTILES, POISSONS, MOLLUSQUES, INSECTES, FRUITS.

« Pour mouler de petits animaux, tels que les lézards, les grenouilles, les oiseaux, on prend un animal mort récemment, afin que les formes soient encore fermes, et ne soient pas exposées à être déformées par le gonflement du plâtre; on le pose sur un plat ou une table enduite d'huile, et on le couvre de plâtre très-liquide, auquel on peut, si l'on veut, mêler un peu d'argile. On a soin de laisser au moule une petite ouverture pour le dégagement de l'air; et, lorsque l'animal est entièrement enveloppé d'une couche de $0^m,01$ à $0^m,02$ au plus d'épaisseur, on fend le moule en deux avant que le plâtre soit entièrement sec, avec un fil qu'on a disposé autour de l'animal. Dès que le plâtre est sec, il est facile de retirer l'objet qu'on veut reproduire en séparant les deux parties du moule, qu'on savonne et qu'on huile comme il vient d'être dit à propos du moulage des figures, et dans lequel on coule ensuite du plâtre assez liquide. »

1246

MOULAGE DES FLEURS.

« On pose une fleur sur du sable légèrement humecté, de manière que la partie inférieure appuie en tous sens sur ce sable, et qu'elle ne présente à découvert que la surface qu'on veut mouler. A l'aide d'un pinceau fin, on couvre cette surface d'une légère couche de cire et de poix de Bourgogne qu'on fait fondre ensemble, puis on plonge la fleur dans l'eau froide. La cire se détache et on la pose sur le sable dans la position qu'occupait précédemment la fleur. On couvre ce petit moule de plâtre avec les plus grandes précautions, et on obtient des empreintes d'une délicatesse et d'un fini parfaits. »

1247

MOULES (CONSERVATION DES).

Voyez *Poissons*.

1248

MOUTARDE (PRÉPARATION DE LA).

Délayez la semence en poudre avec de l'eau chaude ou du vin blanc. Ajoutez un peu de sel et laissez reposer pendant plusieurs jours. Le vinaigre est proscrit par les connaisseurs.

1249

AUTRE.

Prenez 6 kilog. de poudre de moutarde très fine, 1/2 botte de ciboule, 1/2 botte de persil, 1/2 botte de cerfeuil, 3 têtes d'ail, 250 gr. de sel marin, 125 gr. d'huile d'olive fine, 60 gr. des quatre épices, 40 gouttes d'essence de thym, 30 gouttes d'essence d'estragon. Hâchez les plantes, après les avoir bien nettoyées, puis faites-les macérer pendant quinze jours, dans quantité suffisante de bon vinaigre blanc. Au bout de ce temps, broyez au moulin; ajoutez la moutarde à la matière broyée et réunissez au mélange le sel, l'huile, les épices et les essences préalablement délayées dans le vinaigre où a eu lieu la macération des plantes. Enfin, laissez reposer le produit pendant deux jours, et remplissez-en des pots de faïence, bien bouchés et goudronnés.

1250

MOUTONS (COMPOSITION POUR MARQUER LES).

Prenez :

Suif. . . . . 1 kilogr.

Goudron . . . . 300 gramm.

Faites chauffer le mélange et ajoutez :

Charbon pilé et laminé. . 300 gramm.

S'emploie chaude. — Cette composition résiste à la pluie, et ne disparaît que par les lessives alcalines.

1251

MULOTS (DESTRUCTION DES).

Parmi les moyens employés, celui qui peut réunir le plus de succès est d'apporter sur le champ de blé des sacs de menue paille un peu brisée, comme la litière des chevaux. On en fait de petits tas d'environ un demi-hectolitre, et à chacun on mêle une poignée de criblures d'avoine. La distance adoptée entre chaque tas est de vingt-cinq pas. Les mulots préférant ce gîte à celui qu'ils occupent sous une terre humide, y sont attirés, et peuvent facilement être détruits par des hommes qui parcourent chaque jour les tas, ou par des chiens dressés à cette chasse.

N

1252

NAVETS (CONSERVATION DES).

Voyez *Salsifis*.

1253

NITRATE D'ARGENT (TACHES DE), SUR LES ÉTOFFES ET SUR LA PEAU.

Mouillez la tache et frottez avec de l'iode. Elle devient jaune; on achève de la faire disparaître avec une solution concentrée d'hyposulfite de soude.

1254

AUTRE.

Le même résultat serait obtenu en remplaçant l'iode par l'iodure de potassium.

1255

NOIX (MOYEN DE LES CONSERVER FRAICHES PENDANT PLUSIEURS MOIS ET MÊME D'UNE ANNÉE A L'AUTRE).

On cueille les noix dès qu'elles sont mûres, et on les met, tassées sans être foulées, dans un grand pot de terre vernissée qui doit être exactement rempli. On le couvre d'une planchette ou d'un morceau de bois uni faisant office de couvercle, et on l'enfouit dans le sable, dans un endroit sec d'une cour ou d'un jardin, avec un poids assez lourd par-dessus, par exemple avec deux ou trois pavés. — On obtient le même résultat en mettant les noix dans de grandes jarres en les disposant par couches alternatives avec du sable sec, ou bien en les enterrant lorsqu'elles sont encore enveloppées de leur brou. « Pour rendre aux noix sèches leur fraîcheur primitive, il faut les faire tremper, pendant 48 heures, dans du lait de vache faiblement chauffé, après quoi on les retire et on les laisse refroidir à l'air. L'eau peut être substituée au lait; dans ce cas, on laisse tremper les noix pendant cinq ou six jours. L'humidité pénétrant peu à peu dans l'intérieur de la noix, fait renfler la chair et la rend tellement fraîche, qu'on peut enlever la peau jaune et amère, comme on enlèverait celle des noix nouvellement cueillies. On peut encore joindre à l'eau, si on le désire, un peu de sel, qui l'empêche de se corrompre et enlève aux noix la légère saveur astringente qu'elles pourraient avoir contractée en se séchant.

1256

NOYAU (LIQUEUR).

Noyaux d'abricots mondés
et concassés . . . . . 125 gramm.
Eau-de-vie ordinaire. . . 1 litre.

Safran fin . . . . 500 gramm.
Eau commune . . . . . . 1/2 litre.

Faites macérer les noyaux pendant **15** jours dans l'eau-de-vie ; faites fondre le sucre dans l'eau à froid ; mélangez les deux liquides et filtrez au panier.

O

1257

ŒUFS (CONSERVATION DES).

Sable blanc ou gris . . . 500 gramm.
Charbon blanc pulvérisé 500 —
Sel marin . . . . 100 —

Mélangez et enfermez les œufs dans cette poudre, le tout mis en tonneau.

1258

AUTRE.

Faites un lait de chaux peu épais, et lorsque la dissolution est froide, versez-la sur les œufs, puis déposez le vase qui les renferme dans un lieu dont la température soit égale.

1259

MOYEN DE CONSTATER LA FRAICHEUR DES ŒUFS.

Faites dissoudre 125 gr. de sel de cuisine dans un litre d'eau pure. Quand la solution est complète, plongez-y l'œuf ; si l'œuf est du jour, il se précipite au fond du vase ; s'il est de la veille, il n'atteint pas le fond ; s'il a 2 jours, il flotte dans le liquide ; s'il a plus de 5 jours, il flotte à la surface, et la coque ressort d'autant plus qu'il est plus âgé.

1260

OR (POUR RECONNAITRE LES OBJETS D').

On emploie d'ordinaire la pierre de touche et un acide composé de :

Acide azotique à 31°
Baumé. . . . . 125 parties.
Acide chlorhydrique à 20°
Baumé. . . . . 21 —

1261

AUTRE.

Frottez sur un silex ou pierre à fusil l'objet qu'on veut éprouver. Lorsque l'empreinte métallique est suffisamment marquée, on enflamme une allumette soufrée, et l'on approche la flamme le plus possible de l'empreinte faite sur la pierre : cette empreinte ne s'efface point si l'objet est en or ; dans le cas contraire, elle disparaît.

1262

AUTRE.

On touche avec une petite baguette de verre trempée dans de l'acide nitrique l'objet qu'on veut éprouver ; si l'objet est en or, il n'offre aucune altération, tandis que la partie touchée prend une teinte bleue ou verte si l'objet est de cuivre ou renferme une notable proportion de ce métal.

1263

OR ARTIFICIEL.

Prenez sur 24 parties égales en poids :

Platine. . . . . 16 parties.
Cuivre pur. 7
Zinc 1

Recouvrez le tout de charbon en poudre ; mettez dans un creuset; exposez à un feu ardent jusqu'à ce que la fusion ait réduit les 24 parties à ne former qu'une seule pâte. Cette pâte est l'or factice dont il s'agit. Il a de l'or vrai la couleur, la ductilité, la pesanteur spécifique. Il n'a point son inaltérabilité.

1264

OR FULMINANT , AMMONIURE D'OR, AURATE D'AMMONIAQUE.

Dissolvez de l'or dans l'eau régale et précipitez la solution par l'ammoniaque. Séchez le précipité avec précaution.

1265

OR MUSSIF , OR MOSAIQUE, DE JUDÉE, BRONZE DES PEINTRES.

Pour bronzer et pour activer les effets de la machine électrique. C'est le *deuto-sulfure d'étain*.

1266 A 1272

COMPOSITION DE L'OR DE COULEUR.

1° Or jaune : c'est l'or dans toute sa pureté.

2° Or rouge : 3 parties d'or; cuivre, 1 ; — 16 karats.

3° Or vert pré : 3 parties or fin; argent, 1; — 16 karats.

4° Or vert feuilles mortes : 18 parties or fin; argent, 6.

5° Or vert d'eau : 14 parties or fin; argent, 10.

6° Or bleuâtre : or avec une petite quantité de fer.

7° Or blanc : c'est l'argent dont on diminue l'éclat par quelque alliage, ou c'est le platine que quelques bijoutiers étrangers emploient.

1273

OS D'ANIMAUX (MOYEN DE LES BLANCHIR).

Après les avoir débarrassés de la graisse et de la moelle, les mettre macérer 6 à 12 jours dans :

Carbonate de soude. . .   125 gramm.
Chaux vive . . . .   30 —
Eau . . . . 1,500 —

Lorsque les os commencent à blanchir, les faire bouillir pendant 15 minutes dans la même liqueur, les laver ensuite à l'eau pure et les laisser sécher.

1274

OSEILLE (CONSERVATION DE L').

L'oseille destinée à être conservée se prépare par la cuisson depuis la fin de septembre jusqu'à la fin d'octobre. Il faut n'employer que de jeunes feuilles et ne pas attendre que la gelée les ait atteintes. « On épluche l'oseille avec soin, en retirant les queues et les côtes; on la lave et on la jette dans un grand chaudron plein d'eau bouillante, avec 1/10 de poirée, de cerfeuil et de persil, épluchés et lavés séparément; il faut que l'oseille cuise à grande eau. Lorsqu'elle a jeté quelques bouillons, on la retire et on la fait égoutter sur des tamis ou dans des passoires ; puis on la met dans un chaudron sur le feu, afin d'achever la cuisson, en remuant sans cesse pour empêcher que l'oseille ne s'attache, et en même temps pour la diviser et la mettre en quelque sorte en purée. Lorsque l'oseille est assez épaisse, on la retire du feu et on la met dans des pots de grès ; les pots de terre vernissée ne conviennent point pour cet usage. Quand elle est refroidie, on la couvre d'une couche mince de beurre fondu, afin de la mettre à l'abri de l'action de l'air. On peut remplacer avec avantage le beurre par de l'huile d'olives. Lorsqu'on veut employer l'oseille, on fait couler l'huile avec soin et on prend ce qui est nécessaire; on nivelle l'oseille et on remet l'huile. Avec le beurre, une fois que le pot est entamé, la surface moisit, surtout si le pot reste longtemps en consommation. »

1275

OUTRE-MER ARTIFICIEL.

Prenez silice et alumine hydratée obtenues par les moyens ordinaires et bien lavées à l'eau bouillante; dissolvez ensuite la silice dans une solution de soude caustique, de manière à en saturer cette dernière; puis ajoutez de l'alumine en gelée, de telle manière que la silice et l'alumine, étant supposées à l'état sec, le mélange renferme 72 parties de silice et 70 d'alumine, le tout mélangé et évaporé en consistance de poudre humide. D'une autre part, on prépare du sulfure de sodium au moyen d'un mélange de deux parties de soufre et d'une partie de sous-carbonate de soude que l'on chauffe graduellement dans un creuset couvert, jusqu'à ce que la masse soit en fusion tranquille; on projette alors par petites parties le mélange de silice, d'alumine et de soude au milieu du soufre en fusion, et lorsque le creuset est resté exposé pendant une heure à une chaleur modérée, on le retire du feu, on le laisse refroidir, et il contient l'outre-mer avec un excès de soufre, qu'on enlève par le lavage à l'eau. Quant au soufre non combiné qui pourrait rester dans la masse, on le dissipe par une douce chaleur, et si toutes les parties ne sont pas uniformément colorées, ou porphyrise la matière avec de l'eau.

P

1276

PAINS A CÁCHETER (FABRICATION DES).

Les *pains à cacheter ordinaires* se fabriquent avec de l'eau et de la fleur de farine sans ferment : « On en forme une pâte ou bouillie assez claire qu'on colore avec diverses substances et qu'on fait ensuite cuire quelques minutes dans un gaufrier; il ne reste plus qu'à découper à l'emporte-pièce.

» Les *pains à cacheter transparents* ne sont autre chose que de la gélatine qu'on fait dissoudre dans de l'eau bouillante et qu'on verse ensuite dans un moule, quand la dissolution est assez refroidie pour avoir la consistance voulue. Le moule consiste en une glace de verre renfermée dans un cadre de métal dont la bordure ne doit avoir que l'épaisseur qu'on veut donner aux pains à cacheter. Quand on a versé la gélatine liquide sur la glace préalablement chauffée et graissée légèrement avec du beurre ou de l'huile, on la recouvre d'une seconde glace chauffée et graissée comme la première. On laisse ensuite refroidir le tout, puis on enlève la gélatine sous la forme d'une feuille mince et transparente qu'on découpe à l'emporte-pièce.

» On ne peut pas employer indifféremment toutes sortes de couleurs pour colorer les pains à cacheter, et l'on doit observer à cet égard les mêmes précautions que pour les bonbons, dragées, liqueurs, etc. Voici, du reste, celles que l'on emploie ordinairement : pour le *rouge*, une décoction de bois d'Inde, de garance, de cochenille en poudre avec un peu d'alun; pour le *bleu*, l'indigo ou le bleu de Prusse en poudre très-fine ; pour le *jaune*, une décoction de safran, de curcuma ou de graines d'Avignon; pour le *vert*, le bleu et le jaune; pour le *violet*, le bleu et le rouge ; pour le *noir*, le noir de fumée. »

1277

PAKFUNG CHINOIS (ALLIAGE).

Cuivre	55 parties.
Nickel	23 —
Zinc	17 —

| Etain | 2 parties |
| Fer | 3 — |

1278

PARFUNG PARISIEN.

Cuivre	62 parties.
Nickel	15 —
Zinc	23 —

1279

PANAIS (CONSERVATION DES).

Il faut les placer dans un local bien sec et en former des tas bien serrés, pour qu'ils soient moins exposés au contact de l'air.

1280

PAPIER IMPERMÉABLE.

On prend 250 grammes d'alun et 125 grammes de savon blanc, qu'on fait dissoudre dans un litre d'eau ; dans un autre vase, contenant la même quantité de liquide, on fait dissoudre 60 grammes de gomme arabique et 180 grammes de colle ; on mêle les deux solutions, on les fait chauffer ; puis on y plonge le papier qu'on veut rendre imperméable à l'eau ; enfin, on fait passer celui-ci entre deux cylindres et on le fait sécher. On peut éviter l'emploi des cylindres en suspendant le papier jusqu'à ce que l'eau soit écoulée, et en le faisant sécher après.

L'alun, le savon, la colle et la gomme forment une *couverte* artificielle qui protége la surface du papier contre l'action de l'eau, et même jusqu'à un certain point contre celle du feu.

Cette préparation convient surtout pour le papier d'emballage, employé pour les ballots qui doivent rester exposés aux intempéries.

1281

PROCÉDÉ POUR FAIRE LE PAPIER PARCHEMIN.

Ce procédé consiste à immerger le papier, pendant quelques secondes, dans l'acide sulfurique étendu d'eau.

Pour obtenir un produit parfait, il faut apporter une grande attention à proportionner également l'acide et l'eau, et à calculer la durée de l'immersion, selon que la température est élevée ou basse. Ce qui importe le plus, c'est, la réaction achevée, d'éliminer tout l'acide sulfurique, dont les moindres parties restées dans le papier causeraient tôt ou tard le destruction de ce dernier.

Pour atteindre un résultat complet, on opère sur le papier des lavages à l'eau, répétés et prolongés pendant longtemps ; ensuite on le passe dans un mélange d'une partie d'ammoniaque liquide avec dix parties d'eau. On le retire aussitôt et on renouvelle les lavages à l'eau pure. L'expérience a démontré que l'acide sulfurique ne produit aucun changement chimique dans la constitution du papier ; il ne fait que déterminer dans ses éléments une nouvelle disposition moléculaire.

1282

MOYEN D'EMPÉCHER LE PAPIER DE BOIRE.

| Colle de Flandre | 125 gramm. |
| Savon blanc | 125 — |

Faites fondre ces deux substances sur le feu avec 1 litre d'eau, ajoutez ensuite 60 gr. d'alun en poudre, en remuant fortement le mélange, et laissez refroidir ; l'étendre ensuite légèrement avec une éponge ou un pinceau plat.

1283

PAPIER AUTOGRAPHIQUE.

Il faut appliquer à froid, sur du papier non collé, trois couches successives d'une dissolution de belle gélatine ou de colle de poisson ; on fait sécher avec soin après chaque couche. Quand la dessication de la dernière est opérée, passez une couche d'empois léger pardessus, puis une eau colorée par de la gomme-gutte. On laisse sécher, puis on lisse à la presse lithographique.

Voici un procédé plus simple, mais moins parfait. Recouvrez du papier non collé d'une mince couche d'empois teinté

légèrement en jaune avec de la gomme-
gutte.

Pour l'encre à autographie, voy. *Encre.*

1284

PAPIER A CALQUER.

Mêler intimement du noir d'ivoire avec
du savon vert, et l'appliquer sur le papier
avec soin.

1285

PAPIER ININFLAMMABLE.

Tremper le papier dans une forte solution saturée à froid d'alun, et ensuite le
faire sécher.

Peu importe que le papier soit blanc,
écrit ou imprimé, peint ou marbré ; le
procédé convient à tous.

1286

PAPIER CHIMIQUE.

Pour préparer le papier chimique, on
se sert du papier dit dans le commerce
papier mousseline, ou au moins du plus
beau *papier joseph*. On l'enduit légèrement avec de l'huile siccative et on le laisse
sécher. Alors on recouvre chaque feuille,
sur une de ses faces, d'une couche très-
mince d'emplâtre de minium.

(*Soubeiran.*)

1287

AUTRE.

Le papier chimique de MM. Fayard et
Blain, ainsi que de M. Poussier, est, dit-
on, des feuilles de papier entières trempées dans de l'emplâtre de Nuremberg, et
qu'on retire en faisant passer entre deux
règles, à la manière de la toile de mai.
Cependant, d'après le brevet aujourd'hui
expiré, ce papier serait préparé de la manière suivante :

Huile de lin	500	gramm.
Ail.	30	—
Essence de térébenthine.	500	—
Sel de saturne	60	—
Cire jaune.	30	—
Minium	15	—

On fait d'abord bouillir l'ail avec l'huile ;
on passe et on ajoute les autres substances ; on applique le mélange sur des feuilles de papier de soie à l'aide d'un pinceau en blaireau, forme queue de morue
on fait sécher à l'étuve.

(*Dorvault.*)

Observations. Ce papier est préconisé
contre les douleurs, les brûlures et les
cors.

1288

PARFAIT AMOUR (LIQUEUR).

Zestes de citron.	4	gramm.
Vanille	4	—
Ambrette	1	—

Faites macérer 6 jours dans :

Eau-de-vie	6	litres.

Distillez le mélange et ajoutez au produit :

Sucre (dissous dans un litre d'eau).	1,500	gramm.

Filtrez à la chausse.

1289

PARFAIT AMOUR SANS DISTILLATION.

Pour 5 litres :

Sucre blanc	2,500	gramm.

Faites fondre sur le feu dans :

Eau	1 litre 3/4.	

Ajoutez :

Alcool à 33°	2	—

Puis :

Essence de girofle	10	gouttes.
— de muscade . . .	5	—
— de citron	1	gramm.

Filtrez au papier après un mois. Colorez en rose foncé avec teinture de cochenille.

1290

PARFUM.

Pour l'extraire des fleurs, on a recours
à la distillation par l'eau ou par l'alcool.

1291

NOUVEAU PROCÉDÉ.

Faites dissoudre le principe odorant

dans le sulfure de carbone ou de l'éther, et faites ensuite évaporer la dissolution. On obtient ainsi une substance butireuse analogue à l'essence de roses des Orientaux, et qui reproduit dans toute sa pureté et son intensité l'odeur primitive de la fleur.

(*Millon.*)

1292

PROCÉDÉ POUR EXTRAIRE LE PARFUM DES FLEURS.

On prend des pétales d'une fleur, puis des morceaux de ouate cardée qu'on trempe dans l'huile d'olives; on sème un peu de sel fin sur les fleurs et on place alternativement une couche de ouate et une couche de fleurs dans un pot ou dans un bocal de verre jusqu'à ce qu'il soit plein; on couvre ensuite le haut avec une vessie et on expose le bocal aux rayons du soleil. Si la chaleur a été forte, au bout de quinze jours on trouve au fond du bocal une huile odoriférante.

1293

PATATES (CONSERVATION DES).

Les stratifier par lits successifs séparés entre eux par de la paille, ou mieux de la mousse.

Les mettre dans de petits silos recouverts d'une bonne épaisseur de litière, ou dans des caisses bien fermées et déposées dans un lieu sec dont la température ne descend jamais au-dessous de 7 à 8°, avec très peu de variations.

1294

PATE A RASOIR.

Emeri.	25 gramm.
Safran de mars.	25 —
Cinabre.	3 —
Ocre jaune ou rouge	q. s.

Pour faire une pâte avec eau ou huile.

1295

PATE MINÉRALE A RASOIR, DE PRADIER.

Cette pâte minérale se compose des substances suivantes, savoir :

Potée d'étain.	30 gramm.
Rouge à l'acier.	30 —
Paille de fer	15 —
Pierre du Levant destinée pour la gravure, broyée et lavée.	30 —
Pierre du Levant à rasoir, dite adoucie	60 —

Le tout délayé dans 45 gr. de graisse de bœuf, et chauffé pour en former une pâte.

1296

AUTRE.

Axonge.	250 gramm.
Cire jaune	125 —
Sanguine, ou bien ardoise pulvérisée	250 —

Faites fondre l'axonge et la cire, ajoutez les autres substances, laissez bouillir 5 minutes, en remuant toujours, et coupez en tablettes lorsque la masse est figée et refroidie.

On peut ajouter quelques gouttes d'essence de lavande pour conserver la préparation.

1297

PATE D'AMANDES.

Amandes douces pulvérisées	1,000 gramm.
Farine de riz.	100 gramm.
Iris de Florence	100 —
Acajou pulvérisé.	20 —
Savon en poudre.	20 —
Essence de roses.	q. s.

Mêlez exactement.

1298

PEAUX D'ANIMAUX (PRÉPARATION DES).

Les naturalistes et les hongroyeurs se servent du mélange suivant :

Eau.	1,000 gramm.
Alun	500 —
Sel marin	250 —

Laissez séjourner les peaux de 1 à 15 jours, selon leur épaisseur.

1299

PROCÉDÉ ANGLAIS DIT TAWING (TOUAGE).

Tremper les peaux, selon leur épaisseur, pendant une ou plusieurs semaines, dans un *lait de chaux*, qu'on renouvelle tous les 6 à 8 jours. On les rince ensuite à l'eau pure, puis à l'eau de son.

On prépare ensuite la pâte suivante :

Alun	4 kilogr.
Sel gris	1 k. 1/2

Faites dissoudre dans l'eau chaude, ajoutez :

Farine de froment	10 kilogr.
Jaune d'œufs.	100 —
Eau	q. s.

pour former une pâte qu'on étend d'eau.

Les peaux sont plongées et retirées alternativement, puis enfin séchées.

1300

MANIÈRE DE CONSERVER LES PEAUX D'ANIMAUX.

On peut préserver les peaux crues de toute putréfaction ou rétablir celles qui sont déjà attaquées en leur appliquant, avec une brosse, une couche d'acide pyroligneux, qu'elles absorbent très-promptement. Cet acide ne leur cause aucun dommage et ne diminue en rien leur valeur. V. *Tannage.*

1301

PÊCHES (CONSERVATION DES).

Même procédé que pour les abricots, mais seulement trois minutes d'ébullition.

1302

PERSICOT (LIQUEUR).

Eau-de-vie à 20°	3 litres.
Amandes d'abricots épluchées et concassées . . .	500 gramm.
Cannelle fine.	4 —

Mettez le tout dans l'alambic, distillez au bain-marie, et versez sur le produit de la distillation 2 litres et 1/2 de sirop de sucre et quantité suffisante de fleurs d'oranger. Filtrez le mélange.

1303

PERSICOT SANS DISTILLATION.

Pour 5 litres :

Sucre blanc	2,500 gramm.
Eau	1 litre 3/4

Ajoutez :

Alcool à 33°	2 —

Puis :

Essence d'amandes. . . .	10 gouttes.
Essence de citron	8 —

Filtrez au papier après 30 jours. Colorez en rose foncé avec teinture de cochenille.

1304 A 1503

PESANTEUR SPÉCIFIQUE OU DENSITÉ DE 200 CORPS IMPORTANTS.

Acide borique	1,479
Acide nitrique	1,2175
— (Thénard) à 18°	1,510 / 1,513
Acide sulfurique	1,849
— (Thénard à 20°)	1,842
Acier ni trempé ni écroui	7,8163
Acier écroui et trempé	7,814
Agate orientale	2,6
Aimant des Indes	4,242
Albâtre	1,874
Alcool absolu à 17°,88 (Thénard) . .	7,9235
Alun.	1,72
Amiante raide ou asbeste	2,9958
Anthracite	1,8
Antimoine fondu	6,712
Argent fin fondu et non forgé . . .	10,4743
Argent fin fondu et forgé	10,511
Arsenic	8,308
Ardoise neuve	2,853
Ardoise qui a servi sur les toits. . .	2,811
Avoine	0,47
Béril oriental	3,5489
Bière blanche	1,023
— brune	1,034
Bismuth fondu	9,822
Blé-froment	0,753
Bois d'acajou	0,809
— Brésil	1,030
— buis de France	0,912
— — de Hollande	1,033
— campêche	0,913
— cèdre	0,561
— chêne de 60 ans, le cœur	1,170
— cyprès	0,598

Substance	Densité
Bois frêne	0,845
— hêtre	0,852
— if	0,807
— liége	0,240
— oranger	0,705
— orme	0,800
— peuplier ordinaire	0,383
— — blanc d'Espagne	0,529
— pommier	0,731
— — jaune	0,801
— — rouge	1,127
— sapin jaune	0,657
— sassafras	0,482
— tilleul	0,604
Borax (borate de soude)	1,713
Calamine (carbonate de zinc)	3,522
Chènevis	0,51
Chaux sulfaté cristallisée	2,3177
Chaux carbonatée cristallisée	2,7182
Cidre	1,018
Cinabre brun d'Almaden	10,218
Cinabre rouge d'Almaden	6,902
Cobalt fondu	7,8119
Colza (graine) ou navette	0,653
Corail	2,68
Craie de Briançon fine	2,668
Craie d'Espagne	2,789
Crème de tartre	1,607
Cristal de Bohême	2,393
Cristal d'Angleterre, dit flint-glass	3,3293
Cristal de roche limpide ou de Madagascar	2,653
Cristal de roche du Brésil	2,651
Cristal de roche gélatineux ou d'Europe	2,654
Cuivre en fil	8,8785
Cuivre rouge fondu	8,788
Cuivre rouge fondu et non forgé	7,788
Cuivre jaune fondu et non forgé	8,395
Diamants les plus lourds (colorés en rose)	3,531
Diamants les plus légers	3,501
Diamant oriental	3,52
Eau-forte (voir *Acide nitrique*)	
Eau distillée	1
Eau de puits	1,002
Eau bouillante	0,963
Eau de mer	1,0263
Eau-de-vie de preuve, de 19 à 20°, Cartier, 50 cent	0,913
Emeraude	2,7755
Emeril	3,922
Emétique	2,245
Esprit-de-vin du commerce, 33° Cartier, 85 cent	0,837
Esprit-de-vin très-rectifié	0,712
Etain fondu	7,2914
Etain pur de Cornouailles fondu	7,291
Etain fin de Malaca, fondu	7,478
Ether sulfurique	0,7155
Feldspath limpide	2,5644
Fer en barre	7,788
Fer fondu	7,207
Fèves	0,64
Garance	3,765
Glace	0,930
Granit rouge d'Egypte	2,654
Granit gris d'Egypte	2,727
Granit des Vosges	2,715
Grès des paveurs	2,415
Grès des tailleurs de pierre	2,084
Grès des taillandiers	2,111
Haricots	0,795
Houille compacte	1,3292
Huile d'amandes douces	0,917
— de baleine	0,923
— cameline	0,919
— chènevis ou de chanvre	0,925
— colza ou de navette	0,919
— faîne (fruit du hêtre)	0,917
— lin	0,940
— morue	0,923
— noix	8,922
— olive	9,9153
— œillette ou de pavot	0,973
— pied de bœuf	0,916
— térébenthine	0,8697
— vitriol	6,8996
Iode	4,948
Ivoire	1,917
Jayet	1,259
Lait de vache	1,032
Lin (graine)	0,631
Lentilles	0,796
Luzerne	0,72
Maïs ou blé de Turquie	0,6
Manganèse noir	4,754
Marbre blanc de Carrare	2,716
— noir et blanc de Namur	2,715
— blanc de Paros	2,8376
— gris-blanc des Pyrénées	2,724
Millet	6,676
Mercure (à 0°)	13,598
Mercure (densité usuelle)	13,568
Moutarde (graine ou senevé)	9,676
Nickel fondu	8,279
Or fin fondu et non forgé	19,251
— fondu et forgé	19,3617
— fondu	19,2581
Orge	0,64

Palladium 11,3
Pavot ou œillet (graine). 0,593
Perles 2,75
Platine laminé 22,069
— passé à la filière 21,0417
— forgé 20,3366
— purifié 19,5
Pierre à fusil blonde 2,593
— à fusil noirâtre 2,581
— meulière. 2,483
— à plâtre 2,205
— de Saint-Leu à bâtir. 1,659
— de liais du fond de Bagneux. 2,378
— ponce 2,915
Plomb fondu 11,3523
Pois gris. 0,773
Pois verts 8,869
Porcelaine de la Chine 2,3847
Porcelaine de Sèvres 2,1457
Porphyre rouge. 2,764
— vert. 2,675
Quartz jaspé 2,7101
— jaspé onix 2,816
— agate 2,615
Quinquina. 0,783
Réalgar (sulfure rouge d'arsenic). . 3,337
Riz 0,805
Rubis oriental. 4,2833
Salpêtre ou nitre 1,607
Saphir oriental 3,9941
— du Brésil. 3,1308
Sarrasin. 0,65
Seigle 0,701
Sel ammoniac (hydrochlorate d'am-
moniaque) 1,453
Sel gemme. 2,142
— marin (chlorure de sodium). . 2,125
Spath-fluor (rouge) 3,1911
— pesant. 4,43
Soufre natif. 2,0332
— fondu. 1,99
Succin. 1,078
Sulfate de fer (couperose verte). . 1,607
— de zinc (couperose blanche) . 1,607
Topaze orientale. 4,0107
— de Saxe. 3,5640
Tourmaline verte. 3,1535
Trèfle. 0,767
Verre blanc de cobalt en poudre . . 2,431
— de bouteilles 2,732
Verre vert, commun, ou de vitre . . 2,642
— blanc, ou cristal de France. . 3,254
Vesces. 0,79
Vin de Bordeaux 0,994
— Bourgogne 0,992

Vin blanc de Champagne mousseux 0,998
— Malaga 1,022
Vinaigre blanc 1,013
— rouge. 1,025
Zinc fondu. 0,861

1504 à 1508

PÈSE-LIQUEUR, PÈSE-SEL, PÈSE-ACIDE, PÈSE-ESPRIT, ETC., OU ARÉOMÈTRES.

Dans le langage scientifique, on donne le nom générique d'*aréomètres* à des instruments qui servent à mesurer la *densité* des liquides. Dans le commerce et dans les arts, ces instruments prennent plus particulièrement les noms de *pèse-acide*, *pèse-sel*, *pèse-esprit*, suivant qu'ils servent à apprécier le degré de concentration d'un acide ou d'un sel ou les parties constituantes d'une liqueur spiritueuse. Ils ne donnent pas des résultats d'une précision très-rigoureuse, mais ils fournissent des procédés plus commodes et plus expéditifs que ceux qu'emploient les physiciens pour déterminer les poids spécifiques des divers corps.

Il y a deux sortes d'aréomètres : les aréomètres à volume constant, et les aréomètres à poids constant. Au nombre des premiers se trouve l'aréomètre de Fahrenheit et celui de Nicholson, fréquemment employés dans les épreuves minéralogiques. Au nombre des seconds se trouvent les aréomètres ou pèse-liqueur de Baumé et de Cartier, et les pèse-esprit qui sont employés pour comparer les densités des liquides, acides, dissolutions salines et des esprits.

L'aréomètre de Baumé et celui de Cartier sont en général formés d'un tube cylindrique en verre, renflé en boule par le bas et portant un lest fixé au-dessous de cette boule, qui sert à maintenir la tige verticale dans un équilibre stable. Cet instrument peut être en métal ; mais, lorsqu'on le destine à éprouver des acides qui attaquent les métaux, on les construit en verre. Le lest est en mercure, en plomb ou tout autre corps lourd ; les degrés de densité se lisent sur une échelle de papier glissée dans le tube. Les instruments en verre sont d'un usage général, malgré leur fragilité, parce qu'ils sont moins coûteux, et que ceux en métal, malgré leur solidité, sont hors de service toutes les fois qu'ils sont bossués.

Quand l'aréomètre est destiné à comparer les densités de différents liquides plus pesants que l'eau, on plonge d'abord l'aréomètre dans l'eau distillée après l'avoir lesté de manière qu'il s'y enfonce presque entièrement, et l'on marque zéro au point d'affleurement sur le tube. Les règles pour tracer les divisions à partir de zéro ont beaucoup varié ; mais nous ne nous arrêterons qu'aux deux échelles qui sont en usage, celles de Baumé et de Cartier. On plonge l'aréomètre dans une dissolution saline formée de 85 parties d'eau distillée, et de 15 parties de sel marin bien pur, et l'on marque 15 sur le tube au nouveau point d'affleurement. On gradue le tube en divisant en 15 parties égales l'intervalle compris entre les deux points d'affleurement, et l'on prolonge la division analogue jusqu'à la boule. L'acide sulfurique du commerce marque 66 degrés. Dans cette circonstance, le pèse-liqueur porte le nom de *pèse-sel* ou *pèse-acide* ; les numéros marqués sur la tige y vont en croissant de haut en bas ; plus le degré est grand, plus la densité qui s'y rapporte est forte.

Baumé, à qui on doit ce pèse-liqueur, a encore indiqué un pèse-sel fort utile qui indique à la seule inspection le poids d'un sel contenu dans une dissolution proposée, pourvu qu'on sache quel est ce sel, et que l'aréomètre ait été construit pour cette substance même. Pour cela, on fait plusieurs dissolutions salines, dont chacune donne son niveau propre : 5 parties de sel et 95 d'eau donnent le cinquième degré, 10 de sel et 90 d'eau donnent le dixième degré, et ainsi de suite. Cependant, comme l'eau ne dissout guère que le tiers de son poids de sel, on ne peut procéder de la sorte que jusqu'au vingt-cinquième degré, qui résulte de 25 de sel dissous dans 75 d'eau. On voit bien que ce

pèse-sel, construit au moyen d'une dissolution de ce corps dans l'eau, doit indiquer combien il entre de sel marin dans cette dissolution. On en fabrique pour le salpêtre, la soude, la potasse, et tous les sels qui entrent dans une fabrication spéciale.

Quand l'aréomètre est destiné à comparer les densités des spiritueux et des autres liquides plus légers que l'eau, on leste l'instrument de manière qu'il ne s'enfonce dans l'eau distillée que jusqu'au tiers de sa longueur, et on forme la dissolution saline de 10 parties de sel et de 90 parties d'eau distillée. On marque zéro au point d'affleurement du tube dans cette dissolution, et 10 au point d'affleurement dans l'eau.

On partage en 10 parties égales l'intervalle compris entre les deux points d'affleurement, et on prolonge la division au-dessus du dixième degré ; l'éther sulfurique marque 70°. Dans cette circonstance, le pèse-liqueur porte le nom de pèse-esprit, pèse-alcool, etc. Les numéros marqués sur la tige vont en croissant de bas en haut ; plus le degré est grand, plus la densité qui s'y rapporte est faible.

(J. Garnier.)

1509

PETITS POIS (CONSERVATION DES).

Remplir des bouteilles à large goulot de petits pois, les bien tasser, boucher et ficeler. Les placer droites dans un four, une heure après qu'on y a retiré le pain. Les bouteilles sont enlevées du four lorsqu'elles sont refroidies et placées, le goulot en bas, dans la cave ou à une température sèche et franche. On peut conserver ainsi les cerises, les prunes, les mirabelles, etc.

1510

PHOTOGRAPHIE.

Quel que soit le genre de photographie adoptée sur plaques métalliques, sur papier ou sur verre, le photographe a besoin d'une chambre noire munie d'un bon objectif.

L'objectif, dit l'abbé Moigno, est l'âme de la photographie : sans objectif parfait, il est aussi impossible à l'opérateur le mieux exercé d'obtenir de belles épreuves qu'au peintre le plus habitué d'imiter la nature sans palette et sans pinceaux. Les objectifs à verres combinés opèrent beaucoup plus vite; mais, pour les avoir bons, il faut ne les demander qu'aux meilleurs opticiens. Un bon objectif doit avoir au moins $0^m,33$ de foyer pour plaque ou feuille de papier entière, $0^m,14$ ou $0^m,15$ pour quart de plaque ou de feuille; il doit être exempt de toute gerçure ou fil; quelques bulles rares ne produisent aucun mauvais effet. On doit le munir d'une *glace parallèle* pour redresser les objets; la nécessité de cette addition pour les vues de monuments, de paysages, et surtout pour les portraits, se comprend d'elle-même. Un *diaphragme* placé en avant de la première lentille aura pour objet d'arrêter les rayons égarés sur les bords : on gagnera ainsi en pureté ce que l'on perdra en lumière. En résumé, une bonne chambre noire doit satisfaire aux conditions suivantes : 1° ne laisser pénétrer la lumière que par l'objectif; toute lumière étrangère à celle de l'objet à reproduire détruit en partie le dessin, et l'on n'obtient alors qu'une épreuve voilée; 2° ne laisser parvenir à la plaque ou feuille sensible que les rayons qui, dans leur course, n'ont pas rencontré les parois de la boîte : on y parvient par l'addition du diaphragme; 3° substituer rigoureusement la plaque à la face dépolie de la glace : on peut vérifier que la substitution est parfaite en introduisant dans la chambre, par le trou de l'objectif, un cylindre en cuivre gravé sur une génératrice; on y parvient plus simplement, et d'une manière toute mécanique, par l'emploi du châssis et de la coulisse.

1511

1° PHOTOGRAPHIE SUR PAPIER.

Sensibilisation du papier ciré et ioduré.

Les exposer 20 à 30 secondes à la vapeur d'iode, qui leur donne une nuance jaune d'or.

1512

Substances accélératrices.

Chaux, chloro-bromure de chaux.

L'application de ces substances doit être faite dans une chambre où pénètre seulement la lumière nécessaire pour qu'on puisse distinguer la teinte de la plaque.

« Après avoir versé dans une cuvette de verre ou de porcelaine assez de liqueur accélératrice pour former une couche de $0^m,005$, on couvre la cuvette avec la plaque iodée jusqu'à ce qu'elle ait acquis une belle teinte rose. La plaque ainsi préparée peut être mise dans la chambre noire pour recevoir l'impression de l'objet dont on veut y fixer l'image. »

Après avoir *développé* l'image, on expose la plaque au contact du mercure en vapeur; cette plaque est immédiatement plongée dans un bain saturé d'hyposulfite de soude, puis lavée à très-grande eau. L'image est alors fixée.

« Au sortir de cette opération, les clairs de l'image ont un ton d'un bleu violacé qu'on change en un ton d'un blanc pur en passant sur la plaque une solution de chlorure d'or; cette solution se prépare ordinairement en faisant dissoudre d'une part 4 gr. d'hyposulfite de soude dans 500 gr. d'eau, et de l'autre 1 gr. de chlorure d'or dans la même quantité d'eau; on réunit aussitôt les deux solutions. La laque mouillée de solution de chlorure d'or est chauffée en dessous par la flamme d'une lampe à alcool, afin de faire évaporer promptement l'humidité; elle est ensuite plongée dans l'eau de pluie filtrée, puis séchée de nouveau. »

1513

2° PHOTOGRAPHIE SUR PAPIER.

Sensibilisation du papier ciré et ioduré.

On se sert pour cela de la solution suivante :

« D'une part, on dissout dans un litre d'eau de pluie 80 gr. d'azotate d'argent (*pierre infernale*) et 100 gr. d'acide acétique cristallisable; de l'autre, on fait fondre dans 20 gr. d'eau 2 gr. d'iodure de potassium et 1 gr. de bromure de potassium. Après avoir mêlé les deux liqueurs, on laisse reposer 24 heures, et l'on filtre. Les feuilles sont plongées dans un bain de ce liquide clair, de 0^m,03 à 0^m,04 de profondeur. »

1514

Développement de l'image.

On l'obtient au moyen de la solution suivante :

Acide gallique.	1 gramm.
Eau	120 —

Ajoutez à la solution :

Eau	900 —

1515

Epreuve négative (Moyen de l'obtenir et de la fixer).

Plonger l'épreuve dans l'eau, au sortir de la solution précédente. Ce lavage dure 30 minutes, et l'eau doit être renouvelée plusieurs fois.

On fixe ensuite l'épreuve négative en l'immergeant plusieurs fois dans :

Hyposulfite de soude . . .	40 gramm.
Eau.	100 —

1516

3° PHOTOGRAPHIE SUR PAPIER ALBUMINÉ.

Préparation de l'albumine.

Bromure de potassium . .	1 gramm.
Iodure de potassium . . .	5 —
Eau.	5 —

Faites une solution, dans laquelle on jette 3 blancs d'œufs battus en neige. — Décantez après 24 heures. — Le papier doit être passé dans l'albumine et y rester 5 minutes.

1517

Sensibilisation du papier albuminé.

Elle s'obtient avec la solution suivante :

Azotate d'argent..	8 gramm.
Acide. acétique cristallisable	12 —
Eau distillée. . . , . . .	100 —

1518

4° PHOTOGRAPHIE SUR COLLODION.

Le papier peut être aussi préparé au *collodion*, qui s'obtient ainsi :

Collodion simple.

« On ajoute, à 50 gr. d'éther, 50 gr. d'alcool ; on fait dissoudre dans ce mélange 1 gr. de bromure de cadmium, 4 gr. d'iodure de cadmium et 2 gr. de pyroxile ou coton-poudre. Quand ce liquide est resté en repos pendant quelques jours, on le décante pour séparer les fibres déposées au fond du vase et on le met dans un bocal qui doit être tenu exactement bouché. Les feuilles de papier qui doivent être enduites de collodion y sont trempées pendant 1 minute. »

1519

Sensibilisation du papier au collodion.

S'obtient par le bain d'argent suivant :

1re *solution.*

Azotate d'argent cristallisé	60 gramm.
Eau de pluie	100 —

2e *solution.*

Iode	1 —
Alcool..	10 —

Mêlez les 2 solutions dans un local obscur.

Après 24 heures, le bain peut être employé. — Il importe de le filtrer chaque fois qu'on l'utilise.

1520

Collodion épais.

Pyroxile.	3 gramm.
Alcool à 94°	10 —
Ether à 60°	80 —

La sensibilité de ce collodion s'obtient par l'iodure et le bromure de cadmium en diverses proportions.

1521

5° PHOTOGRAPHIE SUR VERRE.

L'albumine et le collodion y sont employés avec un égal avantage.

1522

Albumine pour le verre:

Iodure de potassium. . .	45 gramm.
Blancs d'œufs en neige .	30 —

L'iodure doit être dissous dans quelques cuillerées d'eau. — On décante comme il est dit plus haut.

1523

Solution pour nettoyer les verres qui ont déjà été préparés à l'albumine.

Potasse caustique	20 gramm.
Eau.	100 —

Appliquée sur le verre avec un tampon de coton. — Le verre est ensuite lavé à grande eau.

1524

Sensibilisation de l'albumine sur verre. S'obtient avec le liquide suivant :

Azotate d'argent cristallisé.	1 gramm.
Acide acétique cristallisable	2 —

Dissous dans :

Eau.	100 —

Observation. Si l'on emploie le collodion au lieu de l'albumine, son application sur le verre et la sensibilisation se font de la même manière que pour la photographie sur papier.

1525

PIERRE A DÉTACHER.

Soude	100 gramm.
Savon	100 —

Broyez à part chacune de ces substances, et humectez peu à peu avec :

Fiel de bœuf *purifié* . . .	100 gramm.

dans lequel 2 jaunes d'œufs auront été préalablement délayés.

Ajoutez par fragments :

Terre glaise.	400 gramm.

. . . . ou des tablettes.

1526

PIERRE DE TAILLE FACTICE (PROCÉDÉ DU-MÉNIL).

« Délayez, dans 500 litres d'eau, 7 kilogr. d'alun, 6 de chaux éteinte en poudre et 1 d'ocre jaune; ajoutez au mélange 1 kilogr. de gélatine concassée et dissoute dans 5 litres d'eau chaude; gâchez avec cette sorte de pâte liquide 900 litres de plâtre et 450 litres de sable de rivière bien pur : versez aussitôt dans des moules de bois auxquels vous aurez préalablement donné la forme convenable; démoulez au bout de 10 à 12 heures, et faites sécher. Vous obtiendrez ainsi des pierres de taille artificielles qui feront un long usage et dont vous pourrez prolonger la durée en passant sur les parties exposées aux eaux pluviales trois couches d'une solution de silicate de potasse marquant 20 à 26° à l'aréomètre de Beaumé. »

1527

PIERRE INFERNALE (AZOTATE D'ARGENT FONDU).

Il suffit de faire fondre dans un creuset de l'azotate d'argent cristallisé; lorsque la matière est en fusion, on la coule dans une lingotière préalablement chauffée et graissée, ou mieux plombaginée.

Cette préparation doit être tenue dans une solution (amiante, ponce pulvérisée, etc.) qui empêche qu'elle se brise.

1528

PIERRES (MOYEN DE S'ASSURER DE CELLES QUI PEUVENT SE FENDRE PAR LA GELÉE).

Imprégnez la pierre à essayer d'une dissolution de sulfate de soude et exposez-la à l'air : elle éprouvera la même altération qu'à la gelée.

1529

PIERRES HYDROFUGES.

Faites bouillir les pierres naturelles dans :

Goudron	10 kilogr.

Bitume. . . . .   10 kilogr.
Suif . . . .   2 —
Mêlez.

1530

AUTRE.

Résine . . . .   10 kilogr.
Térébenthine. . . . . . .   2 —
Mêlez.

1531

PIERRES PRÉCIEUSES ARTIFICIELLES.

Mélanges pour les strass.

	gr.
Cristal de roche	220,070
Minium	342,177
Potasse (pure)	116,965
Borax	15,072
Arsenic	660

1532

AUTRE.

Cristal de roche	195,312
Céruse (pure)	366,305
Potasse (pure)	68,440
Borax	19,800
Arsenic	660

1533

AUTRE.

Cristal de roche	187,500
Minium	281,250
Potasse (pure)	105,523
Borax	11,772
Arsenic	330

1534

AUTRE.

Cristal de roche	195,312
Céruse pure	366,305
Potasse pure.	68,440
Borax	19,585

1535

Strass ordinaire.

Litharge.	5,000
Sable blanc	3,750
Potasse.	500

1536

Strass douhaut-wieland.   gramm.

Cristal de roche tamisé . .	187,50
Minium très-pur.	288,05
Potasse très-pure	105,45
Acide borique.	11,70
Deutoxyde d'arsenic. . . .	32

1537

Strass anglais.

Cailloux siliceux calcinés .	62,50
Potasse pure.	31,25
Borax calciné	23,50
Belle céruse	7,85

1538

Strass bastenaire.

Sable blanc traité par l'acide chlorhydrique. . .	100 gramm.
Minium (1re qual.). . . .	40 —
Potasse blanche bien calcinée.	24 —
Borax calciné.	20 —
Nitrate de potasse cristallisée	12 —
Peroxyde de manganèse .	0,4 —

1539

AUTRE.

Sable blanc traité par l'acide chlorhydrique . .	100 gramm.
Minium (1re qual.). . . .	140 —
Potasse blanche bien calcinée.	32 —
Borax calciné	12 —
Deutoxyde d'arsenic . . .	0,6 —

1540

AUTRE.

Sable blanc traité par l'acide chlorhydrique . .	25 gramm.
Minium (1re qual.)	50 —
Potasse blanche bien calcinée.	7 —
Nitrate de potasse cristallisée	8 —

1541

AUTRE.

Sable blanc, traité par l'acide chlorhydrique. . .	25 gramm

Minium (1re qual.). . . .   60 gramm.
Potasse blanche calcinée.   4 —
Borax calciné. . . . . . .   6 —
Peroxyde de manganèse.   0,10 —
Deutoxyde d'arsenic. . .   0,15 —

1542

AUTRE.

Sable blanc traité par l'a-
  cide chlorhydrique . . .   25 gramm.
Minium (1re qual.) . . . .   55 —
Potasse blanche bien cal-
  cinée. . . . .   10 —
Borax calciné . . . . . .   8 —
Nitrate de potasse cristal-
  lisée . . . .   5 —

1543

Strass colorés diversement.

Topazes.

Strass très blanc   54,687
Verre d'antimoine.   2,365
Pourpre de Cassius. . . .   0,055

1544

AUTRE.

Céruse de Clichy. . . . .   50 gramm.
Cailloux calcinés et pul-
  vérisés . . . .   50 —

1545

AUTRE.

Sable blanc bien traité . .   100 gramm.
Minium . . . .   145 —
Potasse calcinée. . . . . .   32 —
Borax calciné. . . . . . .   9 —
Oxyde d'argent . . . . . .   5 —

1546

AUTRE.

Strass très blanc. . . . .   250 gramm.
Oxyde de cobalt pur . . .   3,740

1547

Saphir.

Strass très beau.   31,25
Oxyde de cobalt très pur .   6,11

1548

Emeraudes.

Strass . . . .   250 gramm.
Oxyde de verre de cuivre
  pur.   2,310
Oxyde de chrôme   0,110

1549

AUTRE (ordinaire).

Strass. . . . .   500 gramm.
Acétate de cuivre   3,960
Tritoxyde de fer   0,825

1550

AUTRE.

Strass   31,25
Oxyde de cuivre précipité
  de son nitrate par la potasse   21,65

1551

AUTRE (BASTENAIRE).

Sable bien traité   10   10
Minium   15   15
Potasse blanche calcinée .   5   5
Borax calciné.   2   2
Oxyde jaune d'antimoine.   0,5   »
Oxyde de cobalt pur. . . .   0,1   »
Oxyde vert de chrôme . .   »   0,25

1552

Améthyste Bastenaire.

Sable blanc   10
Minium   15
Potasse calcinée.   3
Borax   id.   2
Peroxyde de manganèse. .   1
Pourpre de Cassius   0,12

1553

AUTRE.

	Claire.	Foncée
Strass.	500	250
Oxyde de manganèse. . .	1,320	1,980
Oxyde de cobalt	0,055	1,320
Pourpre de Cassius. . . .	»	3,055

1554

Aigue-marine :

Strass.   187,500

. Verre d'antimoine. . . . . 1,320 gr.
· Oxyde de cobalt . . . . . 0,082 —

1555

Grenat syrien.

Strass. 27,730
Verre d'antimoine. 13,972
Pourpre de Cassius 0,110
Oxyde de manganèse. . . 0,110

(*Ch. Barbot.*)

1556 .

PROCÉDÉ POUR POLIR LES PIERRES PRÉ-
CIEUSES A L'AIDE DU BORE.

Le diamant est de beaucoup la plus
dure des matières connues ; il raie le corindon ou rubis oriental, lequel, sous ce
rapport, vient immédiatement après lui.
Le bore raie le corindon; on peut percer
avec la poussière du bore, et très rapidement, les rubis les plus durs destinés à
supporter les pivots des roues de montres.
Le diamant et même les diamants les plus
durs peuvent être rayés par le bore, ainsi
que l'ont constaté MM. Froment et Voor-
zanger, d'Amsterdam.

1557

PLAQUÉ ou **DOUBLÉ** (Cuivre recouvert d'une plaque d'argent, destiné à remplacer l'argenterie ordinaire).

PLAQUÉ AU 10ᵉ.

Appliquer sur le cuivre qui pèse 10 kil.
une lame d'argent du poids de 1 kilogr. La-
minez et réduisez à l'épaisseur de 1 milli-
mètre : les deux métaux conservent le
même rapport d'épaisseur.

Même procédé pour plaquer au 20ᵉ,
au 40ᵉ.

1558

PLATRE (MOYEN D'AUGMENTER LA DURETÉ
DU).

Avant de gâcher le plâtre, ajoutez à l'eau
assez d'acide sulfurique pour la rendre
aussi acide que du vinaigre très fort.

1559

AUTRE.

Ajoutez 12 pour 100 de chaux éteinte au
moment d'employer le plâtre.

1560

SOLIDIFICATION DU PLATRE CRU POUR LE
MOULAGE.

La facilité avec laquelle le plâtre ou
gypse, qui a subi l'action d'une haute température et qu'on a pulvérisé et mêlé à
l'eau, se solidifie tout en conservant et en
reproduisant, avec une fidélité scrupu-
leuse, l'empreinte des moules sur lesquels
on le coule, l'a depuis longtemps rendu
très précieux dans les arts. Mais jusqu'à ces
derniers temps on n'a fait usage pour le
moulage que de plâtre cuit, et les mouleurs
savent que cette matière demande à être
employée presque aussitôt après sa cuisson, et qu'exposée à l'air elle ne tarde pas
à perdre, au bout d'un temps assez court,
la propriété de se solidifier quand elle est
gâchée avec de l'eau. Cet inconvénient a
beaucoup limité son emploi, surtout dans
les lieux où il n'est pas possible de se le
procurer à tout instant fraîchement cuit et
pulvérisé. Des expériences décisives ont
appris à un chimiste américain que le
plâtre cru possède les mêmes propriétés
que le plâtre cuit. Ces expériences, qui
offrent beaucoup d'intérêt, lui ont prouvé
une solidification parfaite et immédiate,
quand on le gâche avec une solution de
potasse ou de plusieurs de ses sels. Les
solutions qui réussissent le mieux pour cet
objet sont celles de potasse. Ce dernier sel
étant le plus commun et le meilleur marché, doit être préféré aux autres. La solidification du plâtre cru, par ce moyen,
est encore plus prompte que celle du plâtre
cuit, par les procédés ordinaires, et le
corps solide qu'on obtient, quand il est
desséché, ne diffère pas par ses propriétés
extérieures de celui obtenu ordinairement.
Il y a certainement un point de densité,
dans la solution alcaline, où la masse acquiert sa plus grande dureté; mais tant

qu'on n'a pas atteint ce point de saturation, on peut briser et pulvériser la masse, et on n'a qu'à la mélanger avec une nouvelle portion de solution alcaline, pour obtenir de nouveau une masse solide. Ce qu'il y a de remarquable, c'est que la soude et ses sels, loin de solidifier le plâtre, paraissent constamment produire un effet contraire. Quoi qu'il en soit, cette propriété des solutions potassiques peut être mise à profit dans l'art du moulage, qui pourra être exercé avec avantage dans les localités où le gypse est rare, et sans qu'il soit besoin d'établir des appareils dispendieux pour le cuire. Les voyageurs, les archéologues, les savants, etc., en profiteront aussi pour prendre à la hâte l'empreinte d'objets d'art et d'histoire naturelle, de médailles, etc.

1561

PLATRE ALUNÉ.

Il se rapproche du marbre par le poli et résiste aux intempéries du climat.

PROCÉDÉS DE FABRICATION

1er procédé.

On fait cuire dans un four à réverbère chauffé par de l'air chaud, du plâtre de 1re qualité. Aussitôt la cuisson opérée, on le place dans des caisses de bois à claire voie, qu'on plonge dans de l'eau contenant en dissolution *dix pour cent* d'alun. Après une immersion de quelques minutes, on égoutte les caisses, on en vide le contenu sur une aire, pour le recuire à une température poussée jusqu'au rouge.

2e procédé (plus simple).

On mélange intimement le plâtre à une petite quantité d'alun, et on le chauffe une seule fois.

1562

PLUMES A ÉCRIRE (PRÉPARATION DES).

Ce procédé consiste à prendre les plumes de l'aile de l'oie, et à les tenir pendant quelques instants plongées, dans toute leur longueur, dans un bain de sable très-fin, dont la température soit à peu près de 50° R (62° 50 c.), puis de les frotter de suite et fortement avec un morceau d'étoffe de laine. Quand cette opération est bien faite, on obtient une plume blanche et transparente.

1563

MOYEN DE DONNER AUX PLUMES A ÉCRIRE LA COULEUR JAUNATRE.

Pour donner aux plumes cette couleur jaunâtre qui annonce la vétusté, car on sait qu'on préfère en général celles qui sont vieilles apprêtées, attendu qu'elles ont perdu toute leur graisse, on les fait tremper dans l'acide chlorhydrique étendu d'eau, ensuite on les fait parfaitement sécher; il est bien entendu qu'elles ne subissent cette opération que quand elles ont été passées au bain de sable, comme on l'a dit plus haut.

1564

POIRES (CONSERVATION DES).

Voy. *Substances alimentaires* (fruits.)

1565

POISSONS (CONSERVATION DES).

« A l'exception de quelques espèces, telles que la truite, la tanche et le saumon, tous les poissons comestibles des fleuves et des rivières sont conservés vivants dans des réservoirs artificiels dont l'eau est souvent renouvelée. C'est par un moyen semblable qu'on les transporte au loin pour l'approvisionnement des marchés de nos grandes villes.

» Tous les poissons de mer, au contraire, meurent et se putréfient promptement lorsqu'ils sont sortis de l'eau salée. Quelques crustacés seulement, tels que le homard, vivent pendant quelques jours hors de la mer. »

1566

« On conserve aussi les huîtres vivantes en les rangeant avec soin dans des bassins de granit, de marbre ou d'étain pur, en changeant fréquemment l'eau de rivière, dans laquelle on fait dissoudre du sel marin raffiné dans la proportion que contient l'eau de mer.

1567

« En général, les poissons de mer et d'eau douce ne se gardent pas longtemps frais; afin de les conserver pour la nourriture des hommes et les expéditions lointaines, on fait usage de divers moyens artificiels.

» Le procédé suivant sert à retarder la décomposition du poisson frais, notamment pendant les chaleurs de l'été. On étend au fond d'une caisse en bois une couche de charbon de bois pulvérisé de 5 à 6 centimètres d'épaisseur, sur laquelle on répand un lit de la même épaisseur de glace cassée en grains de la grosseur du gros sel marin ; le poisson est posé sur cette couche et entouré de glace aussi tassée que possible ; enfin la glace est recouverte d'une toile grossière, sur laquelle on place une couche épaisse de poussier de charbon. Au bout de 8 et même de 15 jours, le poisson est encore sain et bon à manger. Le saumon surtout se conserve parfaitement par ce procédé, qui est généralement usité en Angleterre pour le transport de ce poisson. Par l'emploi de la glace seule, on peut atteindre le même but ; mais sans charbon en poudre, la glace fond plus promptement. La caisse, disposée comme il vient d'être dit, est, à proprement parler, une véritable glacière; on la dépose dans un local très-frais, sans qu'il soit trop humide.

1568

» On conserve quelquefois le poisson frais par un autre moyen. Après l'avoir vidé et nettoyé, on introduit dans l'intérieur du corps de belle cassonade en quantité suffisante pour qu'il en soit bien pénétré; quand le poisson est resté dans cet état pendant 2 ou 3 jours, on le suspend dans un lieu très-aéré et très-sec, afin de prévenir la moisissure. Une cuillerée à bouche de cassonade suffit pour conserver un saumon du poids de 2 à 3 kilogr. pendant plusieurs jours.

1569

» On peut encore ouvrir le poisson et le frotter intérieurement avec un mélange de sel et de sucre blanc en poudre par parties égales; au bout de 3 à 4 jours, des soles, des merlans et d'autres poissons de la même espèce, ainsi préparés, sont en très-bon état et peuvent être mangés en friture.

1570

» Au moment d'en faire usage, les poissons conservés par l'un de ces procédés sont bien lavés dans l'eau fraîche et soumis aussitôt à la cuisson, sans quoi, même lorsqu'ils ont été conservés dans la glace, ils se décomposent très-rapidement au contact de l'air.

1571

» Le poisson de mer gardé quelques heures hors de l'eau salée est beaucoup meilleur à manger que celui qui vient d'être pêché. L'huître qui a séjourné dans un parc, ou qui a supporté un court et rapide voyage, est plus agréable au goût qu'au moment où elle sort de la mer.

1572

» Voici la méthode pour *pickler* les homards, langoustes, barbues, cabillauds, huîtres, moules, etc., habituellement en usage en Angleterre et en Amérique. Après avoir vidé ces poissons, les avoir échaudés ou lavés, et à moitié grillés sur des charbons, ou rôtis dans l'huile chauffée à 250° environ, on les dispose dans des bouteilles ou bocaux de verre remplis de vinaigre épicé et fortement aromatisé.

1573

» La saumure épicée et aromatisée est également en usage pour conserver, de la même manière que les légumes, certains petits poissons dépourvus d'écailles.

1574

» La préparation flamande, qu'on nomme *frigandage*, consiste à faire cuire préalablement certains poissons de mer, tels que sole, carrelet, morue fraîche, anguille, etc., dans un court bouillon aromatisé de sauge, de thym et de laurier ; le poisson, bien égoutté, est mis ensuite dans des vases de verre ou des tonneaux en bois, avec une très-faible saumure sèche.

1575

» Les petites anguilles si renommées, que l'on prépare sur les bords de l'Adriatique, notamment à Comacchio, sont à moitié grillées ou rôties dans l'huile, puis salées et encaquées dans les barils. »

1576

POLI-CUIVRE.

Eau.	125 gramm.
Acide sulfurique	30 —
Sulfate d'alumine	70 —

F. S. A. Quelques gouttes sur un linge pour nettoyer le cuivre.

1577

POMMADE D'AXONGE.

Hachez 20 kilogr. d'axonge ou panne, pilez-la dans un mortier ; lavez-la en changeant l'eau jusqu'à ce qu'elle soit bien claire ; égouttez, puis faites fondre à feu doux, en y ajoutant 60 gr. d'alun de glace et une poignée de sel blanc. Faites-lui donner quelques bouillons en l'écumant bien. Lorsqu'elle est entièrement liquéfiée, passez-la au tamis de crin ou fil de fer. Laissez ensuite reposer la graisse pendant une heure, puis tirez-la soigneusement à clair sans y laisser d'eau.

Si vous voulez donner un nouveau degré de perfection, vous ferez refondre la masse au bain-marie. On termine en tirant de nouveau à clair la masse fondue.

1578 A 1580

On obtient rapidement des pommades diverses à l'aide de la vanille, des essences de roses, de lavande, etc.

1581

POMMADE A LA MOELLE DE BŒUF.

Moelle de bœuf.	350 gramm.
Axonge (saindoux préparé sans sel).	250 —
Huile de noisettes ou, à défaut, huile d'olives .	30 —
Cire vierge, 30 gr., et si l'on opère en été. . . .	50 —
Jus d'un citron.	

1582

POMMADE CONTRE LA CALVITIE (Dupuytren).

Moelle de bœuf.	300 gramm.
Acétate de plomb cristallisé.	5 —
Baume noir du Pérou . .	10 —
Alcool à 21°.	50 —
Teinture de cantharides	2 —
Teinture de girofle	20 gouttes.
Teinture de cannelle. . .	20 —

Mêlez. On enduit tous les soirs le cuir chevelu avec gros comme une noisette.

1583

POMMADE DE BEAUTÉ POUR LE TEINT ET LES GERÇURES DE LA PEAU.

Faites fondre ensemble au bain-marie :

Cire vierge	6 gramm.
Blanc de baleine..	8 —
Huile d'amandes douces .	15 —
Huile d'olives vierges .	15 —
Huile de pavot	15 —
Baume du Pérou liquide .	4 gouttes.

Vous introduisez le baume après avoir bien battu le mélange. Cosmétique excellent.

1584

POMMADE DE CONCOMBRES.

Prenez :

Axonge pur.	2,000 gramm.
Suif de veau	500 —
Suc de concombres. . . .	1,500 —

1585

POMMADE D'HÉBÉ CONTRE LES RIDES.

Incorporez ensemble :

Suc d'oignons de lis. . .	60 gramm.
Miel de Narbonne	15 —
Cire blanche.	30 —
Eau de rose	12 —

Faites fondre d'abord la cire à feu doux, puis réunissez le tout en pommade que l'on mettra le soir sur le visage; on s'essuiera seulement le matin avec un linge.

1586

AUTRE.

Suc d'oignons de lis blancs	30 gramm.
Miel de Narbonne	60 —

Faites fondre :

Cire blanche.	30 —

Incorporez le tout ensemble pour en faire une pommade.

(Celnart.)

1587

POMMADE OU CRÈME POUR LE TEINT.

Cire blanche.	10 gramm.
Blanc de baleine	10 —
Huile d'amandes.	150 —
Eau de roses	120 —

F. S. A.

1588

POMMADE OU CRÈME DU LIBAN.

Huile de ben	250 gramm.
— de pavot blanc . .	60 —
Cire vierge	30 —
Spermaceti	30 —
Fleurs de benjoin	15 —
Extrait de fleurs d'oran-	
ger	10 —
Amandes fines.	500 —
Blanc de perles.	250 —
Talc de Venise	125 —
Baume du Pérou	1 —
Essence de roses	5 décig.

Cosmétique pour la peau.

1589 ET 1590

POMMES DE TERRE (CONSERVATION DES).

Règles générales : les placer à l'abri du froid, qui les gèle ; de la chaleur, qui les fait germer; de l'humidité qui les décompose; de la lumière qui les verdit.

1er procédé.

Déposer les pommes de terre dans des celliers ou des caves non humides, ou dans des granges, en les éloignant des murs et les divisant en tas de 75 centim. à 1 mètre d'épaisseur, encaissées par des planches et de la paille, etc. Les remuer et les changer de place de temps à autre.

2e procédé.

On creuse un trou plus ou moins profond dans un sol très sec ; le fond et le pourtour de ce trou sont garnis de mousse desséchée au four; les pommes de terre y sont placées et stratifiées avec du sable ou du terreau préalablement desséchés. Lorsque le tas de pommes de terre est élevé, en dos d'âne, de 0m 25 à 0m 30 de hauteur au-dessus du niveau du sol, on jette par dessus la terre tirée du trou; on la bat fortement avec la pelle et on la recouvre d'une seconde couche épaisse de paille. Une simple barrique défoncée, et posée debout dans un endroit très sec, suffit pour conserver une provision de pommes de terre, stratifiées comme on vient de l'indiquer.

1591

AUTRE.

Placez les pommes de terre dans des tonneaux défoncés et placés debout au milieu d'un tas de foin ou de paille.

1592

AUTRE.

On construit dans un sol bien sec une vaste fosse, ayant 30 mètres ou davantage de longueur, sur 2 mètres de profondeur, et 2 mètres 50 ou 3 mètres de l'ouverture à la partie supérieure. Les parois sont en talus, de sorte que la fosse est moins large au fond qu'à la partie supérieure. Ce vaste silo doit être recouvert d'une légère charpente supportant un toit de roseaux et qui repose sur l'ouverture même de la fosse. La terre des talus doit être soigneusement et fortement battue, et l'on a soin en outre de disposer tout autour de la fosse des rigoles pour détourner et faire écouler les eaux. Quand la fosse est suffisamment remplie de pommes de terre, on la couvre de paille pour mettre celles-ci à l'abri de la gelée, en ayant soin toutefois d'implanter de distance en distance, dans la masse des pommes de terre, des fagots de menus branchages qui font l'office de cheminées et qui empêchent ainsi que les tubercules ne s'échauffent et ne fermentent ; il ne faut point négliger d'ailleurs de donner de l'air aux pommes de terre toutes les fois que la température le permet; on prévient aussi la pousse des germes en les remuant de temps en temps avec la pelle.

1593

AUTRE.

Les tubercules sont pelés, coupés en tranches de 0^m 005 d'épaisseur , puis jetés dans un vase en bois rempli d'eau qu'on aiguise de 2 à 3 p. 100 d'acide sulfurique. On abandonne ces tranches dans la liqueur acidulée pendant 24 ou 30 heures : après quoi on les enlève et on les lave dans plusieurs eaux pour enlever jusqu'aux moindres traces d'acide qu'elles pourraient renfermer. Les tranches lavées sont alors mises sur des claies et exposées au grand air pour y être desséchées. Dans cette opération, elles deviennent d'un blanc éclatant, et on peut les réduire en une farine aussi fine que celle du froment.

Enfin les pommes de terre se conservent très bien par la dessication.

1594

PROCÉDÉ POUR FAIRE DÉGELER LES POMMES DE TERRE.

Les pommes de terre gelées ne doivent pas être considérées comme perdues. « Avant le dégel, on les fait tremper dans l'eau dégourdie, pendant le temps strictement nécessaire pour les dégeler. Si elles séjournaient dans l'eau plus long-

temps elles pourraient devenir acides et se corrompre. Immédiatement au sortir de l'eau, elles sont coupées par tranches, échaudées par les procédés ordinaires du blanchiment, puis desséchées au four ou dans une étuve, et conservées ainsi pour être distribuées aux bestiaux, après avoir été trempées et cuites comme tout autre légume desséché. »

1595

POMMES (CONSERVATION DES).

Le fruitier doit toujours être placé dans un endroit sec et ombragé, plus bas que le sol de 1 mètre à 1 mètre 30 c. Les tablettes seront en bois de hêtre ou de sycomore, et de 60 cent. de largeur environ. Il est inutile d'y faire du feu, mais on doit y ménager des ventilateurs, parce que quand les pommes ont atteint la maturité convenable, on les cueille dans des paniers, puis on les range dans le fruitier. Après un séjour de 12 jours sur les planches, le *ressuage* est terminé ; on les prend alors une à une, et on les essuie avec un linge propre et doux. Cette pratique donne au fruit une sorte de vernis ou *robe* qui sert à les préserver des influences atmosphériques. On essuie également les tablettes des deux côtés jusqu'à ce qu'elles soient parfaitement sèches. Pendant tout le temps que les pommes ressuent, on leur fournit de l'air en abondance si le temps est pur et sec; s'il est humide, on ferme avec soin toutes les issues. C'est pendant le ressuage que les pommes s'imprègnent de l'odeur des objets sur lesquels on les pose; si on y fait attention à cette époque, elles ne contractent plus après le moindre mauvais goût. Le fruit est retourné vers la fin de janvier, et essuyé, ainsi que les tablettes, s'il se manifeste la moindre humidité. Après cette époque le fruitier est clos avec soin, car l'admission abondante de l'air après le mois de janvier ride les pommes. Tous les 4 ou 5 jours on fait une visite, et dans les mois un peu chauds il ne faut toucher le fruit qu'avec des gants pour éviter l'humidité. Quand les pommes sont gelées, il ne faut employer aucun moyen artificiel pour les dégeler. Si la gelée ou l'humidité les surprend pendant le ressuage, elles en reçoivent un notable préjudice.

1596

AUTRE.

Ce moyen consiste à les mettre dans des tonneaux avec du sable bien sec. On en répand au fond du tonneau une couche sur laquelle on place un lit de pommes qu'on recouvre d'une couche de sable, et ainsi successivement, jusqu'à ce que le tonneau soit bien rempli. Cette méthode a l'avantage de préserver les pommes du contact immédiat de l'air, qui est la cause la plus active de leur corruption, et de l'humidité qui leur est aussi nuisible. Le sable, répandu également entre les pommes, absorbe la partie surabondante de leur humidité. On a aussi l'avantage de leur conserver l'arôme qui leur est propre, et qui se perd lorsque les fruits sont exposés à l'air. Ainsi conservées dans des tonneaux ou dans des caisses, même dans le coin d'une chambre, elles seront bien moins exposées à la gelée et aux variations de température du lieu où on les aura placées. On pourra, par ce moyen, prolonger la durée de ce fruit jusqu'aux mois de mai et de juin.

1597

PORCELAINES (CIMENT DIAMANT POUR RECOLLER LES PORCELAINES, CRISTAUX).

Faites une dissolution assez concentrée de colle de poisson dans l'eau, à laquelle vous ajoutez un peu d'alcool et de la gomme ammoniaque, de manière à faire du tout une pâte très-liquide. Pour s'en servir, on l'applique avec une petite spatule en bois sur les parties qu'on veut recoller; on les presse fortement l'une contre l'autre et on laisse sécher. On peut, du reste, remplacer la gomme ammoniaque par de la résine mastic en dissolution dans l'alcool.

(*Pelouze.*)

1598

POTIN (ALLIAGE).

Cuivre.	72 parties.
Zinc	25 —
Plomb	2 —
Etain	1 —

1599

POUDRES.

POUDRE CAPITALE DE SAINT-ANGE.

Isarum (poudre de feuilles)	500 gramm.
Bétoine.	10 —

1600

POUDRE DE VIENNE.

Pâte de Vienne ou caustique de Vienne.

Potasse caustique à la chaux.	50 gramm.
Chaux vive	60 —

Réduisez en poudre les deux substances dans un mortier chauffé; mélangez-les exactement avec rapidité et renfermez le mélange dans un bocal à large ouverture et bouché à l'émeri. Pour faire usage de ce caustique, on le délaie avec un peu d'alcool de manière à le réduire en une pâte molle.

La pâte de Vienne est un bon caustique.

1601

POUDRE CONTRE LE GOITRE.

On réduit des éponges fines en poudre après les avoir torréfiées le moins possible. Il ne faut pas du tout les charbonner, mais tellement ménager le feu que la poudre obtenue conserve la couleur rousse de l'éponge. C'est une condition indispensable pour le succès; car l'éponge torréfiée au noir a perdu son iode et devient inefficace.

Poudre d'éponge de couleur rousse.	20 gramm.
Chlorhydrate d'ammoniaque.	1 —
Charbon végétal	1 —

Mêlez. Administrez par prises de 1 gr. Aux malades âgés de plus de 10 ans, on en donne 3 gramm. par jour, 1 le matin, 1 à midi et l'autre le soir, On porte la dose au fond de la bouche avec une cuillerée à café, et l'on fait avaler la poudre toute sèche. De nombreuses expériences ont prouvé l'efficacité de ce remède. Pour le rendre plus actif, on peut ajouter à la formule 1 gramme d'iodure de potassium. On y fait également souvent intervenir 20 gr. de poudre de mousse de Corse. Dans ce cas, il faut mettre 2 gr. de chlorhydrate d'ammoniaque au lieu de 1.

(*Bouchardat.*)

1602

POUDRE STERNUTATOIRE.

Feuilles de marjolaine	
— de bétoine,	
— de cabaret,	âa 5 gramm.
Fleurs de muguet.	

1603

POUDRE D'AILHAUT.

Scammonée	5 gramm.
Suie	10 —
Colophane.	10 —

Mêlez. 2 gramm. comme drastique.

1604

POUDRE D'IROÉ (HOTTOT).

Jalap.	110 gra mm.
Laque carminée.	150 —
Crême de tartre.	12 —
Sucre	8 —
Rhubarbe	4 —
Bol d'Arménie	14 —
Cannelle.	8 —
Iris de Florence.	4 —

Mêlez et faites des paquets de 5 gram. Employée comme purgative.

1605

POUDRE DE GOMME POUR LES FAUX TOUPETS.

Pilez parties égales de gomme arabique et de gomme adragante; joignez au mélange un quart de poudre d'iris, ou poudre blanche parfumée, avec un tiers de sucre candi pulvérisé. Au moment de se servir de cette composition, on la délaie en consistance de pâte avec un peu d'eau.

1606

POUDRE ODORIFÉRANTE DE BERLIN.

Musc		1 décigr.
Benjoin.	}	
Cascarille	}	âa 4 gramm.
Storax calamite	}	
Iris.	}	âa 16 —
Girofle.	}	
Cannelle.	}	âa 12 —
Roses de Provins	}	
Fleurs de lavande	}	âa 24 —
— de grenade	}	
Macis.		2 gramm,
Essence de bergamote.	}	
— de girofle.	}	âa 6 décigr.
— de camomille.		4 —
— de rose		6 —

Mêlez pour une poudre dont on répandra une pincée sur une plaque chaude.

1607

POUDRE POUR LIMONADE AU CITRATE DE MAGNÉSIE, (DALLIER).

Citrate de magnésie pulvérisé.	31 gramm.
Hydrocarbonate de magnésie	10 —
Acide citrique diaphane granulé.	15 —
Sucre royal aromatique au citron.	44 —

Mêlez pour une bouteille d'eau.

100 gramm. de cette poudre représentent 50 gramm. de citrate de magnésie pur et la quantité d'acide citrique libre pour aciduler agréablement la limonade.

1608

POUDRE D'OR, POUR L'ÉCRITURE.

Mica réduit en poudre.

1609

POUDRE DE GUERRE.

Nitre	75 parties.

| Charbon | 12 part. 1/2 |
| Soufre | 12 — 1/2 |

1610

POUDRE DE CHASSE.

Nitre	80 parties.
Charbon	14 —
Soufre	9 —

Remarque. 1 litre de poudre donne 450 litres de gaz, qui représentent une force de 450 atmosphères. La chaleur qui se produit en même temps porte cette force, par la dilatation du gaz, à plus de 3,000 atmosphères.

1611

POUDRE COTON, FULMI-COTON, COTON FULMINANT, COTON-POUDRE, PYROXYLINE.

Mêlez 1 partie d'acide azotique fumant (densité, 1,5) et deux parties d'acide sulfurique fumant (densité, 1,845). Immergez dans le mélange du coton cardé bien sec pendant 2 minutes; sortez-le en l'exprimant. On le lave ensuite à grande eau pour enlever l'acide qu'il y a entraîné et l'on sèche au bain-marie avec la plus grande précaution pour qu'il ne s'enflamme pas. Ce fulmi-coton, qui équivaut à plusieurs fois la force de la poudre, ne peut servir à préparer le collodion.

1612

POUDRE D'OR.

Elle s'obtient en triturant des feuilles d'or avec du sulfate de potasse et en lavant celui-ci par l'eau chaude.

1613 A 1615

POUDRE POUR NETTOYER L'OR.

Coaltar réduit en poudre très-fine.

C'est ce qu'on nomme aussi *Rouge de Prusse, Rouge anglais.*

1616

POUDRE DE RIZ POUR CALMER LE FEU DU RASOIR.

Dans un pot de terre neuf mettez 1 kil. de riz bien propre, ajoutez 6 litres d'eau, laissez tremper pendant 24 heures, puis décantez. Renouvelez cette opération pendant trois jours. Ensuite, mettez le riz sur un tamis de crin et faites-en sortir le peu d'eau qu'il peut contenir. Exposez-le alors à l'air sur une serviette. Quand il est parfaitement sec, pilez-le le plus finement possible, dans un mortier de marbre recouvert d'une housse, et terminez par un tamisage à travers un linge fin.

1617

POUDRE A RASOIR.

Les cuirs doivent avant tout être grattés à fond avec un couteau, et dégagés de tout le cambouis formé par les applications de pommades précédentes; on y ajoute ensuite du suif pur que l'on étale avec soin.

La pommade à appliquer sur le cuir, ainsi préparé, se compose tout simplement de moitié suif et moitié sanguine mise en pâte avec un couteau, et étendue ensuite sur le cuir.

Tous les mois on doit remettre le cuir en état, par application à neuf de la même pommade après avoir gratté à fond la précédente couche.

(*C. D.*)

1618

POUDRE FULMINANTE.

Après avoir pris trois parties en poids de nitre réduit en poudre, deux parties de sous-carbonate de potasse et une partie de soufre, on place ces substances sur une tuile ou sur une plaque qu'on tient devant le feu jusqu'à ce qu'elles soient parfaitement sèches; on les mêle alors intimement ensemble dans un mortier chaud, et l'on garde le composé dans une fiole débouchée.

Si l'on fait chauffer très-lentement 1 à 2 grammes de cette poudre dans une cuillère de fer ou sur une pelle, elle prend d'abord une couleur orangée : bientôt après elle acquiert une consistance pâteuse et commence à fondre ; et si la chaleur est augmentée, une flamme bleue languissante se joue à sa surface ; et un moment après, la masse fait explosion avec un bruit semblable à celui d'un pistolet, accompagné d'un éclat de lumière. Pour obtenir de cette poudre tout l'effet qu'elle peut produire, il faudrait la placer de manière que toute la quantité employée pût être chauffée également ; autrement, la déflagration de la poudre a lieu partiellement, avant que le reste ait acquis une chaleur suffisante pour faire explosion.

1619
PRÉPARATIONS MICROSCOPIQUES (CONSERVATION DES).

Protochlor. de mercure. .	1 partie.
Chlorure de sodium . . .	2 parties.
Glycérine à 25° Baumé .	13 —
Eau distillée.	113 —

Ce mélange, dû au docteur Pacini et publié seulement à la fin de 1859, est destiné à la conservation des globules sanguins, des nerfs, des ganglions, de la rétine et généralement des tissus blancs.

1620
PRÉSURE LIQUIDE.

Estomacs de jeunes veaux.	10 parties.
Chlorure de sodium . . .	3 —
Alcool à 80° c. (31° cart).	1 —
Eau	16 —

On divise avec les ciseaux les membranes de l'estomac, on les malaxe avec le sel et la présure qui se trouve dans l'intérieur de cet organe ; on place le tout dans un pot de terre qu'on dépose dans un lieu frais. Ce mélange est laissé en contact pendant assez de temps pour qu'une odeur de fromage désagréable qu'il avait primitivement, soit remplacée par l'odeur propre de la présure ; le temps de cette réaction varie de 1 à 2 mois, suivant la température ; à cette époque, on le délaie exactement avec la quantité d'eau, puis on y ajoute l'alcool, et l'on filtre. On peut colorer avec du caramel.

(J. Wislin.)

1621
AUTRE.

Mettre dans une bouteille 1/2 litre de vin blanc de bonne qualité, un verre de vinaigre blanc, 15 gramm. de sel et un morceau de vessie de porc sèche.

Cette présure se conserve longtemps, et, à mesure qu'on l'emploie, on peut y ajouter du vin.

1622
PUNAISES (DESTRUCTION DES).
PROCÉDÉ THÉNARD.

1° Mettre 100 parties d'eau en poids dans une bassine, y ajouter 2 parties de savon vert, placer la bassine sur un fourneau allumé et porter la liqueur à l'ébullition ;

2° Enlever la tapisserie de la chambre, et agrandir, avec une lame de couteau, les fissures des murs, si elles ne sont pas assez larges pour permettre à l'eau de pénétrer dans leur intérieur ;

3° Démonter les diverses pièces du lit, s'il est en bois, et retirer les boiseries ;

4° Prendre une grosse éponge semblable à celles dont on se sert pour laver les pieds des chevaux, l'attacher avec une ficelle à un bâton de 0ᵐ, 40 de long, plonger l'éponge dans la dissolution bouillante de savon, et laver à plusieurs reprises de haut en bas les murs de la chambre, et surtout les parties où il y a des fissures, en ayant soin de replonger chaque fois l'éponge dans la liqueur qui, pour agir efficacement, doit toujours être très-chaude, et, autant que possible, bouillante ;

5° Laver les diverses pièces du bois de lit et toutes les boiseries de la même manière ;

6° Laver également, toujours avec la dissolution bouillante, les fissures qui peuvent se trouver dans les carreaux, ou le parquet, ou les boiseries ;

7° Changer les couvertures, les rideaux, et les exposer au soleil pendant quelques jours ;

8° Renouveler la paillasse, s'il en existe une, et passer à l'eau bouillante le fond sangé, les toiles et la laine des matelas ;

9° Enfin, boucher les fissures des murs avec un mastic formé de craie et de colle animale, puis tapisser la chambre à la manière ordinaire;

10° Toutes les opérations qui précèdent sont nécessaires pour les dortoirs, les casernes, les salles d'hôpitaux, pour les chambres où il y a trois ou quatre lits; mais quand il n'y en a qu'un ou même deux, éloignés l'un de l'autre, on peut se contenter de soumettre à des lotions savonneuses les différentes pièces du lit, ainsi que les objets et les murs près desquels il est placé.

1623

COMPOSITION NOUVELLE POUR DÉTRUIRE LES PUNAISES.

Sublimé corrosif . . . . . 1 gramm.
Dissous dans :
Eau bouillante . . . . . . 1 litre.

Laissez refroidir, et imbibez à l'aide d'une éponge ou d'un pinceau, tous les endroits infectés. — Moyen sûr d'agir contre les punaises, et *surtout contre leurs œufs.*

1624

Observation. — On préviendrait l'invasion des punaises dans les maisons en mêlant 30 grammes de poudre de coloquinte par kilogr. d'eau, dans les dernières couches de plâtre ou de mortier.

1625

BUG-POISON POUR LES PUNAISES.

Alcool. . . . . 700 gramm.
Ess. de térébenthine. . . 25 —
Camphre en poudre . . . 12 —
Sublimé . . . . 6 —

1626

PYRALE (DESTRUCTION DE LA).

Enlever avec soin et brûler les grappes entourées de fils soyeux, ainsi que les feuilles roulées ou déformées; enlever aussi, pendant l'hiver, les vieilles écorces et surtout la mousse qui couvrent la tige du cep.

1627

PROCÉDÉ RACLET (EXCELLENT).

Laver avec de l'eau bouillante les échalas et les vieux ceps de vignes dont l'écorce recèle dans ses gerçures les larves et les œufs de la pyrale. La chaleur passagère de l'eau bouillante suffit pour tuer ces œufs et ces larves; elle ne persiste pas assez longtemps pour nuire à la vigne.

Q

1628

QUINQUINA (VIN DE).

Quinquina concassé. . . 60 gramm.
Alcool à 56°. . . . . . . 125 —

Laissez en contact 24 heures.
Ajoutez :

Vin rouge généreux. . . . 2 litres.
Laissez macérer 8 à 10 jours et filtrez.

R

1629 A 1631

RAISINS (CONSERVATION DES).

1° *Dans des sacs.*

On enferme séparément chaque grappe bien nettoyée et éclaircie dans des sacs de papier, percés de trous d'épingles, ou mieux dans des sacs de crin. Si le raisin est en parfaite maturité, il faut étrangler la queue de la grappe avec le fil qui sert à fermer le sac.

2° *Dans des fruitiers ;*

3° Dans des tonneaux défoncés sur lesquels on replace le fond.

Etablir dans un baril neuf un lit alternatif de *son de blé* bien séché au four, et de grappes de raisin à grains serrés. Placer ce baril, bien fermé, à une température égale et peu élevée. Le raisin peut ainsi se conserver pendant six mois.

1632

AUTRE PROCÉDÉ.

Après avoir choisi des raisins aussi sains et aussi beaux que possible, et pas trop mûrs, on les fait sécher légèrement au soleil pendant quelques heures, puis on les range, isolés les uns des autres, et couches par couches, dans un baril, avec du son bien sec ou de la sciure de bois blanc ou des cendres de lessive bien tamisées. On ferme hermétiquement le baril et on le tient dans un endroit sec. Quand on veut faire usage de ce raisin, il suffit, pour lui rendre sa première fraîcheur, de tremper pendant huit ou dix minutes, dans du vin bouillant, les queues des grappes dont on aura d'abord coupé un petit bout. On emploie du vin blanc ou du vin rouge, suivant que le raisin est blanc ou noir.

1633

CONSERVATION PAR L'APPAREIL CHARMEUX.

Cet appareil consiste en un cylindre de ferblanc muni d'un entonnoir pour le remplir, à l'une de ses extrémités, et d'un robinet pour le vider, à l'extrémité opposée. Un léger support en bois soutient ce cylindre qu'on a le soin de maintenir constamment rempli d'eau fraîche renouvelée tous les jours. De distance en distance, des goulots de ferblanc, semblables à la gorge d'un entonnoir, sortent du corps du cylindre ; chacun de ces goulots reçoit un sarment de vigne portant une ou deux grappes de raisin mûr. On comprend que la longueur du cylindre et le nombre des goulots peuvent être augmentés ou diminués selon l'importance de la provision. (Excellent procédé.)

1634

PRÉPARATION DES RAISINS SECS.

Les raisins ayant été cueillis à leur point de maturité et bien sains, il faut d'abord les blanchir, ce qu'on opère en plongeant à trois reprises les grappes dans de l'eau bouillante, et mieux dans une lessive de cendres bouillante : les cendres de sarments sont les meilleures pour cet usage : on peut y ajouter quelques poignées de romarin, de lavande, ou d'autres plantes aromatiques. Après ce bain, dont la durée est de quelques minutes, on les suspend à des perches, ou bien on les place sur des claies pour les faire sécher au soleil : il faut avoir le soin de les rentrer chaque soir. Trois ou quatre jours suffisent ordinairement pour que les raisins soient convenablement desséchés. On ne doit pas les laisser parvenir au dernier degré de dessication.

Quand ils sont convenablement desséchés, on les range dans des caisses qu'il faut visiter de temps en temps, soit pour leur donner de l'air, soit pour s'assurer qu'il n'y a point de moisissure; et s'ils se sont bien conservés pendant un mois, on peut les mettre en réserve.

1635

AUTRE (NOUVEAU).

Ce procédé consiste à laisser le raisin sur la treille jusqu'à la fin du mois d'octobre et même plus tard; à le couper avant les gelées cependant, en laissant chaque grappe fixée à un morceau de sarment de la longueur de cinq ou six entre-nœuds, dont trois ou quatre au-dessous; le bout supérieur de ce sarment est enduit de cire à greffer, pour empêcher toute évaporation des liquides qui se trouvent dans le tissu fibreux.

Chaque grappe étant ainsi préparée, il ne reste plus qu'à introduire l'extrémité inférieure du sarment dans une petite fiole remplie d'eau, à laquelle on ajoute, pour empêcher sa putréfaction, cinq grammes de charbon pulvérisé pour chaque fiole. C'est ce charbon qui est tout le secret. On bouche ensuite la fiole avec de la cire, et la préparation est terminée. On dispose alors les fioles le long des murs du fruitier, dans une sorte de râtelier, à la distance de 10 centimètres les uns des autres.

Les soins à donner pendant cette période conservatrice sont de retrancher de temps en temps les grains qui commencent à pourrir, et d'empêcher pendant les grands froids que la température du fruitier descende au-dessous de zéro.

(Rose-Charmeux.)

1636

RATAFIA D'ANGÉLIQUE.

Tiges récentes d'angélique	125 gramm.
Amandes amères.	125 —
Sucre.	1 kilogr
Eau-de-vie.	5,540 gramm.
Eau.	6 litres.

Coupez l'angélique, concassez les amandes et mettez dans l'eau-de-vie et l'eau. Après 4 jours de macération, ajoutez le sucre et filtrez.

1637

RATAFIA DE CACAO.

Cacao caraque torréfié. .	500 gramm.
Cacao des îles, torréfié .	250 —
Alcool à 30 degrés	2 litres.
Sucre.	4 kilogr.
Teinture de vanille. . . .	20 gouttes.

Le cacao étant torréfié, on le fait macérer dans l'alcool pendant quinze jours; on ajoute le sucre dissous dans un demi-litre d'eau; on filtre et on ajoute la teinture de vanille.

1638

RATAFIA DE CAFÉ.

Café moka torréfié et concassé	1 kilogr.
Alcool à 33°.	4 litres.
Sucre.	2 kil. 500
Eau.	3 litres.

On fait macérer le café pendant huit jours dans l'alcool, on y ajoute le sucre fondu dans l'eau, et on filtre. Si l'on veut avoir ce ratafia incolore, on peut le distiller; alors il prend le nom de liqueur de café; si on le fait de cette manière, on n'y met le sucre qu'après la distillation.

1639

RATAFIA DES CARAIBES.

Tafia.	3 litres.
Résine de gaïac en poudre	62 gramm.

Après quelques jours de digestion, filtrez.

1640

RATAFIA DE CACIS.

Feuilles de cacis.	125 gramm.
Cacis bien mûrs	3 kilogr.
Girofle.	2 gramm.
Cannelle de Ceylan . . .	4 —
Alcool à 22°	6 litres.
Sucre.	2 kilogr.
Eau commune.	1 litre.

On écrase les baies de cacis, on les met macérer quinze jours dans l'alcool avec la cannelle et le girofle; au bout de ce temps, on soumet à la presse, ensuite on y met le sirop fait avec le sucre et l'eau; on mêle le tout et l'on filtre.

1641

RATAFIA DE CÉLERI.

Alcool à 22°.	5 litres
Semences de céleri	250 gramm.
— de coriandre. .	31 —
Girofle	4 —
Sucre.	1 kil. 500

On fait macérer pendant un mois, ensuite on distille au bain-marie; on fait un sirop avec le sucre et deux litres d'eau. Cette liqueur reste incolore : on peut aussi la faire par infusion.

1642

RATAFIA DE CERISES.

Cerises aigres, courtes queues, mondées et écr. avec leurs noyaux. . .	4 kilogr.
Eau-de-vie à 22°.	4 —

Après un mois de macération, passez avec expression, et ajoutez, pour chaque 500 gramm. de liqueur, 92 gramm. de sucre en poudre; filtrez. On prépare de la même manière les ratafias de groseilles et de framboises.

1643

RATAFIA DE COINGS.

Sucre de coings	3 kilogr.
Alcool à 33°	1,500 gramm.
Sucre.	1,250 —
Amandes amères pelées .	15 —
Cannelle	12 —
Coriandre.	8 —
Macis.	4 —
Girofle	1,3 —

On laisse macérer pendant 15 jours et l'on filtre.

1644

RATAFIA DE FLEURS D'ORANGER.

Fleurs d'oranger mondées de leur calice.	1,000 gramm.

Eau-de-vie vieille	4 litres.

Faites macérer 6 heures au plus et ajoutez :

Sucre	4 kilogr.

On fait macérer pendant 15 jours; on presse, on fait un sirop avec 2 kilogr. de sucre, on mêle le tout, ensuite on filtre.

1645

RATAFIA DE GENIÈVRE.

Graines de genièvre . . .	60 gramm.

Faites infuser dans :

Eau-de-vie à 20°	2 litres.

Ajoutez :

Cannelle	16 gramm.
Clous de girofle.	1 —
Anis vert	1 —
Coriandre.	1 —
Sucre préalablement fondu dans un peu d'eau .	500 —

Laissez infuser 6 semaines et filtrez.

1646

RATAFIA DE GRENOBLE.

Suc de merises	5 litres.
Sucre	1 kilogr.

Faites dissoudre le sucre dans ce suc.

D'autre part, faites infuser dans 5 litres d'eau-de-vie.

Cannelle	4 gramm.
Clous de girofle n° 24 .	
Feuilles de pêcher	250 —
Amandes de cerises pilées	250 —

Filtrez, mêlez les deux liqueurs et filtrez de nouveau.

1647

RATAFIA DE GROSEILLES.

Égrener une quantité de groseilles rouges suffisante pour en obtenir 2 litres de jus. On ajoute à ce jus 3 litres d'eau-de-vie, 2 gr. de cannelle concassée et 1 gr. de clous de girofle; laisser infuser le mélange pendant un mois. Après ce temps, on soutire la liqueur, et on la passe à la chausse.

1648 A 1649

RATS ET SOURIS (COMPOSITION POUR LES DÉTRUIRE).

Pâte arsenicale.

Suif.	1,000 gramm.
Farine	1,000 —
Arsenic.	100 —
Noir de fumée	10 —
Essence d'anis	1 —

Pâte phosphorée (DUBOYS).

Phosphore	20 —
Eau bouillante	400 —
Farine	400 —
Suif fondu	400 —
Huile de noix	200 —
Sucre en poudre fine . .	250 —

On met l'eau bouillante et le phosphore dans un mortier de porcelaine ; le phosphore se liquéfie immédiatement : on ajoute rapidement la farine, mais par portions, en agitant continuellement avec un pilon de bois ; lorsque ce mélange est presque froid, on verse peu à peu le suif fondu et peu chaud, l'huile, et enfin le sucre, et l'on continue de remuer jusqu'à parfait refroidissement.

Si le phosphore a été bien divisé dans cette opération, la pâte conserve très-longtemps son efficacité. On introduit la pâte phosphorée dans des flacons ou des pots que l'on bouche avec soin ; mais il ne faut pas perdre de vue ce point important, qu'elle doit être placée à l'abri du contact de l'air et de la lumière pour éviter que le phosphore ne s'oxyde.

Cette pâte est une préparation infaillible ; pour l'employer, on l'étend en couches légères sur des tranches de pain très-minces. Les rats, les souris, les mulots, etc., en mangent avec avidité et ne tardent pas à succomber. Hachée avec des vers, elle détruit parfaitement les taupes, les loirs, les grillons, etc.

(*Bouchardat.*)

1650 A 1711

RÉACTIFS.

Substances chimiques dont on se sert pour découvrir dans une analyse la présence de tel ou tel corps. Voici la liste de soixante-deux réactifs, d'après M. Violette.

	POIDS.
	grammes.
Acétate de plomb ordinaire (*dans une fiole*)	50
Acide acétique extrait du bois et distillé (dans une fiole).	250
Acide arsénieux ou arsenic blanc (dans une (fiole).	125
Acide borique (dans une fiole)	50
Acide chlorhydrique ordinaire (dans un flacon à l'émeri)	500
Acide sulfurique ordinaire à 66° (dans un flacon à l'émeri)	500
Acide azotique ordinaire à 40° (dans un flacon à l'émeri).	500
Acide tartrique cristallisé (dans une fiole)	50
Alcool ordinaire à 35° (dans une bouteille ordinaire bien bouchée) . . .	litre 1
Alun (dans une fiole).	gr. 125
Amidon (id.)	125
Ammoniaque liquide (dans un flacon à l'émeri).	250
Antimoine métallique.	100
Arsenic métallique (dans une fiole) .	50
Baryte ordinaire (dans une fiole bien bouchée)	3
Bioxalate de potasse ou sel d'oseille (dans une fiole)	50
Bicarbonate de potasse (dans une (fiole)	10
Bismuth.	50
Bleu de Prusse	25
Borate de soude ou borax (dans une fiole)	100
Carbonate d'ammoniaque (dans une fiole bien bouchée)	30
Carbonate de soude pur (dans une fiole).	500
Chaux ordinaire (dans un grand bocal bien fermé)	500
Chlorate de potasse (dans une fiole).	50
Céruse ou carbonate de plomb (id.) .	200
Chlorure de baryum ordinaire (id.) .	25
Chlorure d'étain (dans une fiole bien bouchée)	25
Chlorure de nickel (dans une fiole). .	2
Chlorure de sodium ou sel de cuisine (dans une fiole).	250
Chromate de potasse pur (dans une fiole	25
Cuivre en tournure (dans une fiole) .	100

Cyanoferrure jaune de potassium (dans une fiole) . . . . gramm. 25

Cyanoferrure rouge de potassium (id.) 25

Eau de baryte (dans une fiole bien bouchée) 50

Etain en lames. 125

Fluorure de calcium naturel 50

Hydrochlorate d'ammoniaque (dans une fiole). 100

Hydrosulfate d'ammoniaque (dans un flacon à l'émeri). 100

Iode (dans une fiole) 20

Indigo (id.) 5

Litharge. 125

Marbre blanc statuaire. . . . . »

Minium. 50

Mercure. . . . . kil. 2

Nitrate de baryte ordinaire (dans une fiole) . . . . gr. 10

Nitrate de cobalt cristallisé (id.) . . . 3

Nitrate de potasse pur (id.) . . . 100

Nitrate de strontiane (id) . . . 30

Potassium (dans un flacon à l'émeri, plein d'huile de naphte) 2

Potasse à la chaux (dans une fiole bien bouchée) 100

Potasse à l'alcool (id.) 25

Peroxyde de manganèse en poudre. . 250

Plomb. 125

Phosphore (dans une fiole pleine d'eau) 25

Phosphate de soude (dans une fiole) . 30

Sulfate de magnésie pur (id.) . . . 25

Sulfure d'antimoine naturel. 200

Soude à la chaux (dans une fiole bien bouchée) 50

Soufre en canon. 250

Soufre en fleurs. 250

Strontiane pure (dans une fiole bien bouchée) 3

Zinc en lames. 500

Articles divers.

Naphte, huile ou essence de térébenthine, huile de lin siccative, vernis à l'esprit-de-vin, plâtre, argiles diverses, farine de graine de lin, sels divers, mastic, ciments, etc.

1712

RÉACTIF DÉSINFECTANT (MOLL).

Des sulfates de fer et d'alumine concentrés jusqu'à 55°, afin d'obtenir une pâte **pure et compacte** pouvant être transportée à de grandes distances, sont soumis à une évaporation pendant 8 à 10 heures. Pendant ce travail, on les mélange avec de la chaux dans la proportion de 5 à 10 0/0, on brasse constamment le mélange jusqu'à ce que la dessication soit complète; on coule la matière dans les formes et on la laisse sécher à l'air libre.

C'est après avoir acquis la certitude qu'elle ne contient plus d'humidité, que l'on peut la réduire en poudre plus ou moins fine, pour être livrée au consommateur, qui peut la garder indéfiniment dans cet état ou à l'état de dissolution.

Ce réactif n'a pas d'odeur; il peut être employé à une foule d'usages hygiéniques et domestiques.

1713

ROSOGLIO (LIQUEUR).

Roses rouges . . . . 250 gramm.

Fleurs d'oranger mondées 150 —

Cannelle concassée. . . . 15 —

Clous de girofle id . . . . 5 —

Faites macérer 10 jours dans :

Eau-de-vie 21° . . . . . 3 litres.

On distille le mélange au bain-marie, puis, on ajoute ;

Sucre (fondu dans 3 litres d'eau). . . . . 3 kilog.

1714

ROSOGLIO SANS DISTILLATION.

Pour 5 litres :

Sucre blanc. . . . . 2,500 gramm.

Faites fondre sur le feu dans :

Eau . . . . 1 lit. 1/4

Ajoutez :

Alcool à 33° . . . . . . 2 litres.

Puis :

Essence de rose . . . . 8 gout.

— de cannelle . . . 2 — 1/2

— de Portugal . . . 2 — 1/2

— de citron . . . . — 1/2

Colorer en rouge avec teint. le rochenille.

1715

ROUILLE (MOYEN DE PRÉVENIR LE FER DE LA ROUILLE).

Tabac en poudre . . . . . 80 gramm.
Litharge. . . . . 20 —

Mélangez et incorporez dans :
Huile de lin . . . . q. s.

Pour former une masse épaisse qu'on rend fluide au moyen d'essence de térébenthine. Couvrir le fer de deux couches de cet enduit.

S

1716

SACHETS ODORANTS.

Feuilles de roses odorantes
desséchées . . . . 500 gramm.
Poudre d'iris de Florence. 500 —
Clous de girofle en poudre 32 —
Muscade en poudre. . . . 32 —
Graine d'ambrette en pou-
dre . . . . 60 —

Mêlez bien et enfermez dans des sachets.

1717

SALADES (CONSERVATION DES).

Comme celle des choux.

1718

SALSIFIS (CONSERVATION DES).

Les salsifis, de même que les carottes, navets, etc., se conservent dans des caves ou des celliers, *à l'abri de la gelée et de l'humidité*. On les récolte par un temps sec, et après avoir coupé les feuilles à 3 cent. de la racine, on les range à côté les unes des autres, un peu penchées, dans une rigole que l'on fait dans le sable. Les choux pommés et ceux de Milan peuvent se conserver de même.

1719

SANGSUES (CONSERVATION DES).

On les fait dégorger en les mettant sur des cendres, sur du sel, ou en les plaçant dans l'eau salée ou vinaigrée. On les conserve ensuite dans l'eau. Voici le procédé qui a été adopté dans les hôpitaux de Paris, d'après les recherches de MM. Bouchardat et Soubeiran : il consiste à presser légèrement entre les doigts les sangsues gorgées en les tenant dans l'eau tiède; ces sangsues doivent être plongées avant cela, pendant un instant, dans l'eau fortement salée, pour qu'elles commencent à dégorger. On leur fait rendre ainsi la totalité du sang qu'elles ont ingéré, et elles peuvent servir de nouveau après dix à quinze jours.

1720

PROCÉDÉ POUR UTILISER LES SANGSUES QUI ONT SERVI.

« Il faut, aussitôt qu'elles ont servi, les jeter dans un mélange composé de 1 partie de vin et de 8 parties d'eau commune à la température de 10 à 20° centigrades. Quand elles commencent à se dégorger et qu'elles ont perdu peu à peu leur vivacité, on les retire une à une de ce bain, et on les comprime doucement entre le pouce et l'index, et par des pressions réitérées et modérées, on refoule vers la bouche et on fait sortir tout le sang qu'elles ont avalé. Après le dégorgement, les sangsues sont lavées à deux ou trois reprises dans l'eau ordinaire, puis déposées dans un vase de verre ou de terre rempli d'eau, qu'on recouvre d'un canevas et qui doit être placé à l'abri de la chaleur. »

1721

SAUMURE.

Voici les espèces de saumure indiquées dans les ouvrages spéciaux :

SAUMURE SÈCHE, POUR LA PRÉPARATION PRÉLIMINAIRE DES VIANDES DESTINÉES AU FUMAGE.

Elle est composée de 9 à 10 parties de sel, et d'une demie ou d'une partie tout au plus de salpêtre, dont la moitié seulement est mêlée au sel servant à imprégner les viandes ; le reste est réservé pour en saupoudrer les morceaux après le fumage.

1722

SAUMURE SÈCHE A LA FAÇON ANGLAISE, POUR 55 KILOG. DE VIANDES DÉSOSSÉES, DE LANGUES, ETC.

Elle est formée de 5 kilogr. de sel, et de 225 gr. de salpêtre ; pour les viandes conservant leurs os, tels que jambons, épaules et gigots de mouton, la proportion du salpêtre est de 500 gr. Quelquefois on y ajoute une certaine quantité de belle cassonade et de sel ammoniac en poudre très-fine, en battant bien le mélange pendant quelques minutes.

1723

SAUMURE LIQUIDE ORDINAIRE.

N'est à proprement parler qu'une eau salée dans la proportion de 10 à 11 parties de sel pour 100 parties d'eau pure ; elle sert pour laver les poissons, faire dégorger et mortifier les viandes, notamment celles des vieux moutons que l'on veut manger au bout de quelques jours. On essaie le degré de force de la saumure en y ajoutant un œuf très-frais, un petit morceau de viande ou de lard salé, qui doivent y surnager pour qu'elle soit jugée assez forte.

1724

SAUMURE LIQUIDE A LA FAÇON ANGLAISE, POUR PRÉPARER LES LANGUES DE BŒUF.

Elle est composée comme il suit : pour trois langues, sel de cuisine, 300 gr. ; cassonade, 200 gr. ; salpêtre, 50 gr. ; eau de fontaine, 12 litres. On fait bouillir le tout pendant une heure, en ayant soin d'écumer. Cette solution s'emploie froide.

Une autre saumure liquide, à la façon anglaise, est employée pour préparer les viandes de bœuf et de porc destinées au fumage ou à la dessication. On fait également bouillir à une douce chaleur, dans 12 litres d'eau pure, le mélange suivant : sel, 3 kilogr. ; sucre blanc, 1 kilog. ; salpêtre, 100 gr. On a soin d'écumer pendant l'ébullition, puis on laisse refroidir.

Ces deux dernières saumures peuvent servir 3 ou 4 fois, en y ajoutant chaque fois une petite quantité des substances indiquées.

1725

SAUMURE A LA FAÇON RUSSE, POUR LES JAMBONS, LES HURES, ETC.

Préparée comme les deux précédentes, elle est aussi très bonne. Pour 30 kilogr. de chair, on prend 2 kilogr. de sel, 1 kilogr. 1/2 de sucre brun, 500 gr. de bonne mélasse et autant d'eau qu'il en faut pour couvrir la viande.

1726

SAUMURE APPELÉE SAURIS, POUR LA CONSERVATION DES HARENGS ET MAQUEREAUX ENCAQUÉS.

Elle se prépare de la manière suivante : 500 gr. de sel, 1 kilogr. de cassonade et 100 gr. de salpêtre : on fait dissoudre ce mélange dans 4 litres d'eau filtrée ; si la dissolution est faite à chaud, elle doit être écumée ; on peut la faire à froid. — On sale toujours les poissons avec du sel en gros grains ; le petit sel les disposerait à rancir et absorberait tout le sauris.

1727

SAUMURE AROMATISÉE POUR CONSERVER LES LÉGUMES ET LES POISSONS.

Elle se prépare avec les ingrédiens suivants : 1 kilog. de sel gris, 10 feuilles de laurier, 8 gr. de graine de coriandre, 4 gr. de macis, une poignée de basilic ou d'estragon, avec un peu de gingembre ; on fait bouillir le tout dans 15 litres d'eau filtrée, durant une demi-heure, en ayant soin de bien écumer. On retire alors le vase du feu, et on laisse bien refroidir la saumure. Elle est ensuite passée au travers d'un linge et mise en réserve pour être employée à la conservation des légumes et du poisson.

(*Dict. de la vie pratiq.*)

1728

SAVON A LA FLEUR D'ORANGER.

Savon animal.	20 kilog.
Savon à l'huile de palmier	20 —
Ajoutez :	
Essence de Portugal. . .	450 gramm.
— d'ambre.	450 —
Deutoxyde de plomb (minium).	80 —

1729

SAVON AU MIEL.

Prenez 150 grammes de savon blanc de Marseille, autant de miel commun, 30 grammes de benjoin, 15 gramm. de storax : mêlez le tout ensemble dans un mortier de marbre ; faites fondre ensuite au bain-marie, tamisez et coulez.

1730

SAVON AU MUSC.

Savon animal	23 kilogr.
Savon à l'huile de palmier	20 —
Ajoutez :	
Poudre de girofle.	200 gramm.
Poudre de roses	200 —
Poudre d'œillets doubles .	200 —
Essence de bergamote .	200 —
Essence de musc	200 —

1731

SAVON LIQUIDE.

On prend de l'eau-de-vie ordinaire et du savon blanc, dans la proportion d'un litre de l'une et d'une demi-livre de l'autre.

On coupe le savon très-fin dans l'eau-de-vie, on l'expose dans un bocal à un soleil ardent pendant 15 jours, ou on lui fait jeter quelques bouillons sur un feu doux ; quand le liquide est refroidi, on l'agite chaque fois qu'on veut s'en servir. Le quart d'une cuillerée à café au plus suffit pour se faire la barbe.

1732

SAVON VÉGÉTAL, DONT SE SERVENT LES ODALISQUES (ARDIN-DELTEIL).

Farine de pistaches d'Alep	3 parties.
Amandes de farine. . . .	1 —
Farine de sarrasin décortiqué, iris et patchouli.	1 —

Le produit peut être parfumé d'une manière variable avec les essences de rose, d'amande, de bergamote, ambre et musc.

1733

SAVON D'HUILE D'AMANDES DOUCES.

Choisir d'abord de l'huile d'amandes douces qui ne soit point rance, et du sous-carbonate de soude pure ; on le fait dissoudre dans l'eau, en y ajoutant le tiers de son poids de chaux hydratée ; on agite de temps en temps ce mélange, et au bout de plusieurs heures on le filtre ; on concentre cette lessive par l'évaporation, jusqu'à ce qu'elle marque 36 degrés ; on prend alors douze parties sur vingt-cinq d'huile. On met cette lessive dans une terrine, et on y incorpore peu à peu l'huile, en ayant soin d'agiter le mélange jusqu'à ce qu'il ait l'aspect d'une graisse molle. Dans deux ou trois jours, la consistance devient telle, qu'on peut la verser dans des moules de faïence, qu'on dépose dans un local dont la température est de 20 à 22 degrés centig. Elle devient suffisante dans environ un mois, époque à laquelle on peut ra tirer des moules ; la température de la lessive doit être de 10 à 15° ; mais si l'on veut préparer plus promptement ce savon, il suffit de placer le mélange sur les cendres chaudes, en ayant soin d'ajouter un peu d'eau chaude à la lessive, afin d'en empêcher la concentration, qui ne manquerait pas d'avoir lieu par l'évaporation d'un peu d'eau.

Le savon d'huile d'amandes douces, bien préparé, est d'une très-belle blancheur ; il est d'une odeur et d'une saveur fort douces, et devient très-dur ; on peut le réduire en poudre et le tamiser, en le coupant en rubans et le faisant sécher à l'étuve.   (*Celnart.*)

1734

SCULPTURES (NETTOYAGE DES).

Boucher tous les pores du marbre par une mixtion d'huile d'œillette et de cire vierge, appliquée à chaud sur le marbre chauffé lui-même, au moyen de réchauds à main, faits exprès, avant de l'enduire de la mixtion. On répète ce chauffage pour faire fondre la couche de cire qui reste figée sur le marbre, lorsqu'il est refroidi.

Cette opération préserve le marbre des taches noires que l'humidité y produit, et qui ne sont autre chose qu'une végétation de lichen.

1735

PROCÉDÉ POUR DONNER AUX SCULPTURES LA COULEUR D'ARGENT.

Mercure	15 parties.
Etain.	15 —
Bismuth	15 —

1736

SEL ANGLAIS ou SEL DE VINAIGRE.

Sulfate de potasse en petits cristaux, sur lequel on verse de l'acide acétique concentré. On conserve en flacons bouchés à l'émeri.

1737

SICCATIF BRILLANT (MANNOURY ET RAPHANEL).

Huile de lin chauffée pendant 16 heures	2 kilog.
Copal.	1 — 1/2
Galipot	4 —
Sandaraque	2 —
Laque blanche	6 —
Mastic	4 —

On fait fondre à chaud et on ajoute 20 litres d'alcool : on passe et on colore le mélange suivant la couleur que l'on veut donner au plancher.

1738

SIROPS.

SIROP DE CAPILLAIRE.

50 gr. de capillaire, par infusion dans 500 gr. d'eau ; sucre, 1 kilog.

1739

SIROP DE COINGS.

500 gr. de jus de coings, obtenu par expression et fermentation ; sucre à ajouter, 1 kilogr.

1740

SIROP DE FLEURS D'ORANGER.

30 gr. de fleurs d'oranger, par infusion dans 500 gr. d'eau, ou mieux encore eau de fleurs d'oranger, 500 gr. ; sucre, 1 kilogr.

1741

SIROP DE GOMME.

100 gr. de gomme arabique, par dissolution dans 500 gr. d'eau ; sucre, 1 kilogr.

1742

SIROP DE GUIMAUVE.

8 gr. de racine de guimauve, par décoction dans 500 gr. d'eau ; sucre, 1 kilogramme.

1743

SIROP DE GROSEILLES.

500 gr. de jus de groseilles, obtenu par expression et fermentation ; sucre, 1 kil.

1744

SIROP D'IPÉCACUANHA.

24 gr. d'ipécacuanha, par décoction dans 500 gr. d'eau ; sucre, 1 kilogr.

1745

SIROP DE MOU DE VEAU.

On prend 1 kilogr. de mou de veau, 2 kilogr. d'infusion de dattes, 100 gr. d'infusion de raisins de Corinthe, de consoude, de racines de réglisse, de feuilles de pulmonaire et 2 kilogr. de sucre. On mêle toutes ces substances, et, après avoir clarifié avec quatre blancs d'œufs, on fait cuire jusqu'à consistance sirupeuse. On passe alors et on met en bouteilles.

1746

SIROP DE MURES.

500 gr. de jus de mûres, obtenu par expression ; sucre, 1 kilogr.

1747

SIROP D'ORGEAT.

750 gr. d'amandes douces et 125 gr. d'amandes amères, mondées, pilées, réduites en pâte ; passez dans une serviette pour en obtenir le lait d'amandes ; sucre, 2 kilogr.

1748

SIROP DE QUINQUINA.

64 gr. de quinquina, par décoction dans 500 gr. d'eau ; sucre, 1 kilogr.

1749

SIROP DE GROG.

Sirop simple	26 gramm.
Acide citrique	0,5 —
Eau-de-vie	60 —
Teinture de citron	4 —

150 gr. de ce mélange pour 1 bouteille d'eau gazeuse.

1750

SIROP D'HUILE DE FOIE DE MORUE.

Huile de foie de morue	250 gramm.
Gomme arabique pulvérisée	156 —
Eau	375 —
Sirop de sucre	125 —
Sucre	750 —

Mêlez. Faites un sirop. Dose : 16 à 32 gr. par jour, et plus progressivement.

(*Duclou.*)

1751

SIROP DE FOIE DE RAIE.

Sucre	600 gramm.
Amandes amères	50 —
Gomme arabique pulvérisée	50 —
Huile de raie	100 —
Eau pure	300 —

Broyez d'abord les amandes avec la gomme et environ 50 gr. de sucre ; ajoutez ensuite, petit à petit, l'huile préalablement mélangée avec environ 100 gr. d'eau ; battez bien et longtemps ; ajoutez ensuite, peu à peu, le restant de l'eau qui doit entrer dans le sirop ; passez la liqueur émulsive à travers un blanchet, et faites-y fondre le sucre à l'aide d'une température très-faible qui ne devra pas dépasser 40° centigr., afin d'éviter la coagulation de la partie albumineuse de ces amandes.

(*Mialhe.*)

1752

SODA-POWDER (PARIS).

Eau de seltz	1 bouteille
Sirop de groseille ou de limon	60 gramm.

1753

SODA-WATER.

Acide tartrique pulvérisé	15 gramm.

Divisez en 12 paquets dans du papier blanc.

Bicarbonate de soude	25 gramm.

Divisez en 12 paquets dans du papier bleu.

Mettez un paquet d'acide dans un grand

verre d'eau ; ajoutez un paquet de sel alcalin ; agitez et buvez promptement.

1754

SOIERIES (procédé pour nettoyer les).

Savon noir	250 gramm.
Miel	125 —
Eau-de-vie à 19°.	1/2 litre.

Faites fondre le savon et le miel sur le feu, dans l'eau-de-vie. Cette quantité suffit pour une robe.

Observation. Découdre la robe, étendre les morceaux sur une table, les frotter des deux côtés avec une brosse de crin trempée dans le mélange, les rincer dans trois ou quatre eaux, *sans les tordre ni les frotter.* — Laisser égoutter, sécher, puis repasser à l'envers.

1755

SOUDURE AUTOGÈNE.

C'est la soudure du plomb par le plomb pratiquée à l'aide de dards de flammes très-intenses, au moyen d'un chalumeau à hydrogène et à air.

Excellent procédé.

(Desbassyns de Richemont.)

1756

SOUDURE DES FERBLANTIERS.

Étain.	50 gramm.
Plomb.	50 —

1757

SOUDURE DU FER AVEC LA FONTE.

« On fait fondre de la limaille de fonte très-douce avec du borax calciné dans un creuset; on concasse en poudre grossière le verre noir qui en résulte, et on le répand sur les parties qu'on veut réunir entre elles; on chauffe la pièce, on la porte promptement sur l'enclume, et on favorise la soudure par de légers coups de marteau. Cette méthode peut servir dans la fabrication de toutes pièces en tôle noire qui doivent être chauffées au rouge, et ont besoin d'être impénétrables à l'air ou aux liquides, ce qu'on ne peut obtenir par un simple agrafage. »

1758

SOUDURES DES PLOMBIERS.

Étain.	33 gramm.
Plomb.	66 —

1759

SOUDURE POUR LE CUIVRE.

Cuivre rouge.	150 gramm.
Étain ou zinc.	50 —
Argent	20 —

Très-fusible.

1760

SOURICIDE.

Mie de pain	125 gramm.
Beurre	60 —
Nitrate de mercure cristallisé	30 —

Mélangez bien et divisez en petites pilules qu'on répand dans les lieux infestés. Cette composition détruit aussi les rats.

1761 A 1762

STUC (préparation du).

1° *A la chaux.*

Mélange de chaux éteinte et de marbre blanc.

On peut employer avec la chaux toute autre matière incolore.

2° *Au plâtre.*

Mélange de plâtre à mouler, avec une dissolution de colle-forte, à laquelle on ajoute souvent de la colle de poisson ou de la gomme arabique. Moins hydrofuge que le précédent, mais susceptible de prendre des teintes variées (en colorant les liquides), et de recevoir un beau poli.

1763

SUCRE DE FÉCULE (moyen de le distinguer du sucre de canne).

Le sucre de fécule se colore par le contact de la potasse bouillante; le sucre de canne ne se colore pas.

T

1764

TABAC (PRÉPARATION POUR ENLEVER L'ODEUR DE LA PIPE).

Cachou à la violette.

Prenez 125 grammes de cachou en poudre, 12 grammes d'iris de Florence en poudre ; faites du tout un mucilage, en mettant fondre 16 grammes de gomme adragante dans de l'eau ; vous versez dedans quelques gouttes d'extrait de cassie ou de violette ; mais auparavant vous aurez soin de faire chauffer légèrement un mortier de marbre, et vous battrez de l'extrait de réglisse par le moyen d'un pilon de bois ; vous le délaierez avec un peu de mucilage, vous ajouterez alors le sucre et le cachou, et pilerez cette pâte jusqu'à ce que le mélange soit bien fait ; alors vous diviserez la masse en petits morceaux gros comme des grains d'avoine ou crottes de souris, de telle forme que vous voudrez ; vous les ferez sécher ; et vous les mettrez dans un bocal bien bouché pour les conserver.

1765

CACHOU DE BOULOGNE.

Extrait de réglisse par infusion . . . . 10 gramm.
Eau . . . . 10 —

Faites fondre au bain-marie et ajoutez :

Cachou Bengale pulvérisé 30 gramm.
Gomme pulvérisée . . . . 15 —

Faites évaporer en consistance d'extrait, et alors incorporez les poudres suivantes, qui devront être très-fines.

Mastic . . . . 2 gramm.
Cascarille . . . . 2 —
Charbon . . . . 2 —
Iris de Florence . . . . . 2 —

Rapprochez la masse en consistance convenable, retirez de dessus le feu et ajoutez encore :

Huile volatille de menthe
anglaise (vraie) . . . . 2 gramm.
Teinture d'ambre . . . . 5 gouttes.
— de musc . . . . 5 —

Coulez sur un marbre huilé, et étendez à l'aide du rouleau en plaque de l'épaisseur d'une pièce de 50 c. Lorsque la masse sera refroidie, frottez-la avec du papier sans colle, afin d'enlever complétement l'huile des deux surfaces, puis humectez celles-ci très-légèrement, étendez-y des feuilles d'argent, laissez sécher, et enfin coupez la plaque d'abord en lanières très-étroites, puis ces lanières en carrés ou losanges très-petits (dimension des semences de fénugrec).

Deux ou trois pastilles ou granules suffisent pour donner à la bouche une odeur et une fraîcheur agréables.

Il corrige la mauvaise haleine produite par les affections gastriques, la carie des dents, etc. Les fumeurs en font une grande consommation pour couvrir l'odeur du tabac. Dans une grande partie de l'Italie, les gens de la classe aisée en portent toujours sur eux et s'en servent comme passe-temps.

(*Dorvault.*)

1766

CACHOU INODORE.

Prenez :

Cachou en poudre très-fine . . . . 100 gramm.
Beau sucre . . . . 30 —
Gomme adragante . . . . 5 —
Eau . . . . q. s.

On fait un mucilage avec la gomme et l'eau, et l'on bat dans un mortier avec le cachou et le sucre qu'on a auparavant bien mêlés, jusqu'à ce que la pâte soit ferme et bien unie. On réduit cette pâte en trochisques.

1767 A 1771

TABLEAUX (NETTOYAGE DES).

Peintures à l'huile : lavage avec une brosse trempée dans l'*urine fraîche* ou dans de l'eau seconde extrêmement légère.

Le lavage avec de l'eau-de-vie est le plus simple et le plus usité.

On passe ensuite à l'eau pure et fraîche.

Lorsque ces moyens ne suffisent pas pour nettoyer convenablement un tableau, on peut employer, soit du sel de tartre dissous dans l'eau, en commençant par une faible solution, qu'on rend ensuite un peu plus forte ; soit une dissolution de borax ; soit, enfin, une eau de chaux pure. « La potasse et le savon noir sont des agents très-actifs dont il ne faut user qu'avec une extrême réserve. Le savon blanc, battu dans l'eau pure à laquelle on aura ajouté un peu de sel ordinaire, produit une mousse ou écume propre à nettoyer les peintures les plus enfumées. On met à mesure cette écume sur les parties du tableau qu'on veut nettoyer, et, dès qu'elle est sur le point d'être absorbée, on l'enlève avec une éponge imbibée d'eau pure. Enfin, en mélangeant deux parties d'alcool rectifié avec une partie de térébenthine ou d'huile d'aspic, on obtient une composition dite *eau à nettoyer*, et dont l'emploi donne de bons résultats. Quant aux tableaux non vernis, on peut les nettoyer simplement, soit avec de l'eau-de-vie ou du vinaigre, soit avec du levain dissous dans de l'eau pure, ou de la farine délayée dans une eau de chaux. »

1772

DÉVERNISSAGE DES TABLEAUX.

Dévernissage à sec.

« On pose le tableau à plat sur une table, puis on met de la colophane en poudre sur un des coins du tableau, et l'on frotte avec les doigts, d'abord une des parties les moins importantes du tableau, en gagnant peu à peu et de proche en proche, jusqu'à ce que tout le vernis soit enlevé ; alors, au moyen d'un plumeau, on pousse la poussière d'une place sur une autre, sans la chasser trop en avant, parce que la poussière que produit le vernis en s'usant, mélangée avec la poudre de colophane, loin de nuire à l'opération, ne fait que l'accélérer. »

1773

DÉVERNISSAGE A L'EAU-DE-VIE.

« Avec un linge très-propre et très-fin qu'on imbibe d'eau-de-vie, on humecte une partie de la toile, mais sans frotter. Au bout de quelques instants, on lave cette partie avec une éponge douce imbibée d'eau pure et fraîche, en opérant ainsi à diverses reprises sur la même place ; seulement, il faut savoir s'arrêter à temps pour ne pas entamer la peinture. On lave successivement de la même manière toute la surface du tableau, et, après avoir essuyé à mesure les parties épongées, on essuie encore la peinture avec un linge fin et bien sec, afin de s'assurer qu'il n'y reste aucune trace de l'ancien vernis. »

1774 A 1777

TANNAGE DES PEAUX.

1° Dépouiller les peaux des chairs et des cornes ; on les lave ensuite.

2° Enlever le poil qui les recouvre, ce qui se fait en les tenant plongées plusieurs jours, à la température ordinaire, dans une dissolution très-faible de chaux ou d'acide sulfurique, ou dans de l'eau aigrie par la fermentation de l'orge et de la levure, ou enfin dans de l'eau aigrie par son contact avec du *tan* usé.

3° Tenir les peaux dans une eau courante pour les ramollir ; on les étire ou on les gratte de nouveau.

4° *Tannage proprement dit.* On superpose les peaux, dit J. Girardin, dans de grandes cuves en bois ou en maçonnerie (*fosses*), avec de la poudre grossière d'écorces de chêne ou *tan*, et l'on arrose le tout. Le tannin de l'écorce se dissout et est successivement absorbé par les peaux qui se durcissent. Au bout de trois mois de contact, on renouvelle le tan, opération qu'on fait une troisième fois, en sorte que le tannage n'est complet qu'après dix à douze mois. Au sortir des fosses, les cuirs complétement tannés sont desséchés lentement à l'ombre. Ils ont alors une couleur jaune plus ou moins foncée. Il faut environ 300 kilogr. d'écorce de chêne pour 100 kilogr. de peau fraîche, et le poids de celle-ci s'élève à 150 kilogr. par le tannage.

1778

Obs. Aujourd'hui, par l'emploi des machines et par la substitution de l'infusion de tan à l'écorce sèche en nature, on opère le tannage complet des peaux de bœufs en 90 jours, celui des peaux de vaches en 60 jours, et des peaux de veaux en 30 jours.

1779

PROCÉDÉ COOPMANN, DE CONSTANTINE.

Il consiste à tanner les peaux avec le jus des squames de scille maritime très-âcres. En 2 mois environ, l'opération du tannage est terminée, et les peaux ne laissent rien à désirer sous le rapport de la souplesse et de la solidité. Le jury de l'exposition d'agriculture de Paris a reconnu, en 1860, les avantages de ce procédé, et a décerné une médaille d'or à son habile inventeur.

1780

TAPIS (NETTOYAGE DES).

Battre le tapis jusqu'à ce que la poussière en soit entièrement sortie. Enlevez ensuite les taches d'encre, si quelques-unes sont tombées par hasard dessus, avec du jus de limon ou d'oseille ; lavez-le bien à l'eau fraîche et battez-le de manière à faire sortir du tissu tout ce qui peut y entrer d'eau ; quand il est entièrement sec, frottez-le bien partout avec la mie de pain

de seigle tout chaud, et si le temps est très-beau mettez-le à l'air pendant un jour ou deux. On peut aussi le nettoyer avec une brosse trempée dans le fiel de bœuf purifié, après y avoir introduit du sable fin qui sert à peu près de savon.

(*Celnart.*)

1781 A 1784

TEINTURES (COULEURS POUR).

Bleues.

Indigo, pastel, tournesol.

Rouges.

Garance, orcanète, bois de campêche, santal, carthame, orseille, cochenille, kermès végétal, laque.

Jaunes.

Curcuma, fustet, mûrier des teinturiers, gaudes, rocou, graines *jaunes* de Perse et d'Avignon.

Noires ou brunes.

Noix de galle, sumac, cachou, brou de noix, écorce d'aulne, de châtaignier.

1785 A 1791

MORDANTS.

Sels d'alumine, de fer, d'étain, sels de cuivre, de plomb, de zinc, de chrôme.

1792

BAINS DE TEINTURES.

Matières colorantes cédant facilement leurs principes.

On fait agir sur elles l'eau froide, plus souvent l'eau bouillante.

1793

Bois.

Les bois, réduits en copeaux, sont renfermés dans des sacs de toile d'un tissu lâche, et soumis pendant 1 h. 1/2 à l'ébullition.

1794

Matières peu solubles.

On les réduit en poudre et on les laisse dans le bain avec l'étoffe pendant toute la durée de l'opération.

1795

MOYEN DE PRODUIRE LES DIVERSES COULEURS.

Mélange du rouge et du bleu.

Donne le pourpre, violet, lilas, pensée, amarante, prune de monsieur, fleurs de pêcher, etc., selon la proportion du mélange.

1796

Mélange du rouge et du jaune.

Donne l'orangé, l'aurore, le souci, le brègne, la capucine, le coquelicot, le cacis, etc.

1797

Mélange du jaune et du bleu.

Donne les verts de toutes nuances.

1798

Mélange du jaune et du gris.

Donne les *olives* de toutes nuances.

1799 A 1801

TEINTURES DES ÉTOFFES DE COTON, CHANVRE, LIN, ETC.

Cuve pour gros bleu.

Eau.	60 seaux.
Chaux vive.	4 kil.
Couperose.	3—500 g.
Indigo broyé.	15 kil.

Cuve pour bleu moyen.

Eau.	60 seaux.
Chaux vive	1,500 gramm.
Couperose.	1,009 —
Indigo broyé.	500 —

Cuve pour bleu clair.

Eau	60 seaux.
Chaux vive.	600 gramm.
Couperose	200 —

Sel de soude	100 gramm.
Indigo broyé.	100 —

1802

TÉRÉBENTHINE (PROCÉDÉ DE DÉCOLORATION ET DE DÉSINFECTION DE L'ESSENCE DE TÉRÉBENTHINE, PROVENANT DE LA DISTILLATION DES BOIS RÉSINEUX EN VASES CLOS).

L'essence de térébenthine provenant de la distillation des bois résineux en vases clos, est tellement infectée d'odeur de gaz et d'empyreume, que, jusqu'à ce jour, on n'avait pu en trouver l'emploi dans l'industrie.

D'abord cette essence est fortement colorée en brun, et contient environ 30 à 40 pour 100 de goudron en dissolution. Pour l'en débarrasser, il suffit de la mélanger avec 2 pour 100 d'acide sulfurique à 66 degrés et d'agiter vivement le liquide pendant une minute environ. L'acide sulfurique attaque la partie goudronneuse et rend la liqueur rouge de vin foncé. On la laisse reposer pendant une heure, puis on décante avec précaution toute la partie limpide. L'acide s'est précipité au fond du vase, et la liqueur n'en contient presque aucune trace. Cependant on ajoute un peu de carbonate de chaux pour le neutraliser complétement, et l'on distille dans un alambic en cuivre ou en fonte. L'essence ainsi rectifiée devient limpide comme de l'eau, très-fluide, et ne conserve qu'une légère odeur aromatique, dont on peut la débarrasser entièrement par une nouvelle distillation sur une huile grasse.

(Mathieu, de Marseille.)

1803

THÉ DE HALLER.

Sommités de sauge mille feuilles		
— lierre terrestre,		
— mélisse,		âa
— hyssope,		parties
— petite centaurée,		
— caille-lait.		
Fleurs de camomille.		égales.

Mélez le tout uniformément. S'emploie en infusion comme le thé. Carminatif stomachique.

1804

THÉ TUNKA.

Fleurs de mélilot	100 gramm.	
— de camomille . . .	30	—
— de sureau	30	—
— de botrys	30	—

Faites macérer pendant huit jours dans deux litres d'alcool à 20°, passez, puis mélangez :

Teinture ci-dessus. . . .	50 gramm.	
Sirop de capillaire.	100	—

A la dose de 50 gram. pour 500 gramm.

1805

NOUVELLE ESPÈCE DE THÉ.

Feuilles du fraisier des forêts, recueillies immédiatement après maturation des fruits, desséchées au soleil ou légèrement torréfiées sur des plaques chaudes.

(Dr *Klenisky, de Vienne.*)

1806

THÉ DE SANTÉ.

Feuilles de véronique . .	45 gramm.	
Feuilles de tussilage. . .	45	—
Feuilles de sauge	8	—
— de mélisse	8	—

Incisez ces substances et conservez en un endroit bien sec.

1807

THÉ ÉCONOMIQUE.

Feuilles d'aubépine (épine blanche)	500 gramm.

Passez à l'eau chaude, puis soumettez à l'action de la vapeur jusqu'à ce qu'elles prennent la teinte olivâtre ; faites sécher ensuite.

1808

THÉ SUISSE (FALTRANK).

Feuilles et sommités d'absinthe, feuilles de bétoine, feuilles de bugle, feuilles de chamædrys, feuilles d'hyssope, feuilles de lierre terrestre, feuilles et sommités de millefeuille, feuilles d'origan, feuilles de pervenche, feuilles de romarin, feuilles de sanicle, feuilles de sauge, feuilles de scolopendre, feuilles de scordium, feuilles de thym, feuilles de véronique, fleurs d'arnica, fleurs de pied de chat, fleurs de scabieuse, fleurs de tussilage : âa parties égales.

1809

TISSUS (NOUVEAU PROCÉDÉ D'IMPERMÉABILISATION DES).

Ce procédé est de MM. Murmann et Krakowiser. On fait un bain avec 0 k. 50 de gélatine, 0 k. 50 de savon neutre de suif, pour 17 k. 100 d'eau, on ajoute 0,75 d'alun. Quand le liquide composé est à la température de 50 degrés, on y plonge le tissu, qu'on laisse bien s'imprégner, puis on égoutte en le suspendant librement. Ce tissu séché est lavé, séché de nouveau et calendré.

1810 A 1811

TOMATES (CONSERVATION DES).

1° Par le procédé Appert ;

2° Dans de la saumure. Les fruits cueillis à l'état de maturité parfaite sont placés entiers et sans être pressés, dans des pots de grès que l'on remplit de manière que les tomates en soient totalement baignées ; on les maintient ainsi au moyen d'une petite soucoupe, qui entre aisément dans le vase ; une plaque de liége couvre celui-ci.

1812

TONNEAUX (NETTOYAGE DES).

Mettre dans chaque tonneau 3 litres de chaux vive et 6 litres d'eau ; fermez la bonde. Une heure après, ajoutez 12 litres d'eau et secouez le tonneau. Six heures après, lavez à plusieurs reprises à l'eau froide et terminez par un rinçage avec 1 ou 2 litres de vin.

1813

TOPINAMBOURS (CONSERVATION DES).

La conservation de ce tubercule se fait mieux pendant l'hiver *en place* que dans des celliers; il faut surtout que le sol sur lequel on les met ne contienne pas d'humidité surabondante.

1814 A 1821

TREMPE DE L'ACIER (TEINTES GRADUELLES QUE L'ACIER MANIFESTE A DIFFÉRENTES TEMPÉRATURES).

Jaune paille........	+ 220°
Jaune d'or	+ 240°
Brun	+ 255°
Pourpre	+ 265°
Bleu clair........	+ 285°
Bleu indigo	+ 295°
Bleu très-foncé.....	+ 315°
Vert d'eau........	+ 332°

Voyez *Acier*, n° 11.

1822 ET 1823

TRUFFES (CONSERVATION DES).

1° *Truffes au naturel.* « Après les avoir brossées et lavées dans plusieurs eaux, on les met dans des bouteilles qu'on remplit jusqu'au bouchon; on verse ensuite de l'eau dans chaque bouteille, jusqu'au cinquième de sa hauteur, et, après les avoir bouchées provisoirement, on soumet ces bouteilles à l'action d'un bain de sel, qu'on porte et que l'on maintient à l'ébullition tout le temps nécessaire pour cuire les truffes, c'est-à-dire 30 ou 35 minutes à partir du moment où le bain est à l'état bouillant, pour les flacons de demi-litre, et de 40 à 45 minutes pour les bouteilles de litre. Cette cuisson terminée, et avant de sortir les bouteilles du bain, on procède le plus vite possible au bouchage définitif. »

2° *Truffes au jus.* « Après les avoir brossées et lavées, on les fait cuire pendant une demi-heure dans de la gelée ou du jus de volaille; aussitôt cuites, on les introduit toutes bouillantes dans des bouteilles chauffées au bain-marie, que l'on achève de remplir à $0^m,01$ ou $0^m,02$ de l'extrémité du col, avec le jus dans lequel elles ont cuit; on bouche ensuite les bouteilles provisoirement et on les remet promptement dans le bain de sel, jusqu'au moment où l'ébullition sera fortement établie dans les bouteilles; on procède enfin comme ci-dessus au bouchage définitif. »

1824

VELOURS (NETTOYAGE DU).

Le velours qui a été mouillé devient dur et racorni. Pour lui rendre sa souplesse première, il n'y a qu'à le mouiller à l'envers, puis à l'exposer au-dessus d'un fer bien chaud, sans l'y faire toucher. La chaleur vaporise l'eau, et celle-ci, à l'état de vapeur, traverse le velours et sépare les fibres du duvet entremêlées et collées entre elles. Si l'on voulait repasser le velours avec le fer, on obtiendrait un résultat diamétralement opposé à celui qu'on désire; il suffit de le tenir à une certaine distance du fer chaud. (*Monitor de la Salud.*)

1825

VERMOUTH.

Faites macérer pendant 8 jours 12 gr.

de chamædris, 12 d'aunée, 12 d'acore, 12 de quinquina, 12 de cannelle, 16 de fleurs de sureau, 16 de tanaisie, 24 de zestes d'oranges, 16 de chardon bénit, 16 de petite centaurée, 16 d'absinthe, 8 de quassie, 8 de girofle, 20 de coriandre, 20 de badiane, 4 de muscade, 4 de galanga, et 8 litres de vin blanc généreux, et passez.

1826

AUTRE.

Faites infuser pendant 3 ou 4 jours 400 gr. de feuilles et de sommités d'absinthe commune dans un litre de vin de Tokay ou de tout autre vin blanc de Hongrie. Le mélange est ensuite passé à la chausse.

1827

VERNIS.

VERNIS POUR LES OBJETS DE FER ET D'ACIER.

Sandaraque	120 gramm.
Camphre	4 —
Térébenthine de Venise .	150 —

Faites dissoudre au bain-marie dans :

Esprit-de-vin à 33°....	1 litre.

Quand le mélange est bien opéré, on prend une partie de ce vernis pour y délayer une quantité suffisante de noir de fumée, et on donne deux couches à l'objet qui doit être verni : on le fait sécher à l'étuve et ensuite on passe une troisième couche avec le vernis seul sans addition de noir de fumée.

1828

VERNIS POUR LES MEUBLES. — Voyez *Encaustique.*

1829

VERNIS-BRONZE POUR LES FERS.

Dans un litre d'esprit-de-vin à 33°, faites dissoudre 50 décagrammes orpin en poudre, 50 *idem* de plomb mine noire en poudre, et agitez bien avant de vous en servir; frottez ensuite de ce mélange le fer ou la fonte à bronzer.

Quand l'apprêt est bien sec, il faut vernir avec une demi-livre d'essence, dans laquelle on aura fait dissoudre 30 gr. de gomme gutte pilée; ajoutez à ce mélange un litre de vernis gras.　　　(*C. D.*)

1830

VERNIS DE MAIRET.

Ce vernis, employé par les relieurs pour vernir le maroquin, le mouton et le papier maroquiné, se prépare de la manière suivante :

Sandaraque	250 gramm.
Mastic en larmes	250 —
Gomme laque en tablettes	150 —
Térébenthine de Venise.	150 —
Alcool à 36°	3 litres.

On réduit en poudre fine toutes ces résines, on les mêle avec 250 gr. de verre grossièrement pilé, on introduit le tout dans un matras ayant le double de la capacité nécessaire; on ajoute l'esprit-de-vin, on remue et on place ensuite le matras, dont tout le col doit être fermé par un parchemin percé de trous d'épingles, soit sur un bain de sable chauffé modérément, soit dans de l'eau qu'on a chauffée de temps en temps (toutes les 10 minutes). On remue pour faciliter la dissolution : lorsqu'elle est opérée, on ajoute la térébenthine; on laisse refroidir, on filtre et l'on conserve dans une bouteille bien fermée.

Ce vernis s'étend sur les couvertures des livres avec un pinceau à poils de blaireau. Lorsque ce vernis est presque sec on le polit avec un nouet de drap blanc et fin. Ce vernis a l'avantage de donner aux reliures du brillant, de préserver la couverture des taches qui s'y feraient, si on laissait tomber de l'eau ou de l'huile.

1831

FORMULE DU VERNIS DE TINGRY.

Ce vernis, qui est destiné aux mêmes usages que celui de Mairet, lui est préféré par quelques relieurs. Il se prépare avec :

Mastic en larmes . . . . .   84 gramm.
Sandaraque   92   —
Alcool. . . . .   1 kilog.

On réduit en poudre les résines, on les mêle avec 122 gr. de verre pilé. On les introduit dans un matras de la contenance de trois litres, on ajoute l'alcool. On ferme le matras avec un parchemin percé de trous d'épingle, et, à l'aide d'une douce chaleur et en agitant de temps en temps, on opère la dissolution. On ouvre ensuite le matras et on y introduit la térébenthine, qu'on a eu soin de faire liquéfier. On laisse ensuite réagir pendant une demi-heure, on retire de dessus le feu, on laisse refroidir, le lendemain on soutire; on filtre au coton, et on conserve dans un vase bien fermé.

1832

VERNIS DONNANT L'APPARENCE DE L'OR AU LAITON.

Faites digérer pendant 12 heures 60 gr. de garancine dans 180 gr. d'alcool à 40°. Dissolvez à part de la gomme laque orangée dans de l'alcool, également à 40°. Laissez évaporer la solution jusqu'à ce qu'elle ait consistance sirupeuse; joignez-y ensuite la teinture de garancine. Ce vernis, appliqué sur du laiton bien poli, imite l'or à s'y méprendre.

1833

VERNIS A L'ESSENCE, VERNIS A TABLEAUX.

Mastic . . . .   375 gramm.
Térébenthine   45   —
Camphre   15   —
Verre pilé   160   —
Essence de térébenthine .   750   —

1834

VERNIS BLANC.

Sandaraque   50   —
Alcool.   100   —
Térébenthine   9   —

1835

VERNIS DE CHINE.

Mastic   6   —

Sandaraque . . . .   6 gramm.
Alcool   50   —

1836

VERNIS DES SABOTIERS.

Galipot   25   —
Essence de térébenthine.   100   —

Pour vernir les sabots.

1837

AUTRE, NOIR.

Essence de térébenthine .   100   —
Galipot   25   —
Noir de fumée . . . .   q. s.

1838

VERNIS NOIR DES FORGERONS, VERNIS DE GOUDRON.

Huile de goudron . . . . .   200 gramm.
Asphalte   25   —
Colophane   25   —

Appliquer à chaud en évitant le contact de la flamme.

1839

AUTRE.

Goudron de houille liquide.

1840

VERNIS OU NOIR DE BRUNSWICK.

Asphalte . . . .   4 parties.
Huile de lin.   2   —
Essence de térébenthine.   7   —

Faites fondre le tout pour vernir les grillages.

1841

VERNIS DES HOLLANDAIS, POUR DONNER AUX LITHOGRAPHIES L'ASPECT DE PEINTURES A L'HUILE.

Sandaraque . . . .   12 parties.
Mastic   12   —
Térébenthine fine.   12   —
Succin   15   —
Huile de lin   25   —
Essence de térébenthine.   250   —

Mode de préparation, comme le suivant, dont l'usage est le même.

1842

VERNIS ISOCHROME.

Essence de térébenthine.	90 gramm.
Mastic.	25 —
Verre pilé	12 1/2

Exposez le mélange au soleil pendant 25 jours, en agitant de temps à autre.

Ajoutez :

Térébenthine de Venise .	50 gramm.

Exposez le tout encore huit jours au soleil et filtrez.

1843

VERNIS POUR LES INSTRUMENTS DE MU-SIQUE ET LES COFFRETS PRÉCIEUX.

Faites dissoudre au bain-marie, dans 500 gr. d'esprit-de-vin, 128 gr. de sanda-raque, 64 gr. de gomme laque, 64 gr. de mastic et 32 gr. de résine élémi ; ajoutez à la fin 64 gr. de térébenthine de Venise.

1844

VERNIS OU NOIR DU JAPON, POUR LES CORROYEURS.

Huile de lin	370 gramm.
Asphalte	9 —
Terre d'ombre brûlée . .	25 —

Faites bouillir et ajoutez :

Essence de térébenthine,	q. s.

1845

AUTRE.

Essence de térébenthine .	60 gramm.
Laque	30 —
Alcool.	125 —
Noir de fumée	15 —

1846

VERNIS D'OR, POUR LES MÉTAUX.

Laque en grains	190 gramm.
Succin	60 —
Extrait de santal rouge. .	2 —
Sang-dragon	4 —
Safran	2 —
Alcool.	125 —

Faites dissoudre.

1847

AUTRE (PLUS BEAU).

Laque en grains	190 gramm.
Garancine.	60 —
Alcool à 96°	180 —

Faites digérer 24 heures, passez et ajou-tez :

Gomme laque orangée. .	100 gramm.

Faites fondre.

1848

VERNIS POUR STATUES.

Cire	1 partie.
Essence de térébenthine .	4 —

S'emploie à chaud.

1849

VERNIS POUR TOILES MÉTALLIQUES DE FER.

Essence de lavande . . .	9 parties.
Essence de térébenthine .	25 —
Camphre	6 —

1850

VERRE A VITRES (COMPOSITION DU).

Sable	100 parties.
Craie	35 à 40 —
Carbonate de soude sec .	28 à 35 —
Groisil (verre cassé) . . .	60 à 80 —

1851

VERRE A GLACES.

Sable très-blanc	300 parties.
Carbonate de soude sec .	100 —
Chaux éteinte à l'air . .	43 —
Groisil	300 —

1852

VERRE A BOUTEILLES.

Sable jaune	100 parties.
Soude brute de varech . .	200 —
Cendres neuves.	50 —

(Payen.)

1853

CRISTAL.

Groisil de bouteilles . . .	100	parties.
Sable pur	300	—
Minium.	200	—
Carbonate de potasse pu-		
rifié	100	—
Groisil	300	—

1854

CROW-GLASS.

Sable blanc.	120	kilogr.
Carbonate de potasse . .	35	—
Carbonate de soude . . .	20	—
Craie	15	—
Arsenic.	1	—

(*Bontemps.*)

1855

FLINT-GLASS DE DENSITÉ ORDINAIRE POUR SERVICE DE TABLE.

Sable.	300	parties.
Minium.	200	—
Carbonate de potasse . .	100	—

1856

FLINT-GLASS PLUS DENSE, POUR OPTICIENS.

Sable	300	parties.
Minium.	300	—
Carbonate de potasse . .	90	—

(*Bontemps.*)

1857

PROCÉDÉ POUR PERCER LE VERRE.

Faites fondre 125 parties de sel d'oseille dans 60 parties d'essence de térébenthine, ajoutez une grosse gousse d'ail en morceaux et laissez macérer pendant huit jours en agitant de temps en temps. Quand vous voudrez percer du verre, mettez une goutte de cette composition sur le point que vous aurez choisi, et percez avec un trocart. Ce procédé semble empirique, mais il réussit toujours.

1858

DÉPOLISSAGE DU VERRE.

Exposer circulairement sur la surface du verre un tampon de liége avec de l'émeri très-fin et de l'eau; la surface entière doit présenter un aspect complétement uniforme.

1859

AUTRE.

Exposer le verre à l'action de l'acide fluorique, soit liquide, soit en vapeur : « ce procédé permet de faire paraître des lettres ou des dessins qui ont conservé le poli sur un fond dépoli, ou qui sont dépolis sur un fond resté poli ; il suffit, pour obtenir ce résultat, de couvrir de vernis de graveur la portion que l'on veut soustraire à l'action de l'acide. »

1860

PROCÉDÉ POUR COUPER LES TUBES DE VERRE.

A l'aide d'un archet, faites tourner vivement une corde autour du point où l'on veut couper, et plongez le tube brusquement dans l'eau froide.

1861

CYLINDRES POUR COUPER LE VERRE.

Gomme arabique	30	gramm.
Eau.	75	—
Gomme adragant	30	—
Benjoin	15	—
Storax calamite.	10	—
Nitre.	2	—
Charbon de bois.	120	—

On réduit toutes les substances en poudre fine, à l'exception du benjoin et du storax, que l'on fait dissoudre dans l'alcool en quantité suffisante. On met les poudres dans un mortier de fer; on y ajoute l'eau et les solutions alcooliques. On fait un mélange que l'on pile jusqu'à ce qu'il soit converti en une masse bien homogène. On fait alors de ce mélange, et sur le marbre, de petits cylindres de la grosseur d'une plume; quelquefois, on les fait au moule.

Lorsqu'on veut se servir de ces cylindres, on fait une trace à la lime au fragment de verre que l'on veut couper, puis on fait passer lentement le cylindre sur l'endroit, qui se détache facilement.

1862

VERT DE CHROME, PROPRE A L'IMPRESSION SUR TISSUS.

Lorsqu'on calcine, à la température d'environ 500 degrés, un mélange de 3 parties d'acide borique, pour 1 de bichromate de potasse, il y a dégagement d'eau, d'oxygène et formation d'un borate double de sesquioxyde de chrome et de potasse fixe à la température de l'expérience, mais que l'eau décompose en borate acide de potasse et sesquioxyde de chrome; ce dernier s'empare, à l'état naissant, de deux équivalents d'eau pour former un hydrate d'une superbe couleur. La décomposition par l'eau se manifeste par un foisonnement considérable : le lavage et la décantation séparent l'oxyde de chrome du borate de potasse.

1863

VESPÉTRO (LIQUEUR).

Semences d'angélique . .	60 gramm.
Semences de coriandre .	30 —
Semences d'anis.	8 —
Semences de fenouil. . .	8 —

Faites macérer 8 jours dans :

Eau-de-vie à 21°.	2 kilogr.

Passez le mélange, et ajoutez :

Sucre (dissous dans 500 gr. d'eau)	500 gramm.

Laissez reposer et filtrez.

1864

VÊTEMENTS (MOYEN DE LES RENDRE ININFLAMMABLES).

Il suffit de les tremper dans une solution de chlorure de zinc étendu d'eau.

1865

AUTRE.

Les tremper dans une dissolution de chlorure de calcium.

1866

VIANDES (CONSERVATION DES).

Pour conserver la viande, ses préparations ou les produits qu'on en extrait, il faut mettre ces substances dans des conditions telles que la fermentation ne puisse pas se produire ni les moisissures se développer.

D'après M. Payen, les conditions principales sont :

1° Une très-basse température ;

2° Ou la dessication, c'est-à-dire l'évaporation rapide de la plus grande partie de l'eau ;

3° Ou l'exclusion de l'air, ou plutôt de l'oxygène libre, sans la présence duquel la fermentation ne peut commencer et les végétations cryptogamiques ou les moisissures se développer.

Nous n'avons pas à nous occuper de la première condition, qui ne peut être remplie que dans des circonstances exceptionnelles et avec une très-forte dépense.

1867

DESSICATION.

Le procédé de la dessication des viandes est très-pratiqué dans les contrées aurifères. Nous allons le décrire d'après M. Boussingault, attendu qu'il peut être d'une grande utilité et d'un fréquente application.

« Les quartiers de bœuf sont adroitement découpés en lanières très-minces et longues de 2 à 3 mètres, au moyen d'un couteau mince et bien affilé. On saupoudre ces lanières de farine de maïs, afin de sécher la surface de la viande.

» Ces lanières, enrobées de farine, sont suspendues à l'air et exposées au soleil sur des traverses horizontales de bois. Chaque soir, si l'on craint la pluie, on les rentre et on les met à couvert; on continue cette exposition à l'air jusqu'à dessication presque complète, c'est-à-dire jusqu'à ce que la viande ne retienne plus que 7 à 8 centièmes d'eau. Le produit de cette opération est désigné sous le nom de *tasajo* dans l'Amérique méridionale. 100 parties de viande fraîche donnent environ 26 parties de tasajo. Ainsi, l'exposition à l'air enlève 74 p. 0/0 d'eau. Le tasajo a une couleur foncée, son odeur n'a rien de désagréable; les lanières ainsi obtenues conservent assez de flexibilité pour être enroulées sous forme de pelotes cylindroïdales. Comprimé de cette façon, le tasajo est moins accessible aux influences atmosphériques et peut se conserver très-longtemps sans altération sensible, pourvu qu'on le maintienne dans des endroits secs.

» Lorsqu'on veut faire cuire convenablement le tasajo, il faut le couper en morceaux et le laisser tremper dans l'eau, qu'il absorbe peu à peu en se gonflant. On chauffe par degrés, et le bouillon que l'on obtient est de bonne qualité. »

1868

PROCÉDÉ DE LA SOCIÉTÉ GÉNÉRALE DE CONSERVATION DES VIANDES.

La méthode qu'emploie cette société, consiste à envelopper des quartiers de viande crue d'une couche épaisse d'une sorte de gelée obtenue en soumettant certaines parties de l'animal à une longue ébullition.

Ce procédé semble, au premier coup d'œil, remplir parfaitement la troisième condition prescrite par M. Payen. Déjà le chimiste Darcet et plusieurs autres expérimentateurs étaient parvenus à conserver les viandes plusieurs semaines en les recouvrant d'une couche épaisse de gélatine, à peu près imperméable à l'air.

La plus sérieuse objection que l'on ait faite à cette méthode, c'est d'enrober les viandes avec une substance animale qui, bien que moins sensible aux effets de l'atmosphère, n'en est pas moins putrescible comme elles et doit nécessairement s'altérer.

L'administration de la guerre et celle de la marine en France, ont soumis à une épreuve positive les viandes conservées par la gélatine. Une provision de viandes préparées sous les yeux d'un représentant de la Société, a été mise dans des caisses et chargée à bord d'un navire qui se rendait à Constantinople. Au retour des caisses on procéda à leur ouverture; mais, dit M. Payen, l'examen fut, en quelque sorte, rendu inutile, car, dès avant l'ouverture des caisses, le résultat, non douteux de l'expérience, se manifestait à distance de chacune d'elles par des émanations nauséabondes, sur lesquelles il était impossible de se méprendre.

1869

PROCÉDÉ LAMY.

M. Lamy, ancien professeur de l'Université, conserve les viandes par le procédé suivant :

On sait que le gaz acide sulfureux prévient l'altération des vins en détruisant ou modifiant le ferment qui provoque cette altération. Le tonneau est rempli d'acide sulfureux que le vin absorbe complètement en raison de la solubilité de ce gaz.

M. Lamy admet que l'acide sulfureux agit sur le ferment organique qui doit provoquer l'altération des substances animales, de la même manière que sur celui du vin et, en conséquence, il laisse séjourner les viandes dans ce gaz pendant plusieurs jours. Si l'acide sulfureux pouvait pénétrer dans toutes les parties de la viande, il serait peut-être possible d'obtenir un succès complet. Mais on comprend que le gaz, n'exerçant son action anti-septique que sur la surface, les parties intérieures restent soumises aux causes ordinaires d'altération, et ne tardent pas à se putréfier. C'est ce qui est arrivé dans des expériences que l'on a faites de ce procédé.

Ajoutons que le gaz sulfureux communique à la viande une saveur détestable, qui, seule, empêcherait de la faire servir à l'alimentation; qu'en outre il doit agir chimiquement sur les matières organiques avec lesquelles il est mis en contact, et détruire une partie de leurs qualités hygiéniques; qu'enfin, la condition de maintenir les produits dans une atmosphère dépourvue d'oxygène, revient au procédé Appert, qui a, du moins en sa faveur, l'avantage d'une extrême simplicité.

1870

PROCÉDÉ BOUET, DOUCIN, CHAUDET, BERRA ET DE BRIGNOLA.

Ces procédés ont pour principe l'enrobement des viandes; mais la substance employée par MM. Bouet, Doucin, etc., loin d'être animale et par conséquent putrescible, est un produit chimique, bien connu par son imperméabilité et la facilité qu'il offre pour l'opération de l'enrobement. Ce produit, employé par la médecine pour les plaies de toute nature, les soustrait immédiatement au contact de l'air et fait cesser presque instantanément les douleurs que cause son action sur les chairs. Il est permis de supposer qu'appliqué sur les viandes crues, il produira les mêmes effets, c'est-à-dire qu'après avoir chassé par sa présence les moindres parties d'oxygène qui les enveloppent dans l'atmosphère, il en préviendra l'accès jusqu'à elles par son imperméabilité et les conservera indéfiniment sans altération, puisqu'il n'est pas lui-même susceptible de se combiner avec les éléments de l'atmosphère.

Il semble d'abord qu'enrober les viandes doive être une chose facile et que, parmi les substances inaltérables à l'air, il doive en exister un grand nombre propres à envelopper des substances animales. Pour bien faire comprendre la difficulté de cette opération, nous remarquerons, d'après M. Payen, qu'*un seul globule d'air* suffit pour déterminer la putréfaction de masses considérables de substances animales. Il faut donc que l'enrobement soit complet et qu'il soit fait au moyen de

substances liquides pendant l'opération, et susceptibles de prendre, après que les viandes y ont séjourné, une dureté et une consistance qui en assurent la parfaite imperméabilité. Ces substances doivent, en outre, remplir la condition d'être à l'abri des influences atmosphériques et de n'exercer elles-mêmes sur les viandes aucune action, non seulement chimique, mais même mécanique, et, enfin, de n'en modifier ni le goût, ni l'apparence, ni les qualités aromatiques.

1871

PROCÉDÉ APPERT.

1° Renfermer dans des bouteilles ou dans des boîtes de fer-blanc ou de fer battu les substances à conserver, après qu'elles ont été cuites au quart, à moitié ou aux trois quarts, selon leur nature;

2° Boucher ou souder hermétiquement les vases;

3° Soumettre les substances ainsi renfermées à l'action du bain-marie plus ou moins prolongée suivant leur espèce et la contenance des vases;

4° Retirer les bouteilles et les boîtes métalliques du bain-marie, lorsqu'il est à peu près refroidi.

1872

Observation. — Au lieu de boucher hermétiquement les vases, avant de les soumettre à l'action du bain-marie, il vaut mieux ménager, dans toute l'épaisseur du bouchon ou dans un bouton disposé sur le devant du vase métallique, un petit trou de $0^m,001$ ou $0^m,002$ au plus, par lequel s'échapperont l'air et l'oxygène chassés ou entraînés hors du vase et des aliments par l'action de la vapeur produite au moyen d'une chaleur suffisamment intense. On bouche le trou avec un clou en étain qu'on enfonce avec force lorsque la vapeur sort abondamment. Enfin on soumet encore le vase bouché à l'action du bain-marie. Pour obtenir la vapeur destinée à chasser l'air du vase et à y produire ainsi le vide, on met au besoin au fond du récipient un peu de jus ou d'eau pure, lorsqu'il s'agit de conserver des pièces rôties ou des aliments peu chargés d'humidité et d'un volume assez considérable.

1873

CONSERVATINE POUR VIANDES.

Os brisés	4 kilogr.
Eau.	10 litres.

Passez au tamis.

Remettez sur le feu. — Ajoutez gomme et sucre, de chaque 500 grammes. — Laissez cuire à un feu doux jusqu'à consistance sirupeuse. — Transvasez le liquide et laissez refroidir jusqu'à 35 degrés centigrades. — A ce moment, versez 4 centilitres d'alcool à 85 degrés, par kil. de liquide. — La conservatine est préparée.

Cette conservatine est placée dans une terrine, à la température de 35° — On plonge la viande à conserver dans cette préparation, pendant quelques secondes. — On la suspend jusqu'au lendemain, pour attendre une seconde immersion.

Pour faire usage des viandes ainsi préparées, il suffit de les plonger quelques instants dans l'eau pure assez chauffée pour faire fondre l'enveloppe gélatineuse.

On peut, par ce procédé, conserver les viandes crues, bouillous ou rôtis.

1874

CONSERVATION DES VIANDES PAR LE CHARBON.

Le charbon pulvérisé offre encore un moyen sûr de conservation, principalement pour transporter au loin les viandes, les gibiers, les poissons, etc. Le meilleur charbon, pour cet usage, s'obtient par la carbonisation des os ; à son défaut, on se sert de charbon de bois très-sec et très-cassant, que l'on réduit en grains de la grosseur du millet. « La viande doit être posée sur le charbon et en être enveloppée parfaitement, de manière à ne toucher par aucun point les parois du vase ; celui-ci est fermé hermétiquement. La viande expédiée ainsi peut se conserver pendant trois ou quatre semaines, même quand la température est douce ; et, lorsqu'on veut la faire cuire, il suffit de la laver dans l'eau fraîche, pour la dépouiller de toute la poussière de charbon. Pour conserver par le même procédé les volailles et les pièces de gibier entières, il faut d'abord qu'elles soient plumées, vidées et nettoyées avec le plus grand soin ; ensuite leur intérieur est rempli de poussière de charbon. Les poissons d'eau douce et de mer doivent être soigneusement écaillés et vidés. La conservation est encore plus certaine, si les vases contenant les produits sont enfouis dans de la terre ou du sable. »

1875

CONSERVATION DES VIANDES CRUES.

Plongez pendant 8 à 10 heures la viande crue dans une *saumure de suie*. Excellent procédé qui conserve à la viande tous ses principes et pendant plusieurs mois.

1876

CONSERVATION DE LA VIANDE.

Pénétrer les substances avec le sirop ferreux du Dr Dusourd, de Saintes, préparation qu'il obtient en dissolvant du fer dans du sirop de sucre au moyen de la pile galvanique (Excellent procédé.)

1877

MOYEN DE DESSÉCHER ET CONSERVER LES VIANDES.

Mettez la viande désossée et découpée en morceaux de plusieurs livres dans une étuve de 2 mètres 60 centimètres de long sur 1 mètre 30 centimètres de large et 1 mètre 75 centimètres de hauteur. A l'aide de deux poêles, on porte la température à cinquante-cinq degrés du thermomètre de Réaumur et on la soutient pendant douze heures.

La viande desséchée acquiert la couleur de la viande cuite. On la plonge dans un bain de gélatine; on la reporte à l'étuve pour que l'humidité s'évapore. La viande reste couverte d'une espèce de vernis qu'on pourrait remplacer par celui que donne le blanc d'œuf desséché.

Pour se servir de cette viande, on la passe à l'eau, qui lui enlève son vernis. On la met tremper pendant douze heures dans de nouvelle eau qui doit servir à la faire cuire. Une ébullition de cinq minutes suffit pour opérer la cuisson.

1878

VINS (ACIDITÉ DES). MOYEN D'Y REMÉDIER.

Ajoutez au vin de 3 à 400 grammes de tartrate neutre de potasse par pièce de 230 litres.

1879

AUTRE.

Faites fondre 8 kilogr. de cassonade dans une petite quantité d'eau, et ajoutez ce mélange au vin; brassez le liquide, laissez-le fermenter, puis soutirez le vin à l'époque où on soutire ordinairement les vins.

1880

MOYEN DE REMÉDIER AU GOUT DE FUT DES VINS.

Mettre le vin dans un autre tonneau (1), puis y verser un verre d'huile d'olives : on fouette vigoureusement le vin, puis on laisse reposer pour retirer l'huile qui surnage.

1881

GRAISSE OU GRAS DES VINS.

Tanin (pour une pièce).   20 gramm.

1882

AUTRE.

Crème de tartre . . . . .   250 gramm.
Sucre brut. . . . .   250 —

Faites dissoudre dans 10 litres de vin chauffé jusqu'à ébullition; versez ce mélange dans le vin, et battez pendant 12 à 15 minutes avec quelques brins d'osier.

(1) Le goût du fût tient ordinairement au développement de moisissures dans le tonneau.

1883

AUTRE.

Pepins de raisins pulvérisés . . . .   155 gramm.
Versez dans le tonneau.

1884

AUTRE.

Sorbes ou cormes cueillies peu avant la maturité et broyées . . . .   500 gramm.
Versez dans le tonneau, agitez le vin, et après deux jours de repos, collez et mettez en bouteilles.

1885

TOURNURE DES VINS (VINS TOURNÉS).

Mêlez au vin :
Acide tartrique 50 grammes par pièce de 230 litres.

1886

VIN DE RÉGLISSE.

Prenez 100 grammes de crême de tartre, 250 gr. de racines de réglisse, 30 lit. d'eau bouillante et 1 litre d'eau-de-vie à 19°. On fait bouillir la crême de tartre et la réglisse jusqu'à ce que la première soit dissoute ; on retire du feu ; on laisse déposer ou l'on passe dans un tamis serré ; après refroidissement on verse le tout dans un baril en ajoutant de l'eau-de-vie.

Cette boisson, excellente pour les travailleurs des champs, doit être consommée sur-le-champ.

1887

VIN DE BORDEAUX.

Vin de Bourgogne, bonne qualté . . . .   1 barriq.
Sucre de framboises. . .   7 litres.
Filtrez après quelques jours.

1888

VIN DE FRONTIGNAN.

Vin rouge nouveau. . .   100 litres.
Vin blanc   —   . . .   100 —
Alcool à 22°. . . . . . .   10 —

1889

VIN DE LAFAYETTE.

Cassonade	1500 gramm.
Violette	8 —
Sureau.	8 —
Coriandre	8 —
Vinaigre	250 —
Eau	18 litres.

Après 4 jours de contact, passez et mettez en bouteilles. — Ce liquide mousse après quelques jours.

1890

VIN DE MALAGA.

Calabre fait à chaud. . .	122 litres.
Infusion alcoolique de noix vertes.	2 —
Esprit de goudron. . . .	92 gramm.

1891

AUTRE.

Vin de Champagne . . .	72 litres.

Faites macérer 2 à 3 mois ; ajoutez :

Raisin de Damas . .	7 k. 500 gra mm
Fleurs de pêcher.	280 —

Passez avec expression, et, après 1 mois de repos, collez.

1892

VIN DE MUSCAT.

Vin blanc de Chablis . .	100 litres.
Raisin muscat sec	25 kilogr.
Fleurs de sureau dans un nouet.	1 —

Après 3 mois de macération, passez avec expression et collez.

1893

VIN D'EAU SUCRÉE.

Il résulte, des faits énoncés par **M. Abel Petiot** : 1° que, par additions successives d'eau sucrée à 18, 22, 25 kilogr. de sucre par hectol. d'eau, on peut quintupler, sextupler et plus la quantité du vin ; 2° que le produit obtenu est d'une bonne couleur, richement alcoolisé, moins acide, plus vineux, en un mot meilleur que le vin ordinaire ; 3° que ce vin a plus de bouquet que le vin naturel ; 4° qu'il se conserve mieux et plus sûrement.

1894

VIN FÉBRIFUGE DE QUINQUINA.

Quinquina calysaya. . .	100 gramm.
Ecorce d'angusture vraie	10 —

Concassez les deux écorces, versez dessus :

Alcool à 21°	200 —

Laissez en contact dans un vase fermé, pendant 24 heures ; ajoutez :

Vin blanc Bourgogne acide	1000 gramm.

Faites macérer pendant 1 mois, en agitant de temps en temps ; tirez à clair. Dose : 60 à 120 gr. comme fébrifuge, 10 à 50 gr. comme tonique.

Ce vin contient tous les principes actifs du quinquina, car l'alcool et les acides concourent à les dissoudre ; il se conserve indéfiniment, il est d'une administration facile. Je l'ai employé très-souvent comme fébrifuge et avec un succès constant. Il est surtout très-utile pour empêcher le retour des fièvres intermittentes sujettes à récidive : 100 gr. par jour. C'est un tonique très-puissant à la dose de 20 gr. ; avant le repas, il facilite la digestion.

(Bouchardat.)

1895

VIN DE SAINT-GEORGES.

Vin rouge bien monté en couleur	1 hectolit.
Vin de Piquepouil. . . .	1 —

Mêlez et ajoutez :

Esprit de framboises, de calament et d'iris de Florence ; de chaque. .	60 gramm.

1896

VIN DE MADÈRE.

Vin de Piquepouil gris .	1 barrique.
Infusion alcoolique de coques d'amandes torréfiées.	125 gramm.

| Esprit de goudron. . . . | 62 gramm. |
| Infusion de noix. . . . . | 2 litres. |

1897

VIN DE BEAUCE.

Eau	240 litres.
Alcool à 38°.	6 —
Mûres des haies.	6 kilogr.
Tartre brut rouge	250 gramm.

Le tartre, dissous dans 2 litres d'eau bouillante, et versé dans un tonneau où l'on a mis les fruits. — On verse ensuite par dessus 15 litres d'eau bouillante. — On laisse reposer 5 jours, on emplit le tonneau d'eau, on le bouche et on laisse éclaircir. (*Duvivier.*)

1898

DONNER AUX VINS LA PROPRIÉTÉ DE SUP-PORTER LES VOYAGES SUR MER ET LES CHALEURS TROPICALES.

Il suffit d'ajouter au vin 100 grammes d'acide tartrique par hectolitre (*Batillet.*) — Moyen excellent pour les vins de Bourgogne.

1899

VINAIGRE DES QUATRE VOLEURS.

Sommités sèches de cresson de Para	60 gramm.
Sommités d'absinthe grande et petite.	60 —
Sommités de romarin. . .	60 —
Sommités de citronnelle .	60 —
— de sauge. . . .	60 —
— de menthe . . .	60 —
— de rue..	60 —
— de fleurs de lavandes sèches.	60 —
Sommités de thym	60 —
— d'ail.	8 —
— de racine d'*acorus calamus*.	8 —
Sommités de cannelle fine	8 —
— de girofle . . .	8 —
— de noix muscade	8 —
Vinaigre.	8 —
Camphre dissous par l'alcool et l'acide acétique à 10°	15 —

Toutes ces substances sèches sont concassées et macérées pendant 15 jours dans une dame-jeanne et dans un lieu chaud ; on les retire, on les passe, et l'on filtre au papier-joseph ; on ajoute ensuite le camphre dissous, et l'on mêle bien le tout ensemble. (*Celnart.*)

1900

VINAIGRE ROSAT.

| Roses rouges mondées de leur onglet et sèches . | 250 gramm. |
| Très-bon vinaigre blanc ou rouge. . . . . | 4 kilogr. |

Laissez macérer pendant 15 jours dans un vase fermé, en ayant soin d'agiter de temps en temps ; filtrez.

1901

VINAIGRE DE ROMARIN.

| Vinaigre naturel . . . . . | 30 litres. |
| Fleurs de romarin . . . . | 1 kilogr. |

Distillez le tout, et retirez-en 15 litres.

1902

VINAIGRE DE TOILETTE (SINFAR).

Alcool à à 33°	8 litres.
Vinaigre blanc d'Orléans	2 —
Eau de Cologne.	1/2 —
Extrait de benjoin . . .	60 gramm.
— de storax.	60 —
Vinaigre pur.	125 —
Essence de lavande . . .	45 —
— de cannelle. . . .	½ —
— de girofle. . . .	4 —
Alcali volatil	4 —

Mélangez ensemble l'alcool, la lavande, la cannelle et la girofle, et laissez macérer 8 jours en remuant de temps à autre ; on ajoute alors les vinaigres, l'eau de Cologne, les extraits et l'alcali ; on donne la couleur avec l'orseille et l'on filtre au papier.

1903

VINAIGRE AROMATIQUE.

| Espèces aromatiques. . . | 100 gramm. |
| Vinaigre blanc. . . . . . | 1 litre. |

faites macérer 10 jours ; passez, filtrez. Employé à la dose de 10 à 20 gr. pour combattre le prurit qui accompagne plusieurs maladies de la peau.

1904

CRÈME DE VINAIGRE.

Essence de bergamote . .	45 gramm.
— de citron.	30 —
— de néroli	125 —
— de rose.	60 —
Huile de muscades	8 —
Storax en larmes	8 —
Vanille	2 gousses.
Benjoin.	8 gramm.
Huile de girofle	4 —
Alcool à 36°.	1 kilogr.
Acide acétique concentré, ou vinaigre radical . .	2 kil. 500

Unissez toutes ces substances à l'alcool, et, après 2 jours, distillez au bain-marie. Ajoutez à la liqueur qui aura passé, le vinaigre radical. Si vous voulez la colorer en rose, vous emploierez la cochenille ; mais il vaut mieux qu'elle n'ait pas cette couleur.

La crème de vinaigre est un des plus suaves et des meilleurs cosmétiques. M. Julia de Fontenelle le regarde comme préférable à l'eau de Cologne. Lorsqu'on veut s'en servir, on en met une cuillerée dans un verre, que l'on achève de remplir d'eau.　　　　　(*Celnart.*)

1905

VINAIGRE DE BULLY.

Eau	7,000 gramm.
Alcool.	3,500 —
Essence de bergamote. .	30 —
Essence de citron ou zeste.	30 —
— de Portugal. . .	12 —
— de romarin . . .	23 —
— de lavande . . .	4 —
Néroli.	4 —
Alcool de mélisse	500 —

Agiter, et, après 24 heures, ajouter :

Infusion de benjoin. . .	60 —
— de tolu.	60 —
— de storax . . .	60 —
— de girofle . . .	60 —

Agitez de nouveau, puis ajoutez :

Vinaigre distillé	2,000 gramm.

Filtrez au bout de 12 heures, et ajouter enfin :

Vinaigre radical.	90 gramm.

1906

VINAIGRE COSMÉTIQUE (VINAIGRE DE LA SOCIÉTÉ HYGIÉNIQUE).

Alcool à 32°	100 litres.
Esprit de mélisse. . . .	15 —
— de lavande. . . .	10 —
— de romarin. . . .	10 —
Essence de bergamote. .	1,000 gramm.
— de bigarade. . .	600 —
— de citron	400 —
— d'orange	350 —
— de néroli	200 —
— de menthe. . . .	150 —
— de thym.	150 —
— de girofle	50 —
— de cannelle . . .	25 —
— de verveine. . . .	150 —

Mêler le tout et distiller au bain-marie 126 litres ; laisser macérer 1 mois dans le tiers de ces 126 litres, 15 kilogr. d'iris et 2 kilogr. de baume de tolu. — Filtrer. — Réunir au reste du produit distillé et ajouter 15 litres d'acide acétique à 8°. — Filtrez après 24 heures.

1907

FABRICATION DU VINAIGRE DE VIN.

Procédé Gaffart.

Dans un tonneau qu'on défonce, on place des rubans de hêtre, de manière à le remplir sans le tasser. On remet le fond ; on dispose ce tonneau verticalement sur un trépied, sur une table ou un meuble quelconque. On place un robinet de bois au bas de ce tonneau et un vase de bois, de grès ou de faïence sous ce robinet, pour recueillir le liquide qui s'en écoulera. On fait un trou au fond supérieur, on y introduit une certaine quantité de bon vinaigre de vin, et même la *mère* de ce vinaigre si c'est possible, et on laisse en contact pendant trois ou quatre jours ; on retire. Ce vinaigre a pour effet de rendre les copeaux propres à l'acétification; il reste propre aux usages ordinaires. Avec une vrille de la grosseur du petit doigt on pratique tout autour du tonneau, sur la partie dépourvue de cercles, des trous inclinés de haut en bas, la partie la plus déclive du trou en dedans; on pratique encore des trous semblables sur le fond supérieur; enfin, on dispose horizontalement un tonneau renfermant du vin au-dessus du tonneau vertical, de manière à ce que le robinet du tonneau de vin déverse, par un mince filet et par un trou du fond supérieur du tonneau vertical, sur les rubans de hêtre, le vin qu'on veut acétifier. On laisse ouvert le robinet du tonneau horizontal, et lorsque le vin, après avoir traversé les copeaux, est arrivé dans le robinet inférieur, et qu'il s'écoule dans son récipient, il est converti en vinaigre. On aura du vinaigre d'autant plus fort que l'écoulement s'en fera plus lentement, et que la température de la pièce sera plus élevée; en sorte qu'on gouvernera cet écoulement suivant le résultat qu'on aura obtenu et celui à obtenir. Il sera d'une grande importance de disposer cet appareil dans une pièce chaude, car ce n'est qu'à une température un peu élevée que l'acétification peut se produire convenablement. En été, un grenier atteindra le but qu'on se propose, et, en hiver, une cave dans laquelle on place un poêle ou, à défaut, une braisière, atteignent parfaitement le but.

1908

VUE (CONSERVATION DE LA).

La préparation suivante, connue sous le nom d'*Eau balsamique*, jouit d'une réputation méritée pour conserver la vue et la fortifier, lorsqu'elle est affaiblie, chez les personnes dont les yeux sont fatigués par les travaux de cabinet et d'application, surtout à la lumière.

En voici la formule telle que nous l'a communiquée l'auteur, M. le docteur Des-parquets, qui l'emploie depuis de longues années avec le plus grand succès :

Eau distillée de roses pâles	500	gramm.
— de jeunes pousses de vigne	200	—
— de laitue	150	—
— de feuilles de myrte	50	—
Eau-de-vie de choix à 22°	50	—
Teinture de myrrhe	15	—
— de safran	10	—
— d'ambre gris	10	—
Sucre candi blanc pulvér.	15	—

On met ces substances dans un vase de verre, et après les avoir laissées en contact pendant plusieurs jours, en ayant soin de les remuer de temps en temps, on filtre jusqu'à ce qu'on obtienne une liqueur parfaitement limpide, et on conserve dans des flacons d'une contenance de 125 à 150 grammes.

Cette préparation s'emploie : 1° à la dose d'une cuillerée dans un demi-verre d'eau en lotions sur les yeux, plusieurs fois par jour, et surtout matin et soir, à l'aide d'un linge fin, en ayant soin de les frotter le moins possible pour ne pas les irriter; ou bien en les baignant dans un petit vase en porcelaine ou en cristal, ovale, fait *ad hoc* et nommé *œillère*, que l'on remplit de ce mélange; 2° pure et instillée dans les yeux (3 à 4 gouttes à la fois), matin et soir, au moyen d'un plumasseau de charpie ou d'un petit pinceau à aquarelle trempé dans l'eau balsamique.

Le premier mode d'emploi convient aux personnes dont les yeux ne sont que fatigués. Le deuxième s'applique à celles dont la vue commence à s'affaiblir.

Dans les deux cas, cette liqueur hygiénique et fortifiante produit une amélioration qui ne tarde pas à se faire sentir.

C'est cette préparation qui est aussi connue sous le nom de *trésor de la vue*.

1909

VULNÉRAIRE.

Feuilles fraîches de basilic, feuilles de calament, feuilles d'hyssope, feuilles de marjolaine, feuilles de mélisse, feuilles de menthe, feuilles d'origan, feuilles de romarin, feuilles de sariette, feuilles de sauge, feuilles de serpolet, feuilles de thym, feuilles d'absinthe, feuilles de fenouil, feuilles de rue, hypéricum, lavande, de chaque, 32; alcool 21° Cart., 1,500.

Stimulant général très-vanté. 8 gr. dans dans un demi-verre d'eau sucrée.

1910

EAU VULNÉRAIRE ROUGE.

Feuilles fraîches de basilic, de calament, hyssope, marjolaine, mélisse, menthe, origan, romarin, sariette, sauge, serpolet, thym, feuilles d'absinthe, d'angélique, de fenouil, rue, hypéricum, lavande, de chaque, 32; alcool à 31° Cart., 1,000. Faites macérer, filtrez.

Z

1911

ZINC (POUR LE RENDRE INALTÉRABLE ET INOXYDABLE).

Succin	60 gramm.
Acétate de plomb.	30 —
Bleu de Prusse.	30 —
Noir d'ivoire.	30 —
Sulfate de zinc.	16 —
Vert-de-gris	16 —

Réduisez en poudre fine et incorporez dans 8 litres d'huile de lin cuite : le mélange qui en résulte est le vernis qu'on applique à chaud sur le zinc.

1912

ENTRETIEN DES OBJETS DE ZINC.

L'oxyde de zinc qui recouvre les objets qui sont fabriqués avec ce métal, disparaît très-bien par un lavage fait avec :

Eau.	60 gramm.
Acide azotique.	10 —

Le lendemain on lave à l'eau pure.

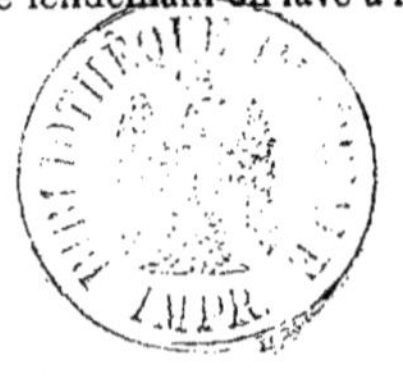

TABLE

DES

1000 PROCÉDÉS INDUSTRIELS

FORMULES, RECETTES

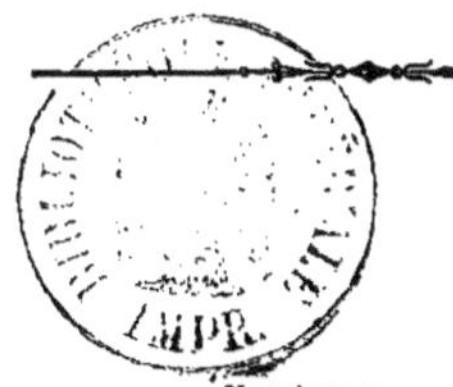

PARIS. — IMP. WIESENER ET Cie, RUE DELABORDE, 12.

DEUXIÈME PARTIE

MISCELLANÉES

1913

GRAVURES (NOUVEAU PROCÉDÉ DE RE-
PRODUCTION DES).

Faites brûler lentement du phosphore dans l'air ; exposez sur la vapeur qui en sort la gravure à copier ; les noirs seuls s'imprégneront de la vapeur phosphorée ; appliquez ensuite la gravure ainsi pré-parée sur une feuille de papier sensible imbibée de chlorure d'argent, et, au bout d'un quart-d'heure, vous aurez sur votre papier une reproduction de la gravure par un dessin formé de phosphure d'ar-gent, qui, quand il est assez vigoureux, résiste à la destruction par les agents chimiques. Pour bien opérer, il convient de se servir d'un boîte au fond de laquelle on dépose un carton frotté avec un bâton de phosphore. On doit frotter de nouveau à chaque opération. L'action s'exerce même à travers le papier de Chine ; par exemple, si l'on applique contre du pa-pier sensible une gravure sur papier de Chine et qu'on place le tout dans la boîte en face de la paroi phosphorescente, la gravure regardant cette paroi, on obtient une image négative ; les noirs ont fait écran, et les blancs seuls ont laissé passer les vapeurs ou leur action jusqu'au papier sensible.

On peut opérer de même avec les va-peurs de soufre. Dans ce cas, la gravure est reproduite par un sulfure d'argent ; mais l'image n'est pas très stable.

1914

MUSC ARTIFICIEL.

En traitant une partie d'huile de succin rectifié par quatre parties d'acide azotique pur, on obtient une résine jaune, qui a l'odeur de musc, produit très recherché en Pologne. L'acide azotique doit être ajouté par petites portions : on laisse en-suite reposer le mélange pendant quel-ques jours ; il se forme alors un précipité qu'on lave à l'eau chaude : c'est le musc artificiel.

1915

HUMIDITÉ DES MAISONS
(MOYENS DE LA CONSTATER).

Broyez de la chaux vive telle qu'elle est au sortir du four ; mettez-en 500 grammes dans un vase ; placez ce vase dans la pièce dont vous voulez vérifier la salubrité, et l'y laissez durant 24 heures. Pesez-le en-suite ; si vous retrouvez, en défalquant le poids du bocal, vos 500 grammes de chaux avec 1 gramme seulement d'augmenta-tion de poids, la pièce est saine et peut être habitée ; si, au contraire, vous re-trouvez votre chaux, avec 5, 6, etc. gram-mes d'augmentation de poids, la pièce est malsaine et ne peut être habitée sans inconvénient.

1916

CUIR FACTICE (PROCÉDÉ MICOU).

On prend un tissu de laine, de coton

eu de fil pour en constituer l'âme ; puis ce tissu reçoit une préparation de vernis, de drapé ou de peluché, pour l'endroit et pour l'envers. — Le vernis consiste dans une composition de farine de seigle cuite, de blanc d'Espagne pulvérisé et d'huile de lin, à laquelle on ajoute ou l'on n'ajoute pas une matière colorante. — Elle forme une pâte que l'on étend sur le tissu au moyen d'une raclette. On polit ensuite la surface, et l'on applique des couches de couleur composée d'huile cuite et liquéfiée par l'essence de térébenthine. On polit de nouveau et l'on met le vernis. — Pour la préparation formant peluche ou chair, on emploie une mixtion grasse ou maigre. La mixtion grasse se compose d'huile cuite mélangée de blanc de céruse et d'essence, et s'étend comme celle du vernis. La mixtion maigre se compose de gélatine ou de colle de pâte, de gomme ou d'une dissolution de gutta-percha ou caoutchouc. Quelle que soit la mixtion, on la saupoudre, après qu'elle a été étendue, de poudre de laine, de coton, de soie, de cuir ou de toute autre matière, à l'aide d'un tamis. On laisse sécher, puis on enlève à la brosse tout ce qui n'adhère pas. — Par ces moyens on arrive, si l'on veut, à faire un cuir artificiel dont l'endroit, ainsi que l'envers, simulent parfaitement le cuir naturel.

1917

MASTIC QUI RÉSISTE A L'ACTION DU FEU ET DE L'EAU.

Prenez un demi-litre de lait, que vous mêlerez avec une pareille quantité de vinaigre (de manière à faire coaguler le lait), on sépare ensuite le lait caillé d'avec le petit-lait, et l'on ajoute à ce dernier les blancs de quatre ou cinq œufs bien battus. Ces deux substances parfaitement mêlées, on y ajoute de la chaux vive passée aux tamis, et l'on forme du tout une pâte. Ce mastic, employé avec soin pour réunir des corps brisés ou remplis de fentes et de gerçures, de quelque espèce qu'elles soient, résiste au feu et à l'eau, si on a

eu soin de le laisser parfaitement sécher après l'avoir employé.

1918

CHAUDIÈRES A VAPEUR (NOUVEAU PROCÉDÉ POUR LES DÉBARRASSER DES INCRUSTATIONS).

La chaudière étant vidée, on la laisse entièrement refroidir, alors on y injecte, dans la partie basse, de l'air chauffé à une haute température ou de la vapeur d'eau à haute pression, et on en laisse échapper l'excès par le trou d'homme qu'on met en communication avec la cheminée pour déterminer un tirage. La chaleur que cet air ou cette vapeur abandonne, élève d'abord la température du métal de la chaudière qui est meilleur conducteur que l'incrustation, et détermine dans celle-ci des crevasses, puis détruit son adhérence, de façon qu'on parvient sans peine à l'enlever et à l'évacuer. Ce procédé, toutefois, n'est applicable que là où l'on peut disposer d'un autre appareil à vapeur ou d'un appareil à chauffer l'air.

1919

ŒUFS (CONSERVATION DES). PROCÉDÉ DELARUE.

Pour 200 œufs, prenez 100 grammes de chaux ; mêlez avec cette chaux, aussi intimement que possible, 10 grammes de sucre en poudre ; délayez le tout dans assez d'eau pour que les œufs y soient plongés. Quinze jours après l'effet est produit, et l'on commence à retirer les œufs selon le besoin.

1920

VERNIS SANS PLOMB POUR LA POTERIE.

On prend 100 parties d'une dissolution concentrée de silicate alcalin soluble (verre soluble) ayant la consistance d'un sirop étendu ; on y mêle une quantité suffisante de lait de chaux renfermant 5 à 6 parties de cet oxyde, et l'on fait évaporer le tout jusqu'à siccité, en l'agitant continuellement. On obtient ainsi un dépôt pulvérulent, grossier et friable qui, après avoir été trituré sous une meule et tamisé, forme la base de la couverte. On plonge alors les poteries dans une solution du même silicate alcalin, et on le couvre, avec un tamis, de la poudre précédente, composée de potasse ou de soude, de chaux et de silice. On laisse sécher, puis on plonge de nouveau dans la solution de silicate ; on laisse de nouveau sécher, après quoi on trouve l'enduit si solide, que le frottement de la main ne peut le détacher. On repasse alors les poteries au four, qu'il n'est nullement nécessaire de chauffer aussi fortement que quand on emploie un vernis à base de plomb. On parvient plus simplement encore au but en remplaçant la poudre décrite par un verre facilement fusible, composé de 100 parties de quartz en poudre, de 80 parties de potasse purifiée, de 10 parties de salpêtre et de 20 parties de chaux éteinte ; le tout fondu, pulvérisé, mêlé avec la solution de silicate alcalin, et suffisamment chauffé. Ce vernis est très solide, et résiste presque aussi bien que le verre, non-seulement aux acides végétaux, mais encore aux acides minéraux.

1921

DORURE BRILLANTE, SANS BRUNISSAGE, POUR LA PORCELAINE (PROCÉDÉ DUTERTRE).

« On chauffe un mélange composé de 32 grammes d'or, de 128 grammes d'acide azotique et d'un poids égal d'acide chlorhydrique du commerce ; on ajoute, après dissolution, 1 gr. 2 d'étain et 1 gr. 2 de baume d'antimoine ; quand tout est dissout, on étend de 500 grammes d'eau ordinaire. On verse ensuite la dissolution d'or sur un baume spécial obtenu en dissolvant à chaud un mélange de soufre, de térébenthine de Venise, d'essence de térébenthine et de lavande ; on chauffe modérément ; les liquides réagissent l'un sur l'autre, et l'or passe en dissolution dans le liquide huileux qui devient lourd et résineux par le refroidissement. On redissout de nouveau la matière dans l'essence de térébenthine et de lavande, et on la dépose sur un fondant de bismuth. Le produit chargé d'or se présente alors sous forme d'un liquide visqueux à reflets verdâtres contenant l'or à l'état soluble. C'est à la térébenthine de Venise que la liqueur doit sa propriété siccative, et ce sont les résines aurifères qui, en se décomposant par la chaleur, produisent ce dépôt de charbon chargé d'or qui conserve l'apparence d'une feuille d'or laminé sous une minceur extrême. »

1922

CIDRE (FABRICATION FACILE). Dr DUCHÊNE.

Le moyen préconisé par M. Duchêne a reçu le nom de *procédé par infusion*. Il consiste à mettre les pommes coupées en quatre ou écrasées dans un tonneau jusqu'aux trois quarts de sa hauteur et de le remplir d'eau, de soutirer cette eau au bout de 24 ou 30 heures, de remplir une deuxième fois d'eau et de soutirer à nouveau après le même temps, enfin d'ajouter une troisième fois même quantité de liquide et de soutirer après vingt-quatre heures une dernière fois, et le cidre est fait.

Après ces trois infusions, la pomme ne conserve plus aucun goût, l'eau aura remplacé son suc ; ce cidre est excellent, et, avec un quart moins de pommes, il fait la même quantité de cidre.

1923

PANIFICATION DU GLUTEN.

Ce qui rendait la panification du gluten rebelle à toutes les tentatives, c'était l'impossibilité d'obtenir le mélange du gluten avec la pâte de farine ; M. Fritz, de Sarreguemines, a résolu ce problème par le procédé suivant :

On ajoute au gluten, divisé en petites

parcelles, moitié de son poids en farine, plus un volume d'eau suffisant pour opérer le mélange des deux matières.

Ce mélange est introduit dans le pétrissage du dernier levain en observant les proportions suivantes :

20 pour 100 du poids général de la farine (levain et pâte), si l'on opère sur des farines de froment ;

20 pour 100 sur des farines mélangées moitié de froment, moitié de seigle ou d'orge ;

40 pour 100 sur farines, soit de seigle, soit d'orge.

L'effet que produit le gluten ajouté de cette façon au dernier levain constitue la découverte du *levain glutiné*.

Ainsi composé et levé à point, celui-ci s'emploie comme le dernier levain ordinaire, en suivant les phases déjà connues de la confection habituelle du pain.

1924

CAOUTCHOUC DURCI.

Le durcissement du caoutchouc trop sulfuré était un inconvénient sérieux, qui empêchait de le faire servir à la place du cuir, pour réunir les brides des tuyaux où circule la vapeur. On a pu, dans ces derniers temps, employer le caoutchouc à cet usage, d'une manière très utile, par deux moyens différents. On l'associe en petite quantité à des matières textiles, qu'il pénètre uniformément et de manière à réunir la résistance mécanique de ces matières avec les qualités que présente le caoutchouc lui-même. En observant que le caoutchouc, mêlé de carbonate de plomb, ne présente cet inconvénient qu'à un très faible degré, Gorand a eu l'idée de le mêler avec de l'hydrate de chaux, qui doit produire une désulfuration encore plus certaine. 100 parties de caoutchouc, quatre de soufre et 50 d'hydrate de chaux sont les proportions qu'il emploie pour préparer une pâte de caoutchouc parfaitement élastique, qui se façonne comme à l'or-

dinaire, et que l'on volcanise ensuite par le procédé usité, puis à le chauffer à 140 degrés pendant une heure ou une heure et demie, soit dans la vapeur d'eau, soit dans l'eau elle-même, qui, dissolvant plus spécialement le sulfure et la chaux de la surface, la laisse bien plus souple.　　(*Laboulaye*.)

« Quelques-unes des grandes usines où se travaille le caoutchouc confectionnent des plaques de caoutchouc durci qui, livré aux ouvriers tabletiers, devient pour eux la matière première qui sert à la confection d'objets divers. Ces plaques sont toutes fabriquées avec des feuilles de caoutchouc contenant 50 pour 100 de soufre, laminées, puis exposées pendant un temps qui varie de 7 à 12 heures, suivant l'épaisseur, à une température de 150 degrés, supérieure dès lors de 20 degrés à celle qui est nécessaire pour produire la volcanisation ordinaire. — En diminuant la proportion du soufre, comme aussi la durée et l'intensité de la chaleur, on obtient une matière d'une dureté et d'une flexibilité comparables à celle du cuir épais, et c'est cette dernière préparation que l'on a essayé de substituer au cuivre pour le doublage des coques de navire. Quelques essais en grand ont déjà eu lieu, et un navire recouvert de ce caoutchouc sulfuré a pu faire un voyage de circumnavigation, sans que la couche préservatrice ait été altérée, et qu'il se soit développé à sa surface cette végétation sous-marine, qu'un vaisseau non doublé emporte avec lui, et qui ralentit sa marche d'une manière si notable. »

1925 — 1959

MÉTAUX (TABLEAU DE LA COULEUR DES).

Argent.	Blanc éclatant.
Platine. . .	
Etain · · ·	
Palladium. ·	Blanc tirant sur celui de l'argent.
Nickel . . ·	
Mercure · ·	

Iridium . .
Vanadium .
Tellure. . . } Blanc tirant sur celui de l'argent.
Baryum . .
Malybdène .

Aluminium . . Blanc brillant , un peu bleuâtre.

Antimoine. . } Blanc argentin , un peu
Cadmium. . { bleuâtre.

Cobalt . . . . Gris blanc d'étain.

Potassium .
Sodium . .
Manganèse .
Arsenic . . } Blanc grisâtre.
Cérium. . .
Rhodium . .

Plomb . . . } Gris blanc tirant sur le bleu.
Zinc . . . .

Bismuth . . . Blanc jaunâtre.

Fer . . . . . Gris nuancé de bleu.

Magnésium . . Gris de fer.

Urane . . .
Glucinium . } Gris foncé.
Colombium .

Yttrium. . . . Gris noirâtre et brillant.

Osmium . . . Poudre noire ou bleuâtre.

Or. . . . . . Jaune pur.

Cuivre . . . . Jaune rougeâtre.

Titane . . . . Rouge brun.

1960

PARCHEMIN VÉGÉTAL (PROCÉDÉ GAINE).

On parvient à donner au papier l'apparence du parchemin, en le plongeant rapidement dans un bain d'acide sulfurique, formé de deux parties en poids d'acide fumant et d'une partie d'eau, lavant ensuite à grande eau, puis faisant sécher. Le papier traité de la sorte prend l'apparence du vélin et acquiert une très grande solidité. Les feuilles imprimées ou les planches lithographiées peuvent être soumises à la même opération; elles acquièrent ainsi plus de résistance aux agents chimiques et une tenacité qui, d'après M. Hoffmann, serait cinq fois plus grande que celle du papier non préparé.

Observation. Il importe d'agir sur du papier non collé, à une température de 15°,5 et à un degré constant de concentration de l'acide.

1961 — 1982

MÉTAUX (TABLEAU DE LA DURETÉ DES).

Mercure. . . . Liquide.

Sodium. . . } Consistance de la cire.
Potassium .

Plomb . . . . Se laisse rayer par l'ongle.

Palladium. .
Platine. . .
Cuivre . . .
Or. . . . .
Argent. . . } Sont rayés par le carbonate
Tellure. . . de chaux.
Bismuth . .
Cadmium. .
Etain . . .
Vanadium. .

Zinc. . . .
Antimoine .
Fer . . . . } Sont rayés par le verre.
Cobalt . . .
Nickel . . .

Chrôme. . . } Ne sont pas rayés par le verre.
Rhodium . .

Manganèse . . Plus dur que l'acier trempé.

1983 — 2003

RÉSISTANCE MOYENNE DES FILS MÉTALLIQUES DE UN A DEUX MILLIMÈTRES ET DEMI DE DIAMÈTRE.

Métaux.	Résistance en kilogr. par millim carré.
Plomb.	2,00
Etain	3,85
Aluminium . •	11,50
Zinc	14,
Or fin, recuit.	17,
Argent fin, id.	18,
Or fin, raide.	20,50
Cuivre, recuit	23,50
Platine, id.	27,50
Argent fin, raide	32,
Laiton, recuit.	32,50
Platine, raide.	34,
Fer, recuit.	36,
Cuivre	40,50
Argentan, recuit	51,
Acier, recuit.	61,
Or à 14 carats, recuit . . .	69,
Fer.	69,50
Argentan	72,50
Acier	86,50
Or, à 14 carats, raide ou non recuit.	93,50

2004

PHOTOGRAPHIE APPLIQUÉE A LA GRAVURE SUR BOIS

(PROCÉDÉ CONTENCIN).

On verse à deux ou trois reprises sur le bois, jusqu'à ce qu'il cesse d'absorber le liquide, un vernis composé de gomme dammarine dissoute dans la benzine ; mais il ne faut pas laisser séjourner ce vernis à la surface, le but que l'on se propose d'atteindre étant seulement de saturer les tissus fibreux. On place ensuite le bois sur le côté pour le laisser égoutter : on l'enduit alors avec une composition blanche analogue à celle que les graveurs emploient pour dessiner. Le blanc de zinc est excellent pour cet usage. On l'étend à l'aide d'un pinceau en poils de chameau, en enlevant le surplus de couleur avec soin. Lorsque cette couche est sèche, on y verse encore du vernis à la benzine dont on fait écouler l'excès. Alors on applique sur la surface ainsi préparée une solution composée de : gélatine, 0,80 c. ; chlorure de sodium, 1,30 ; eau, 30 grammes. Pour rendre cette couche sensible à la lumière, on place le bois, la face en dessous, dans une cuvette contenant un bain de nitrate d'argent (5 grammes environ pour 30 d'eau), en ayant soin de l'empêcher de toucher au fond du vase, au moyen de petites bandes de verre. De cette manière, une petite quantité de la solution sensibilisatrice suffit, ce qui est important, car le blanc détériore assez rapidement ce bain, qu'il faut renouveler.

On expose le bois dans un châssis ordinaire dont on a enlevé le fond, ou on place simplement le négatif sur la surface préparée.

Pour l'impressionnement, la quantité de gélatine a une grande importance. Si elle est trop faible, l'image ne pourra pas dépasser un ton gris sans vigueur. Il faut observer que le nitrate d'argent restant à la surface du bois, et n'agissant nullement sur ce dernier, n'aura d'action que sur la gélatine, qui doit être par conséquent suffisamment abondante. D'un autre côté, si la proportion de gélatine est trop forte, l'ensemble de la couche aura trop d'épaisseur.

Les opérations qui suivent l'exposition sont les mêmes que pour le tirage des épreuves sur papier. On fait virer l'image au chlorure d'or et l'on fixe à l'hyposulfite faible, en surveillant attentivement cette dernière manipulation. Un léger lavage dans une eau courante termine complétement l'épreuve.

Les négatifs employés pour cette application doivent être bien dégradés, vigoureux sans excès. Ils doivent être exécutés en plaçant le côté du verre non collodionné en regard de l'objectif, autrement on aurait en dernier lieu une image renversée.

Le travail du graveur se fait ensuite très facilement sur les dessins ainsi obtenus, et la couche n'a pas l'inconvénient de s'écailler sous le burin, comme cela arrivait dans la plupart des essais tentés précédemment.

2005 — 2034

MÉTAUX (TABLEAU DE LA FUSION DES PRINCIPAUX).

Mercure	— 39
Potassium	+ 58
Sodium	90
Étain	230
Bismuth	246
Plomb	312
Cadmium	360
Zinc	500
Antimoine	442
Aluminium	850
Argent	1022
Cuivre	1092
Or	1102
Fonte grise	1587
Acier	} Entre la fonte et le fer.
Manganèse	} Entre la fonte et le fer.
Nickel	}
Fer forgé	2118

Palladium. .
Molybdène ·
Uranium . .
Tungstène ·
Chrome. . .
Titane . . . } Presque infusible à un feu violent, ces six métaux s'agglomèrent seulement.

Cérium . . .
Osmium . ·
Iridium. . ·
Columbium .
Rhodium . .
Platine· . . } Fusibles seulement au chalumeau à gaz hydrogène et oxygène.

2035 — 2041

CONDUCTIBILITÉ DES MÉTAUX POUR LA CHALEUR.

(Utile à connaître pour la confection des vases et des appareils à concentrer les liquides.)

Or	200
Argent	193
Cuivre	180
Fer.	75
Zinc	73
Étain	61
Plomb	36

(*D' Ingenhoosz.*)

2042 — 2052

MALLÉABILITÉ DES MÉTAUX RANGÉS PAR ORDRE DE FACILITÉ AU LAMINOIR.

Or.
Argent.
Cuivre.
Étain
Platine
Plomb.

Zinc.
Fer.
Nickel.
Palladium.
Cadmium.

2053 — 2063

DUCTILITÉ DES MÉTAUX RANGÉS PAR ORDRE DE FACILITÉ A LA FILIAIRE.

Or.
Argent.
Platine.
Fer.
Cuivre
Zinc.

Étain.
Plomb.
Nickel.
Palladium.
Cadmium.

2064 — 2078

TABLEAU

De la tenacité des métaux (d'après Guyton-Morveau, Dufour, Karmasch, Brix, etc.)

NATURE DES FILS.	Epaisseur DES FILS.	Charge qui produit la rupture.
	Millim.	Kilogr.
Fil de fer	2.00	249.75
—	1.90	196
—	1.24	76.35
—	1.12	64.85
—	2.98	483.05
Fil d'acier	0.95	61.25
Fil de laiton	1.58	90.35
Fil de cuivre	1.56	77
Fil de zinc	2.18	51.90
Fil d'argentan	1 05	63
Fil de plomb (10 sortes). .	1.04	2.54
Fil d'étain	2.73	22.75
Fil de platine	1.05	29.65
Fil d'argent (fin)	1.34	43.30
Fil d'or (fin)	1.05	47.75

2079 — 2085

DENSITÉ DES PRINCIPAUX MÉTAUX COMPARÉE AU POIDS DE L'EAU.

Platine laminé.	22,069
Platine forgé	20,336
Platine fondu.	19,238
Or.	19,500
Mercure	13,548
Palladium.	11,300
Rhodium	10,649
Plomb fondu.	11,352
Bismuth fondu	9,822
Cuivre laminé.	8,878
Id. rouge fondu	8,788
Nickel fondu.	8,279
Fer en barre.	7,788
Fer fondu.	7,700
Manganèse	7,500
Étain fondu.	7,291
Zinc fondu	6,861
Antimoine fondu.	6,712
Aluminium laminé.	2,660
Sodium.	0,972
Potassium.	0,866

2086 — 2101

DILATABILITÉ DES MÉTAUX.

Dilatations exacte entre 0° et 100° centigrades, d'après Lavoisier, La Place, Dulong, etc.

Acier non trempé	1/927
Acier trempé	1/816
Argent	1/480
Argent de coupelle	1/523
Cuivre	1/582
Laiton	1/583
Fer	1/846
Fer doux forgé	1/819
Or de départ (pur)	1/682
Or au titre de Paris	1/645
Platine	1/1167
Plomb	1/366
Étain fin	1/438
Zinc	1/340
Palladium	1/1000
Bismuth	1/719

2102

ININFLAMMABILITÉ DES TISSUS, DÉCORS DE THÉATRES, ETC. (PROCÉDÉ ET PROPRIÉTÉ DE MM. CARTERON ET DEMANGEOT).

On mélange dans une chaudière dans laquelle se trouve de l'eau à la température de 60 degrés, 100 kilogrammes de chlorure de chaux, 100 kilog. d'acétate de chaux et 25 kilog. de sulfate d'ammoniaque purifié, puis on évapore le tout de manière à former des cristaux. Quand on veut rendre des matières ininflammables, on les plonge dans une dissolution aqueuse des cristaux dont nous avons parlé plus haut marquant 10 à 15 degrés à l'aéromètre de Beaumé; au sortir du bain les objets peuvent être séchés et repassés.

2103

GRAPHITE (PURIFICATION ET DÉSAGRÉGATION DU).

« Le graphite, réduit en poudre grossière, est mélangé avec environ 1/14 de son poids de chlorate de potasse. Ce mélange est traité par deux fois son poids d'acide sulfurique d'une densité de 1,8, et chauffé dans un vase de fer jusqu'à ce qu'il se dégage du gaz chloreux. Après le refroidissement, on jette la matière dans l'eau, on la lave pour enlever l'acide sulfurique, et, après l'avoir desséchée, on la calcine au rouge. Pendant cette opération, on voit le graphite se boursoufler, se désagréger, et se réduire en une poudre tellement fine, qu'elle nage sur l'eau. On la sépare par lévigation des parties plus grossières qui peuvent y être mélangées. Dans cet état, le graphite peut être considéré comme parfaitement pur, et peut servir à la fabrication des crayons. Le procédé qu'on vient de décrire est spécialement applicable à la variété de graphite qui nous arrive de Ceylan et qui possède une structure lamelleuse. S'agit-il d'enlever complétement les matières siliceuses au graphite destiné à être réduit en poudre et à servir à la fabrication des crayons, il suffit d'ajouter une petite quantité de fluorure de sodium au mélange sulfurique après le traitement par le chlorate de potasse. La silice est enlevée à l'état de fluorure de silicium. »

(Brodie.)

2104

GAZ OXYGÈNE PUR (MOYEN DE L'OBTENIR).

Chauffer du chlorate de potasse dans un petit ballon de verre, sur une lampe à alcool; ce sel dégage alors tout l'oxygène qu'il renferme et se convertit en chlorure de potassium.

2105

NOUVEAU PROCÉDÉ DE M. BOUSSINGAULT.

Il suffit de faire passer un courant d'air dans un tube de porcelaine renfermant de la baryte, qu'on chauffe fortement et qu'on refroidit alternativement : la baryte, portée au rouge blanc, s'empare de l'oxygène; elle l'abandonne ensuite par le refroidissement sans avoir subi aucune altération. La production de l'oxygène se réduit ainsi à une dépense de combustible.

2106

ALUMINIUM (SON EXTRACTION EN GRAND).

Il faut réduire le métal dans un four à réverbère. Avec une tôle de 1 m. c. on peut réduire, en 4 heures, 6 à 10 kilogr. d'aluminium.

Les proportions employées sont :

Chlorure double d'aluminium
et de sodium concassé. . . 10 en poids.
Fluorure de calcium. . . . . 5 —
Sodium coulé en lingots . . . 2 —

2107

En substituant la cryolithe au fluorure de calcium, dans les mêmes proportions, le résultat est le même, mais à des conditions d'économie considérables. On pulvérise les deux premières substances et on les mélange avec le sodium en lingot, le tout est jeté sur la tôle du four chauffé à l'avance. Lorsque la réaction est terminée, l'aluminium se réunit en une seule masse de 6 à 8 kilogr.

2108

SODIUM (EXTRACTION EN GRAND DU).
PROCÉDÉ SAINTE-CLAIRE-DEVILLE.

Ce procédé repose sur la décomposition du carbonate de soude très pur et très riche en degrés alcalimétriques, par le charbon à une haute température. En principe, ce procédé est le même que celui employé pour extraire la soude artificielle du sel marin.

2109 — 2139

TABLEAU

De la densité des bois (Brisson). — Pour déterminer par approximation les quantités de charbon en poids, que l'on peut obtenir de chaque espèce.

Bois.	Densité.
Grenadier.	1,35
Gayac	1,33
Bois de Hollande.	1,32
Chêne de 60 ans (le cœur). . .	1.17
Oranger	0,70
Coignassier	0,70
Orme.	0,67
Noyer	0,67
Poirier.	0,66
Cyprès d'Espagne	0,64
Neflier	0,94
Olivier	0,94
Bois de France.	0,91
Mûrier d'Espagne	0,89
Hêtre.	0,85
Frêne (le tronc).	0,84
Aulne	0,80
If d'Espagne	0,80
Pommier.	0,79
If de Hollande.	0,78
Erable	0,75
Cerisier.	0,75
Tilleul	0,60
Noisetier	0,60
Saule	0,58
Thuya	0,56
Sapin mâle	0,55
Sapin femelle	0,47
Peuplier	0,38
Peuplier blanc d'Espagne. . .	0,32
Liége	0,24

2140 — 2146

TREMPE DE L'ACIER (COULEUR QUE PREND LE MÉTAL A DIFFÉRENTES TEMPÉRATURES).

Observations. — Chaque acier exige une température différente pour se tremper. On doit se guider sur les couleurs que prend la surface du métal à différentes températures. Ainsi à :

220° l'acier prend une couleur		jaune paille.
240	—	—	jaune d'or.
255	—	—	brune.
265	—	—	pourpre.
285	—	—	bleu clair.
295	—	—	bleu d'indigo.
315	—	—	bleu très foncé.

2147 — 2161

MÉTAUX (CAPACITÉ DES MÉTAUX POUR LA CHALEUR).

La quantité de chaleur pour élever la température d'un kilogramme d'eau à 100° est représentée ici par 1000. Un kilogramme de métal absorbe, pour passer de 0° à 100, une quantité de chaleur consignée dans le tableau suivant :

Eau.	1,0000
Fer	0,1138
Nickel.	0,1086
Cobalt	0,1070
Zinc	0,0955
Cuivre	0,0952
Palladium	0,0593
Argent	0,0570
Codmium	0,0567
Etain	0,0562
Antimoine.	0,0508
Or	0,0324
Platine	0,0324
Plomb	0,0314
Bismuth	0,0308

2162

AZOTE (MOYEN DE L'OBTENIR).

Brûler du phosphore sous une cloche pleine d'air, de manière à absorber tout l'oxygène : le gaz restant est de l'azote pur.

2163

AUTRE.

Mélanger, dans une cloche :

Air atmosphérique . .	100 mesures.
Deutoxide d'azote. . .	50 —

Le mélange se colore en brun rougeâtre ; l'acide nitreux qui se forme est absorbé par l'eau ; il reste 79 mesures d'azote qui, pour être rendu pur, n'a besoin que d'être agité avec un peu de potasse destiné à absorber la petite quantité d'acide carbonique qui existe dans l'air atmosphérique.

2164

AUTRE.

Décomposer l'ammoniaque par le chlore, qui s'empare de l'hydrogène de cet alcali, et met l'azote en liberté.

2165

BRONZE D'ALUMINIUM.

Aluminium	10 parties.
Cuivre	90 —

Cet alliage joint à la propriété de se forger à chaud une inaltérabilité très grande.

2166 — 2220

TABLEAU

Des rapports du diamètre d'un aérostat au volume, à la surface, etc., d'après Francœur.

Diamètres en mètres.	Volume en mètres cubes.	Surface en mètres carrés.	Kilog que le gaz peut en ever.	Poids de l'enveloppe en kilogr.	Force ascensionnelle et poids des agrès.
1	0.52	3.14	0.62	0.78	0.16
2	4.19	12.57	5.03	3.14	0.89
4	33.51	50.27	40.21	12.57	27.65
6	113.10	113.10	135.72	28.27	107.44
7	179.59	153.94	215.51	58.48	177.03
8	268.08	201.06	321.70	52.01	269.69
9	381.70	254.47	458.04	63.62	394.42
10	523.60	314.16	628.32	78.54	549.78
11	696.91	380.13	836.29	95.03	781.20
12	904.78	452.39	1085.74	113.10	972.84
13	1150.35	530.93	1380.42	132.73	1247.69

2221

SUBSTANCES A EMPLOYER POUR OBTENIR UN MÈTRE CUBE D'HYDROGÈNE.

Fer	3 kilogr.
Acide sulfurique à 66°. .	5 —
Eau	30 —

2222

Pour un ballon de 10 mètres de diamètre, soit 524 mètres cubes, il faut :

Fer	1,572 kilogr.
Acide sulfurique à 66°.	2,620 —
Eau	15,720

2223

AMMONIAQUE (SON EXTRACTION DES EAUX PROVENANT DU GAZ D'ÉCLAIRAGE). PROCÉDÉ MALLET.

Traiter les eaux ammoniacales provenant des usines à gaz par de la chaux hydratée : les sels de ces eaux sont décomposés, et l'ammoniaque devient libre. Pour l'isoler, il suffit de distiller le liquide. — Procédé sûr, pratique et très économique.

2224

CHAUX HYDRAULIQUE ARTIFICIELLE (PROCÉDÉ VICAT).

Craie de Meudon.	4 parties.
Argile (terre glaise). . . .	1 —

En mélangeant ces deux substances, on obtient une chaux hydraulique artificielle de qualité supérieure.

2225

ALLIAGE D'ALUMINIUM ET D'ARGENT (A. TISSIER).

Aluminium.	100 parties.
Argent.	5 —

Cet alliage se travaille comme l'aluminium à l'état de pureté, et a, sur lui, l'avantage d'être plus dur et de prendre un beau poli.

2226

ALLIAGE D'ALUMINIUM ET DE CUIVRE.

Aluminium	20 parties.
Cuivre.	100 —

Cet alliage communique au cuivre l'éclat et la belle couleur de l'or, ainsi qu'une très grande dureté.

(*Tissier.*)

2227

ENCRE DE CHINE.

Composition qui ne le cède en rien à la meilleure encre de Chine.

Noir de fumée de lampe calciné.	100 gramm.
Noir de schiste bitumeux en poudre impalpable.	50 —
Carmin d'indigo en tablettes.	10 —
Laque carminée	5 —
Gomme arabique première sorte.	10 —
Fiel de bœuf purifié . .	20 —
Teinture de musc . . .	5 —

Faites dissoudre la gomme dans 60 gr. d'eau, et passez. Détrempez dans cette solution le carmin, la laque, les noirs, et broyez le tout à la molette. Lorsque la pâte est parfaitement homogène, ajoutez, peu à peu, le fiel de bœuf puis le musc. — Le broyage doit durer 12 heures ; laissez sécher à l'air.

2228

ENCRE D'IMPRESSION FRANÇAISE.

Vernis d'huile de lin. .	1,000 gramm.
Noir de fumée de résine calciné.	150 —
Bleu de Prusse en poudre impalpable . . .	30 —

Incorporez le noir et le bleu dans le vernis, remuez jusqu'à ce que le mélange soit bien homogène, broyez ensuite à la molette.

2229 — 2245

TABLEAU

De la quantité des sels en dissolution dans 100 parties d'eau, et des températures d'ébullition qui en résultent (1).

NOMS DES SELS.	Quantité de sel dissous dans 100 parties d'eau.	Température de l'ébullition de l'eau.
Chlorate de potasse.	61.5	104.20
Chlorure de baryum	60 4	104 40
Carbonate de soude.	48.5	104.65
Phosphate de soude.	111.6	106.60
Chlorure de potassium. . . .	59.4	108.30
Chlorure de sodium.	41.2	108.40
Chlorydrate d'ammoniaque. .	88.9	114.20
Tartrate neutre de potasse. .	296.2	114.76
Azotate de potasse	335.1	115.90
Chlorure de strontium. . . .	117.5	117.85
Azotate de soude. . . , . .	224.8	121.00
Acétate de soude.	209.9	124.35
Carbonate de potasse	205.0	135.00
Azotate de chaux	362.2	151.00
Azotate d'ammoniaque. . . .	2084.0	161.13
Acétate de potasse	798.0	169.00
Chlorure de calcium	325.0	179.00

(1) Les sels qui figurent dans ce tableau ont la propriété, étant dissous dans l'eau, d'en élever le terme d'ébullition au-dessus de 100° degré, éléva-

2246

CHLORE (SON EXTRACTION).

1° Par le sel marin.

Placer dans un matras en verre de la capacité de 5 litres :

Peroxyde de manganèse
pulvérisé. . . . . . 500 gramm.
Sel marin. . . . . . . 1,500 —

On verse sur le tout, et peu à peu :

Acide sulfurique concentré du commerce préalablement étendu de 3 fois son poids d'eau . . . . . . 1 kilog.

On favorise la réaction en soumettant le mélange à une douce chaleur.

2247

2° Par le peroxyde de manganèse et l'acide chlorydrique.

On introduit dans le matras décrit plus haut 500 grammes de peroxyde de manganèse pulvérisé, et l'on y verse dessus 2 kilogrammes d'acide chlorydrique du commerce. Après avoir adapté au cul du matras un tube pour recueillir le gaz, on chauffe légèrement pour obtenir la réaction.

2248

PHOSPHORE (EXTRACTION DU).

On extrait le phosphore du phosphate de chaux contenu dans les os en transformant ce composé en phosphate de chaux acide, au moyen de l'acide sulfurique, et en distillant ensuite le phosphate acide avec du charbon.

2249

PHOSPHORE ROUGE.

Il s'obtient en soumettant, pendant plusieurs jours, le phosphore ordinaire à une température élevée, voisine de son ébullition (40° centigrades). Ce phosphore devient brun et opaque, dur comme du cristal, ne fond plus qu'à 180°, et ne s'enflamme plus également qu'à 480°. Insoluble dans l'estomac, il ne détermine plus d'empoisonnement, plus d'accidents chez les ouvriers qui fabriquent les allumettes avec cette espèce de phosphore.

2250 — 2260

BLANCHIMENT DES TISSUS DE LAINE (PROC. DE M. LEUCHS) (1).

Les tissus de laine se blanchissent à l'aide de trois procédés différents. Ces procédés consistent :

1° A rendre les substances qui les colorent solubles dans l'eau, les savons et les alcalis ;

2° A détruire ces substances par des réactions chimiques ;

3° Enfin à les unir avec d'autres substances, de manière à former des combinaisons blanches.

Suivant M. Leuchs, le premier moyen ne peut être employé que pour les filaments de substances végétales, parce que ceux-ci sont peu altérables.

Pour les filaments provenant de substances animales, telle que la laine, il est nécessaire d'enlever, par le lavage, toutes les substances solubles dans l'eau, les savons et les alcalis, et de parfaire le blanchiment par l'acide sulfureux.

La première opération, l'élimination des substances solubles, se nomme *désuintage*, on lave la laine soit avant, soit après la tonte.

Avant la tonte, le désuintage s'opère dans une eau courante ; après la tonte, le désuintage s'obtient par l'emploi de l'urine putréfiée ou par la soude ou le savon.

On réitère ordinairement le désuintage avant le blanchiment.

---

tion utile à connaître dans les opérations chimiques qui ont pour but soit de concentrer des dissolutions salines ou acides, soit de produire des réactions qui exigent plus de 100° de température.

(1) Ces procédés nouveaux sont empruntés à un Mémoire cité par la Société d'encouragement et extrait du *Dingers polistechniches Journal*, feuille prussienne, dont le *Génie industriel* a rendu compte, en 1861.

Avec les alcalis, le désuintage peut s'opérer de deux manières différentes.

Pour 40 pièces d'étoffes :

On emploie un bain composé de 11 kilogr. de soude, 2 kilogr. 800 gram. de savon, on immerge l'étoffe par trois fois, et on élève la température à 40 degrés ; pendant l'opération on ajoute 300 gram. de savon par pièce d'étoffe.

On passe deux fois dans l'eau chauffée à 40 degrés.

Puis trois fois dans un bain semblable au premier.

Le second procédé consiste à laver 100 parties de laine en poids, dans un bain composé de 5 parties de savon, 1 partie de potasse, à la température de 40 à 50°, et à prolonger l'action pendant 18 à 30 minutes ; on verse ensuite dans l'eau pure, puis, pendant 20 minutes, on foule dans un bain à 30 degrés, contenant 10 k. de soude ou de potasse.

Pendant 10 autres minutes, la laine est jetée dans un bain contenant 3 kilogr. 50 à 4 kilogr. de savon.

L'opération se termine par le foulage dans un dernier bain de carbonate d'ammoniaque ou d'ammoniaque caustique.

Le blanchiment proprement dit des tissus s'opère exclusivement au moyen de l'acide sulfureux employé soit à l'état gazeux, soit à l'état liquide, soit à l'état de sulfate alcalin.

Le blanchiment à l'aide de l'acide à l'état gazeux s'obtient par la simple combustion du soufre, en ayant soin de mouiller préalablement les étoffes. L'opération peut durer de 6 à 20 heures.

L'effet de la décoloration par l'acide à l'état gazeux n'est pas durable et a besoin d'être plusieurs fois renouvelé si l'on veut arriver à un beau résultat.

Le blanchiment des étoffes désuintées par le premier procédé cité plus haut consiste pour 40 pièces :

1° A exposer pendant douze heures, à l'acide gazeux, provenant de la combustion de 11 kilog. de soufre ;

2° A passer trois fois dans un bain semblable, indiqué pour le désuintage ;

3° A donner un deuxième soufrage semblable au premier ;

4° A passer encore trois fois dans un bain semblable au deuxième du désuintage ;

5° A laver une fois dans de l'eau chauffée à 40° c. ;

6° A exposer une troisième fois, pendant douze heures, à l'action du gaz sulfureux ;

7° A laver d'abord dans l'eau chaude, puis dans l'eau froide ;

8° A azurer avec du carmin indigo.

Quant au blanchiment des étoffes désuintées par le second procédé, il consiste pour 50 kilogrammes :

1° Soufrage, pendant douze à quinze heures, avec 3 à 4 kilog. de soufre ;

2° Répétition des traitements désignés par les n°ˢ 1, 2, 3 ;

3° Azurage avec le carmin indigo.

2261 — 2294

HUILES (TABLEAU DES QUANTITÉS D'HUILE QU'ON PEUT RETIRER DES PLANTES SUIVANTES. — *Julia Fontenelle*).

100 parties en poids.	Huile extraite.
Noix.	40 à 70
Ricin commun.	62
Noisette	60
Cresson.	56 à 58
Amandes douces.	40 à 54
Amandes amères.	28 à 46
OEillette	56 à 63
Radis oleifère.	50
Sesame.	50
Tilleul d'Europe.	48
Arachide	43
Choux.	30 à 39
Moutarde blanche	36 à 38
Navet de Suède.	33
Prunier	33
Colza.	36 à 40
Navette	30 à 36
Euphorbe épurgé	30
Moutarde sauvage	30
Cameline	28
Gaude	29 à 36
Courge.	25
Citronnier	25
Onoporde açanthe.	25

100 parties en poids.	Huile extraite
Granie d'épicéa	24
Chènevis	14 à 25
Lin	11 à 22
Moutarde noire	15
Frêne	15 à 17
Soleil	15
Pomme épineuse.	15
Pepins de raisin	14 à 22
Marrons d'Inde	12 à 8
Julienne	18

2295

POTERIE NOUVELLE (PROCÉDÉ KULLMANN).

En broyant et mêlant ensemble les résidus de pyrites de fer qui ont servi à faire de l'acide sulfurique avec les résidus de suie lavés, M. Kullmann est arrivé à faire une sorte de poterie à froid. Ce mélange donne une sorte de brique brune se moulant assez facilement, et, une fois solidifiée, assez dure pour servir à l'empierrement des routes ou même à la construction des bâtiments. En mêlant deux matières encombrantes et insalubres, on arrive ainsi à créer une matière utile.

2296

ACIDE CARBONIQUE (SOLIDIFICATION DE L'). PROCÉDÉ LOIR ET CH. DRION.

Si l'on fait le vide sous un récipient contenant de l'ammoniaque liquide, la température s'abaisse rapidement dès les premiers coups de piston; bientôt elle descend à 84° au-dessous de zéro; alors commence la solidification, puis tout le le liquide se prend en masse, la température descend encore de quelques degrés et atteint enfin 90°. Elle est suffisante pour liquéfier l'acide carbonique.

En faisant intervenir une légère élévation de pression, on obtient facilement l'acide solide. L'expérience se dispose de la manière suivante : une cloche contenant 150 centimètres cubes d'ammoniaque liquide reçoit un tube fermé intérieurement, et communique avec une machine pneumatique ; dès que la température de l'ammoniaque a été abaissée dans le voisinage du point de solidification, on fait arriver dans le tube de l'acide carbonique sous une pression de trois à quatre atmosphères, en chauffant dans un matras de cuivre rouge, du bicarbonate de soude préalablement desséché.

L'acide carbonique solide se présente sous forme d'une masse incolore, transparente comme la glace; il se divise facilement en gros cristaux d'apparence cubique. Ces cristaux s'évaporent à l'air sans laisser de résidu; mélangés avec l'éther, ils produisent un froid sec de 84°. (*Cosmos.*)

2297

TANNAGE DES PEAUX PAR LA PRESSION ATMOSPHÉRIQUE (PROCÉDÉ POOLE).

On dispose les peaux à tanner dans une cuve aux 3/4 remplie d'eau de tan et fermée hermétiquement de manière que l'air ne puisse entrer ni sortir que par un tuyau communiquant avec une machine pneumatique. On opère le vide d'air par cette machine, et on laisse ainsi les peaux privées d'air pendant un temps qui varie selon leur épaisseur, on laisse ensuite l'air rentrer dans la cuve : par ce moyen, les peaux sont soumises à une pression atmosphérique qui force l'eau de tan à pénétrer immédiatement dans leurs pores. Quelque temps après, on les retire de la cuve pour les mettre dans une autre où l'on forme également le vide, et dans l'intérieur de laquelle les peaux sont séchées par la vapeur circulant dans des tuyaux traversant ladite cuve.

2298

PHOTOGRAPHIE SUR COLLODION SEC (PROCÉDÉ QUINET).

On prépare les glaces sans se préoccuper du temps pendant lequel elles devront être conservées avant de servir. Il suffit de les laver avant de les employer. La couche de collodion, sensibilisée à l'avance, est d'une grande limpidité. Le temps d'exposition à la chambre obscure varie selon, bien entendu, l'intensité de la lumière ; mais il ne dépasse pas la pose nécessaire pour le collodion humide. Ce qu'il y a de plus étrange dans ce procédé, c'est que plus la préparation des glaces est ancienne, plus elles sont sensibles. Ainsi, une plaque de verre préparée depuis quinze jours donne des résultats beaucoup plus rapides que celle préparée depuis deux jours seulement. Du reste, pour donner une idée de la sensibilité de ce collodion sec, nous dirons que M. Quinet obtient en quelques secondes des épreuves positives, d'après un négatif, à la lumière de la lampe ou d'une bougie.

2299

HOUILLE ARTIFICIELLE.

M. Baroulier enferme, dans un appareil, des matières végétales enveloppées d'argile humide ; il les comprime fortement, en les maintenant à des températures de 200 à 300 degrés ; les gaz ne pouvant s'en échapper, la décomposition s'opère dans ces conditions, et, après un certain temps, on a de la houille qu'on distingue à peine des houilles naturelles. Il a obtenu ce résultat sur des sciures de bois et sur des feuilles et tiges de plantes couchées entre des lits d'argile.

2300

VINS (AMÉLIORATION DU PROCÉDÉ FROGIER, DU LOIRET).

Passer le raisin au cylindre, bien écraser les grains, remplir la cuve aux quatre cinquièmes, la couvrir bien, charger le couvercle de sable, et abandonner à la fermentation, jusqu'à refroidissement complet de la masse. Cela convient pour les bonnes années ; dans les mauvaises, extraire une grande partie des grappes à grains de verjus, rapprocher le moût, et échauffer la masse.

TABLE DE LA DEUXIÈME PARTIE

MISCELLLANÉES

Paris. — Imp. Wiesener et Cie, rue Delaborde, 24.